高等职业教育机械类专业系列教材

精密加工技术与检测

主　编　王祖俊
副主编　江　洁
参　编　朱卫峰

机 械 工 业 出 版 社

本书以精密与超精密加工设备、精密与超精密切削加工、精密与超精密磨料加工、精密检测技术及在线检测技术应用等为重点内容，并适当介绍了包括成组技术、敏捷制造、并行工程、快速成形、虚拟制造、智能制造以及将引发第四次工业革命的工业4.0在内的先进制造技术概念，以期抛砖引玉，内容具有普及性、实用性和新颖性。

全书共6章。第1章（精密与超精密加工技术概述），主要介绍先进制造技术产生的背景、内涵、特点与体系结构等；第2章（精密与超精密加工机床及关键部件），主要介绍国内外现有的精密和超精密加工机床及关键部件；第3章（精密与超精密切削加工），主要介绍精密和超精密切削加工的技术要领；第4章（精密与超精密磨料加工），主要介绍精密和超精密磨料加工的技术要领；第5章（精密测量技术），主要介绍精密测量的器具与使用方法；第6章（在线检测技术），主要介绍在线测量实现的方式与装备的使用。

本书主要用于高等职业院校五年制教育以精密、超精密加工技术的应用（数控加工）为学习目标的“精密加工技术与检测”类的课程教学，也可以供工程技术人员在机械制造工程实践中参考。本书配有相关教学资源，凡选用本书作为授课教材的教师，均可登录 www.cmpedu.com 以教师身份注册下载。

图书在版编目（CIP）数据

精密加工技术与检测/王祖俊主编. —北京：机械工业出版社，2017.12（2024.9重印）

高等职业教育机械类专业系列教材

ISBN 978-7-111-58458-2

Ⅰ.①精… Ⅱ.①王… Ⅲ.①精密切削-高等职业教育-教材 Ⅳ.①TG506

中国版本图书馆CIP数据核字（2018）第011340号

机械工业出版社（北京市百万庄大街22号 邮政编码100037）
策划编辑：汪光灿 责任编辑：王莉娜 责任校对：刘 岚
封面设计：张 静 责任印制：单爱军
北京中科印刷有限公司印刷
2024年9月第1版第6次印刷
184mm×260mm · 11.5印张 · 273千字
标准书号：ISBN 978-7-111-58458-2
定价：37.00元

电话服务		网络服务	
客服电话：	010-88361066	机 工 官 网：	www.cmpbook.com
	010-88379833	机 工 官 博：	weibo.com/cmp1952
	010-68326294	金 书 网：	www.golden-book.com
封底无防伪标均为盗版		机工教育服务网：	www.cmpedu.com

前　言

随着先进制造技术的发展，传统的职业技术受到挑战，学习新的先进制造技术已成为现代职业人的现实需要。高等职业教育有传播新的先进制造技术的责任和义务，所以在职业技术院校的专业教学中，开设先进制造技术类相关课程已是当务之急。

先进制造技术是集众多现代先进技术于制造业的集成技术，主要包括精密、超精密加工技术和制造自动化两大领域。本书通过对先进制造技术产生的背景、内涵、特点与体系结构的介绍，引入精密与超精密加工的概念、技术要领、设备与工具的使用方法等知识。在编写过程中，重点介绍了先进制造技术、精密与超精密加工、精密测量技术等内容，融入了现代制造企业精密加工与精密检测的部分实例、设备制造商提供的操作使用说明资料。在表达风格上，尽可能多地采用图片资料进行全貌描述，简明扼要地介绍了先进制造技术的概貌并重点突出现代制造装备的使用。

全书共6章，由武汉职业技术学院王祖俊任主编，江洁任副主编，朱卫峰参编。其中，“精密测量技术在企业生产中的应用实例”与“三维测头在企业生产中的应用实例”由中国长江动力集团股份有限公司朱卫峰（现调任武汉职业技术学院）编写，全书由王祖俊、江洁统稿。

本书建议教学时数见下表：

章	建议学时	章	建议学时
第1章	4	第5章	10
第2章	8	第6章	10
第3章	12	合计	56
第4章	12		

受编者的水平与能力的限制，书中缺点和错误之处在所难免，恳请各位同行及各位读者批评指正。

编　者

目 录

第1章

精密与超精密加工技术概述

1.1　先进制造技术简介

先进制造技术（Advanced Manufacturing Technology，简称 AMT）一词源于美国，是为了提高制造业的竞争力和促进国家经济增长而提出的。

目前，先进制造技术已经是一个国家经济发展的重要手段之一，许多发达国家都十分重视先进制造技术的水平和发展，利用它进行产品革新、扩大生产和提高国际经济竞争力。

先进制造技术是重要的基础技术之一，对我国的制造业发展有着举足轻重的作用。尤其在经济全球化条件下，随着国际分工的深化，出现国际产业大转移、制造业布局大调整的趋势。其中，广泛采用先进制造技术和先进制造模式，是当今国际制造业发展的突出表现。以制造业快速发展为标志的工业化阶段，是经济发展的必经阶段。把握先进制造业的发展趋势，借鉴有益的国际经验，对于我国实施“十三五”发展战略，推动制造业转型升级，具有重要的现实意义。

1.1.1　先进制造技术产生的背景

在第二次世界大战及稍后时期，美国制造业得到了空前的发展，并形成了一支强大的研究开发力量，成为当时世界制造业的霸主。第二次世界大战后国际形势发生了很大的变化，军事对峙和显示实力刺激制造业发展的背景减弱了。

1945 年 7 月，时任美国总统科学顾问的 MIT 前工学院院长范内瓦·布什（Vannevar Bush）提交给杜鲁门总统的战后科学研究规划报告《科学——永无止境的前沿》（Science: Endless Frontier），使第二次世界大战后的十几年中，美国政府对美国高校的研究资助几乎增加了 100 倍。

至 20 世纪 70 年代，随着日、德经济的恢复，美国制造业遇到了强有力的挑战，其汽车业、家用电器业、机床业、半导体业、应用电子业、钢铁业的霸主地位相继逊位，连奉为至宝的航天、航空业也遇到了强有力的竞争，出口产品的竞争力大大落后于日、德，对外贸易逆差与日俱增，导致经济滞胀，发展缓慢。而日本在过去几十年内抓住新的科技革命的机会，引进外国先进技术，重视教育，不断主动地采用制造新技术，已成为仅次于美国的资本主义经济大国。

20 世纪 80 年代初，美国一批有识之士相继发表言论，如麻省理工学院一批学者集体撰文《夺回生产优势——美国制造业的衰退及对策》，反思了制造技术与国民经济、技术与国力的至关重要的相互依赖关系，强调了制造技术的重要性。在此背景下，克林顿政府相继提出了两个颇有号召力的口号——“为了美国的利益发展技术”和“技术是经济的发动机”，强调了具有明确的社会经济目标的关键技术的重要性，制订了国家关键技术计划，并对其技术政策做了重大调整。

1993 年，美国政府批准了由联邦科学、工程与技术协调委员会（FCCSET）主持实施的先进制造技术计划，先进制造技术就在这样一个社会经济背景下诞生了。由此，美国很快扭转了经济颓势，重新成为世界上最具竞争力的国家。

1.1.2 先进制造技术的内涵

虽然先进制造技术至今还没有一个严格的定义，但它却是国际上形成广泛共识的一个概念和已被公认的一个技术术语。这一广泛共识是：传统制造技术不断地汲取计算机、信息、自动化、新材料和现代系统管理技术，并将其综合应用于产品的研究与开发、设计、生产、管理和市场开拓、售后服务，从而取得显著的社会效益和经济效益的综合技术，统称为先进制造技术。

先进制造技术的范畴一般包括以下四个部分。

1）现代设计技术。

2）先进制造工艺技术。

3）制造系统综合自动化技术。

4）现代生产经营和管理技术。

近年来，随着科学技术的不断发展和学科间的相互融合，先进制造技术迅速发展，不断涌现出新技术、新概念，如成组技术（GT）、敏捷制造（AM）、并行工程（CE）、快速成形技术（RPM）、虚拟制造技术（VMT）、智能制造（IM）等。

1. 成组技术（GT）

揭示和利用事物间的相似性，按照一定的准则分类成组，同组事物采用同一方法进行处理，以便提高效益的技术，称为成组技术。在机械制造工程中，成组技术是计算机辅助制造的基础。将成组哲理用于设计、制造和管理等整个生产系统，可改变多品种小批量生产方式，获得最大的经济效益。

成组技术的核心是成组工艺，它是将结构、材料、工艺相近的零件组成一个零件族（组），按零件族制订工艺进行加工，以扩大批量、减少品种、采用高效方法、提高劳动生产率。零件的相似性是广义的，在几何形状、尺寸、功能要素、精度、材料等方面的相似性为基本相似性，以基本相似性为基础，在制造、装配等生产、经营、管理方面所导出的相似性，称为二次相似性或派生相似性。

2. 敏捷制造（AM）

敏捷制造（AM）是指企业实现敏捷生产经营的一种制造哲理和生产模式。敏捷制造包括产品制造机械系统的柔性、员工授权、制造商和供应商关系、总体品质管理及企业重构。敏捷制造借助于计算机网络和信息集成基础结构，构造有多个企业参加的“VM（虚拟机）”环境，以竞争合作的原则，在虚拟制造环境下动态选择合作伙伴，组成面向任务的虚拟公司，进行快速和最佳生产。

3. 并行工程（CE）

并行工程（CE）是对产品及其相关过程（包括制造过程和支持过程）进行并行、一体化设计的一种系统化的工作模式。在传统的串行开发过程中，设计中的问题或不足，要分别在加工、装配或售后服务中才能被发现，然后再修改设计，改进加工、装配或售后服务（包括维修服务）。而并行工程就是将设计、工艺和制造结合在一起，利用计算机互联网并行作业，大大缩短生产周期。

4. 快速成形技术（RPM）

快速成形技术（RPM）是集CAD/CAM技术、激光加工技术、数控技术和新材料技术等领域的最新成果于一体的零件原型制造技术。它不同于传统的用材料去除方式制造零件的方法，而是用一层一层积累材料的方式构造零件模型。它利用所要制造零件的三维CAD模型数据直接生成产品原型，并且可以方便地修改CAD模型后重新制造产品原型。由于该技术不像传统的零件制造方法那样需要制作木模、塑料模和陶瓷模等，可以把零件原型的制造时间减少为几天、几小时，大大缩短了产品开发周期，降低了开发成本。随着计算机技术的快速发展和三维CAD软件应用的不断推广，越来越多的产品基于三维CAD设计开发，使得快速成形技术的广泛应用成为可能。快速成形技术已广泛应用于航天、航空、汽车、通信、医疗、电子、家电、玩具、军事装备、工业造型（雕刻）、建筑模型、机械等领域。

5. 虚拟制造技术（VMT）

虚拟制造技术（VMT）以计算机支持的建模、仿真技术为前提，对设计、加工制造、装配等全过程进行统一建模，在产品设计阶段，实时并行模拟出产品未来制造全过程及其对产品设计的影响，预测出产品的性能、产品的制造技术、产品的可制造性与可装配性，从而更有效、更经济地灵活组织生产，使工厂和车间的设计布局更合理、有效，以达到产品开发周期最短化、成本最小化、产品设计质量最优化、生产率最高化。虚拟制造技术填补了CAD/ CAM技术与生产全过程、企业管理之间的技术缺口，在产品投产之前就把产品的工艺设计、作业计划、生产调度、制造过程、库存管理、成本核算、零部件采购等企业生产经营活动在计算机上加以显示和评价，使设计人员和工程技术人员在真实制造产品之前，通过计算机虚拟产品来预见可能发生的问题和后果。虚拟制造技术的关键是建模，即将现实环境下的物理系统映射为计算机环境下的虚拟系统。采用虚拟制造技术生产的产品是虚拟产品，但具有真实产品所具有的一切特征。

6. 智能制造（IM）

智能制造（IM）是制造技术、自动化技术、系统工程与人工智能等学科互相渗透、互相交织而形成的一门综合技术。其具体表现为：智能设计、智能加工、机器人操作、智能控制、智能工艺规划、智能调度与管理、智能装配、智能测量与诊断等。它强调通过智能设备和自治控制来构造新一代的智能制造系统模式。

智能制造技术具有自律能力、自组织能力、自学习与自我优化能力、自修复能力，因而适应性极强，而且由于采用VR技术（虚拟现实技术），人机界面更加友好。因此，智能制造技术的研究开发对于提高生产率与产品品质、降低成本，提高制造业市场应变能力、国家经济实力和国民生活水平，具有重要意义。

“工业4.0”概念即是以智能制造为主导的第四次工业革命，或革命性的生产方法，即通过充分利用信息通信技术和网络空间虚拟系统——信息物理系统（Cyber-Physical System）

相结合的手段，将制造业向智能化转型。智能工厂、智能生产、智能物流是“工业 4.0”的三大主题。

1.1.3 先进制造技术的特点

先进制造技术的特点在于：

1）先进制造技术不是一项具体的技术，而是一项面向工业应用的综合技术。

先进制造技术并不限于制造过程本身，它涉及市场调研、产品开发及工艺设计、生产准备、加工制造、售后服务等产品寿命周期的所有内容，并将它们结合成一个有机的整体。

2）先进制造技术的先进性是建立在不断汲取其他相关领域新技术的基础上的，是动态的、相对的。

先进制造技术通过不断吸收各种高新技术成果，并将其渗透到企业生产的所有领域和产品寿命循环的全过程，实现优质、高效、低耗、清洁、灵活的生产。

3）创新是先进制造技术的灵魂，并贯穿于制造全过程。

先进制造技术提倡的创新涵盖产品创新、生产工艺过程创新、生产手段创新、管理创新、组织创新和市场创新等。

4）技术与管理的结合是先进制造技术的一个突破，新的制造模式层出不穷是人类生产活动的一大进步。

先进制造技术的发展针对某一具体制造目标（如汽车制造、电子工业），有明确的需求导向，不以追求技术高新为目的，注重最好的实践效果，以提高企业竞争力和促进国家经济增长及综合实力为目标。

5）市场和工业领域的需求是先进制造技术的出发点与归宿，是先进制造技术的动力和目标。

先进制造技术的成败取决于市场检验，企业是先进制造技术的创新主体。

6）先进制造技术是驾驭生产过程的系统工程。

先进制造技术特别强调计算机技术、信息技术、传感技术、自动化技术、新材料技术和现代系统管理技术在产品设计、制造和生产组织管理、销售及售后服务等方面的应用。它要不断吸收各种高新技术成果，并与传统制造技术相结合，使制造技术成为能驾驭生产过程的物质流、能量流和信息流的系统工程。

7）先进制造技术是面向全球竞争的技术。

随着全球市场的形成，市场竞争变得越来越激烈，先进制造技术正是为适应这种激烈的市场竞争而出现的。因此，一个国家的先进制造技术的主体应该具有世界先进水平，应能支持该国制造业在全球市场上的竞争力。

1.1.4 先进制造技术的体系结构

先进制造技术由主体技术群、支撑技术群和制造技术环境三个技术群构成，这三个技术群相互联系、相互促进，组成一个完整的体系，每个部分均不可缺少，否则就很难发挥预期的整体功能效益。图 1-1 所示为该体系结构的框图。

1. 主体技术群

主体技术群包括两个基本部分——面向制造的产品设计技术群和制造工艺技术群。

（1）面向制造的产品设计技术群　面向制造的产品设计技术群指用于生产准备（制造准备）的工具群和技术群。设计技术对新产品开发生产费用、产品质量以及新产品上市时间都有很大影响。产品和制造工艺的设计可以采用一系列工具，例如计算机辅助设计（CAD）以及工艺过程建模和仿真等，生产设施、装备和工具，甚至整个制造企业都可以采用先进技术更有效地进行设计。近几年发展起来的产品和工艺的并行设计具有双重目的，一是缩短新产品上市的周期，二是可以将生产过程中产生的废物减少到最低程度，使最终产品可回收、可再利用，因此对实现面向保护环境的制造而言是必不可少的。

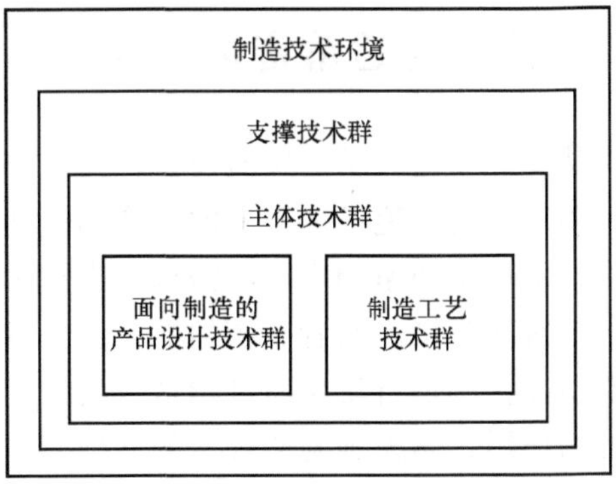

图 1-1　先进制造技术的体系结构

（2）制造工艺技术群　制造工艺技术群指用于物质产品（物理实体产品）生产的过程及设备，如注塑成型、铸造、冲压、磨削等。随着高新技术的不断渗入，传统的制造工艺和装备正在产生质的变化。制造工艺技术群是有关加工和装配的技术，也是制造技术或生产技术的传统领域。

2. 支撑技术群

支撑技术群指支持产品设计和制造工艺取得进步的基础性的核心技术。基本的生产过程需要一系列的支撑技术，诸如测试和检验、物料搬运、生产（作业）计划的控制以及包装等。它们也是用于保证和改善主体技术协调运行所需的技术，是工具、手段和系统集成的基础技术。支撑技术群包括以下内容。

1）信息技术：接口和通信、数据库技术、集成框架、软件工程、人工智能、专家系统和神经网络、决策支持系统等。

2）标准和框架：数据标准、产品定义标准、工艺标准、检验标准、接口框架。

3）机床和工具技术。

4）传感器和控制技术：单机加工单元和过程的控制、执行机构、传感器和传感器组合、生产作业计划。

5）其他。

3. 制造技术环境

制造技术环境又称为制造技术基础设施，是指为了管理好各种适当的技术群的开发并鼓励这些技术在整个国家工业（基地）内推广应用而采取的各种方案和机制。

由于技术只有应用适当才会产生效用，所以技术基础设施的各要素和基本技术本身同样重要。这些要素包括了车间工人、工程技术人员和管理人员在各种先进生产技术和方案方面的培训和教育，这些技术和方案将提高企业的生产竞争力。可以说制造技术的基础设施是使制造技术适应具体企业应用环境、充分发挥其功能、取得最佳效益的一系列措施，是使先进的制造技术与企业组织管理体制和使用技术的人员协调工作的系统工程，是先进制造技术生长和壮大的土壤，因而是其不可分割的一个组成部分。

1.2 精密与超精密加工技术

从先进制造技术的实质而论，先进制造技术主要有精密与超精密加工技术和制造自动化两大领域，前者追求加工上的精度和表面质量极限，后者包括了产品设计、制造和管理的自动化，不仅是快速响应市场需求、提高生产率、改善劳动条件的重要手段，而且是保证产品质量的有效举措。两者有密切的关系，有许多精密与超精密加工要依靠自动化技术才能达到预期指标，制造自动化通过精密与超精密加工才能准确、可靠地实现。两者具有对全局的决定性的作用，是先进制造技术的支柱。在制造自动化领域，已经进行了大量有关计算机辅助制造软件的开发，还进行了计算机集成制造（CIM）技术，生产模式如精良生产、敏捷制造、虚拟制造以及清洁生产和绿色制造等的研究。这些都代表了当今社会高新制造技术的一个重要方面。但是，作为制造技术的主战场，作为真实产品的实际制造，必然要依靠精密与超精密加工技术。例如，计算机工业的发展不仅要在软件上，还要在硬件上，亦即在集成电路芯片上有很强的设计、开发和制造能力。目前我国集成电路的制造水平制约了计算机工业的发展。当代的精密工程、微细工程和纳米技术是现代制造技术的前沿、未来技术的基础。

1.2.1 精密与超精密加工的概念

所谓精密与超精密加工，是指加工精度和表面质量达到极高程度的加工工艺。通常将加工精度在1~0.1μm，加工表面粗糙度值 *Ra* 为0.1~0.02μm 的加工称为精密加工，而将加工精度高于0.1μm、加工表面粗糙度值 *Ra* 小于0.01μm 的加工称为超精密加工。

不同的发展时期，其技术指标有所不同。图 1-2 所示为 1983 年，日本田口教授经大量考察精密与特种加工工厂后，对当代各种加工方法所能达到的精度及其发展趋势的预测。

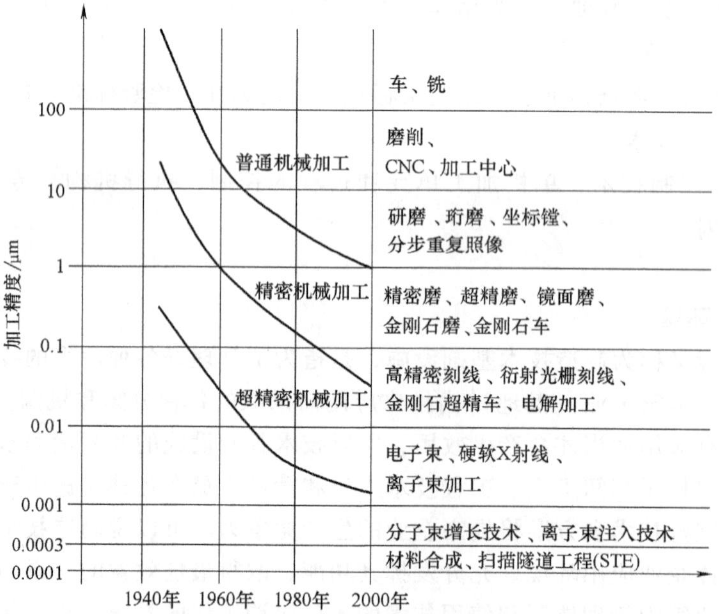

图 1-2 各种加工方法所能达到的精度及其发展趋势

1.2.2　精密与超精密加工的技术内涵

精密与超精密加工包括微细加工、超微细加工、光整加工、精整加工等加工技术。

微细加工技术是指制造微小尺寸零件的加工技术，超微细加工技术是指制造超微小尺寸零件的加工技术。它们是针对集成电路的制造要求而提出的，由于尺寸微小，其精度用去除厚度的绝对值来表示，而不是用所加工尺寸与尺寸误差的比值来表示。

光整加工一般是指减少表面粗糙度值和提高表面层力学性能的加工方法，不着重于提高加工精度，其典型加工方法有珩磨、研磨、超精加工及无屑加工等。实际上，这些加工方法不仅能提高表面质量，而且可以提高加工精度。

精整加工是与光整加工对应的，指既要减小表面粗糙度值和提高表面层力学性能，又要提高加工精度（包括尺寸精度、几何精度）的加工方法。

1.2.3　精密与超精密加工的作用

现代机械工业之所以致力于提高零件加工精度，主要原因在于以下三个方面。

1）提高零件的加工精度可提高产品的性能和质量，提高产品的稳定性和可靠性。

英国劳斯莱斯（Rolls-Royce）公司的资料表明，将飞机发动机转子叶片的加工精度由60μm提高到12μm，加工表面粗糙度值 Ra 由0.5μm减小到0.3μm，则发动机的压缩效率将从89%提高到94%。20世纪80年代初，苏联从日本引进了4台精密数控铣床，用于加工螺旋桨曲面，使其潜艇的水下航行噪声大幅度下降，即使使用精密的声呐探测装置也很难发现潜艇的行踪，此事震惊了西方有关国家的国防部门。

2）提高零件的加工精度可促进产品的小型化。

传动齿轮的齿形及齿距误差直接影响了其传递转矩的能力。若将该误差从目前的3～6μm降低到1μm，则齿轮箱单位质量所能传递的转矩将提高近1倍，从而可使目前的齿轮箱尺寸大大缩小。IBM公司开发的磁盘，其记忆密度由1957年的300bit/m^2提高到1982年的254万bit/cm^2，提高了近1万倍，这在很大程度上应归功于磁盘基片加工精度的提高和表面粗糙度值的减小。

3）提高零件的加工精度可增强零件的互换性，提高装配生产率，促进自动化装配，推进自动化生产。

自动化装配是提高装配生产和装配质量的重要手段。自动化装配的前提是零件必须完全互换。这就要求严格控制零件的加工公差，这导致对零件的加工精度要求极高，而精密与超精密加工使之成为可能。

1.2.4　精密与超精密加工的难点

超微量去除技术是实现超精密加工的关键，其难点如下：

1）工具和工件表面微观的弹性变形和塑性变形是随机的，精度难以控制。

2）工艺系统的刚度和热变形对加工精度有很大影响。

3）去除层越薄，被加工表面所受的切应力越大，材料就越不易被去除。

当去除厚度在1μm以下时，材料被去除的区域内产生的切应力急剧增大。因为当晶粒的尺寸为数微米时，加工就需在晶粒内进行，即把晶粒当作一个个不连续体进行切削。在晶粒内部，大约 1μm 左右的间隙内就有一个位错缺陷。

1.2.5 精密与超精密加工的方法

精密与超精密加工主要有以下几种分类方式。

1）精密与超精密加工按加工方式不同可以分为切削加工、磨料加工（分固结磨料和游离磨料加工）、特种加工和复合加工四类，见表 1-1。

表 1-1 常用精密与超精密加工方法

分类		加工方法	加工刀具	精度/μm	表面粗糙度值 Ra/μm	被加工材料	应用
切削加工	切削	精密、超精密车削	天然单晶金刚石刀具、人造聚晶金刚石刀具、立方氮化硼刀具、陶瓷刀具、硬质合金刀具	1~0.1	0.05~0.008	非铁金属及其合金等软材料	球、磁盘、反射镜
		精密、超精密铣削					多面棱体
		精密、超精密镗削					活塞销孔
		微孔钻削	硬质合金钻头，高速钢钻头	20~10	0.2	低碳钢、铜、铝、石墨、塑料	印制电路板、石墨模具、喷嘴
磨料加工	磨削	精密、超精密砂轮磨削	氧化铝、碳化硅、立方氮化硼、金刚石等磨料 砂轮	5~0.5	0.05~0.008	钢铁材料、硬脆材料、非金属材料	外圆、孔、平面
		精密、超精密砂带磨削	砂带				平面、外圆磁盘、磁头
	研磨	精密、超精密研磨削	铸铁、硬木、塑料等研具，氧化铝、碳化硅、金刚石等磨料	1~0.1	0.025~0.008	钢铁材料、硬脆材料、非金属材料	外圆、孔、平面
		磨石研磨	氧化铝磨石、玛瑙磨石、电铸金刚石磨石				平面
		磁性研磨	磁性磨料	10~1	0.01	钢铁材料	外圆、去毛刺
		滚动研磨	固结磨料、游离磨料、化学或电解作用液体			钢铁材料等	型腔
	抛光	精密、超精密抛光	抛光器，氧化铝、氧化铬等磨料	1~0.1	0.025~0.008	钢铁材料、铝合金	外圆、孔、平面
		弹性发射加工	聚氨酯球抛光器、高压抛光液	0.1~0.001	0.025~0.008	钢铁材料、非金属材料	平面、型面
		液体动力抛光	带有楔槽工作表面的抛光器、抛光液	0.1~0.01	0.025~0.008	钢铁材料、非金属材料、非铁金属材料	平面、圆柱面
		水合抛光	聚氨酯抛光器、抛光液	0.1	0.01	钢铁材料、非金属材料	平面
		磁流体抛光	非磁性磨料、磁流体	0.1	0.01	钢铁材料、非金属材料、非铁金属材料	平面
		挤压研抛	粘弹性物质、磨料	5	0.01	钢铁材料等	型面、型腔去毛刺、倒棱
		喷射加工	磨料、液体	5	0.01~0.02	钢铁材料等	孔、型腔
		砂带研抛	砂带、接触轮	1~0.1	0.01~0.008	钢铁材料、非金属材料、非铁金属材料	外圆、孔、平面、型面
		超精研抛	研具（脱脂木材、细毛毡）、磨料、纯水	1~0.1	0.01~0.008	钢铁材料、非金属材料、非铁金属材料	平面
	超精加工	精密超精加工	磨条、磨削液	1~0.1	0.025~0.01	钢铁材料等	外圆
	珩磨	精密珩磨	磨条、磨削液	1~0.1	0.025~0.01	钢铁材料等	孔

（续）

分类	加工方法		加工刀具	精度/μm	表面粗糙度值 Ra/μm	被加工材料	应用
特种加工	电火花加工	电火花成形加工	成形电极，脉冲电源、煤油、去离子水	50~1	2.5~0.02	导电金属	型腔模
		电火花线切割加工	钼丝、铜丝、脉冲电源、煤油、去离子水	20~3	2.5~0.16		冲模、样板（切断、开槽）
	电化学加工	电解加工	工具电极（铜、不锈钢）、电解液	100~3	1.25~0.06	导电金属	型孔、型面、型腔
		电铸	导电原模、电铸溶液	1	0.02~0.012	金属	成形小零件
	化学加工	蚀刻	掩模板、光敏抗蚀剂、离子束装置、电子束装置	0.1	2.5~0.2	金属、非金属、半导体	刻线、图形
		化学铣削	刻形、光学腐蚀溶液、耐蚀涂料	20~10	2.5~0.2	钢铁材料、非铁金属材料等	下料、成形加工（如印制电路板）
	超声加工		超声波发生器、换能器、变幅杆、工具	30~5	2.5~0.04	任何硬脆金属和非金属	型孔、型腔
	微波加工		针状电极（钢丝、铱丝）、波导管	10	6.3~0.12	绝缘材料、半导体	打孔
	红外线加工		红外线发生器	10	6.3~0.12	任何材料	打孔、切割
	电子束加工		电子枪、真空系统、加工装置（工作台）	10~1	6.3~0.12	任何材料	微孔、镀膜、焊接、蚀刻
	离子束加工	离子束去除加工	离子枪、真空系统、加工装置（工作台）	0.01~0.001	0.02~0.01	任何材料	成形表面、刃磨、蚀刻
		离子束附着加工		1~0.1	0.02~0.01	任何材料	镀膜
		离子束结合加工					注入、掺杂
	激光束加工		激光器、加工装置（工作台）	10~1	6.3~0.12		打孔、切割、焊接、热处理
复合加工	电解加工	精密电解磨削	工具电极、电解液、砂轮	20~1	0.08~0.01	导电非铁金属材料、硬质合金	轧辊、刀具刃磨
		精密电解研磨	工具电极、电解液、磨料	1~0.1	0.025~0.008		平面、外圆、孔
		精密电解抛光	工具电极、电解液、磨料	10~1	0.05~0.008	导电金属	平面、外圆、孔、型面
	超声加工	精密超声车削	超声波发生器、换能器、变幅杆、车刀	5~1	0.1~0.01	难加工材料	外圆、孔、端面、型面
		精密超声磨削	超声波发生器、换能器、变幅杆、砂轮	3~1	0.1~0.01		外圆、孔、端面
		精密超声研磨	超声波发生器、换能器、变幅杆、研磨剂、研具	1~0.1	0.025~0.008	非铁金属等硬脆材料	外圆、孔、平面
	化学加工	机械化学研磨	研具、磨料、化学活化研磨剂	0.1~0.01	0.025~0.008	非铁金属、非金属材料	外圆、孔、平面、型面
		机械化学抛光	抛光器、增压活化抛光液	0.01	0.01	各种材料	外圆、孔、平面、型面
		化学机械抛光	抛光器、增压活化抛光液	0.01	0.01		外圆、孔、平面、型面

2）根据加工方法的机理和特点，最基本的超精密加工方法还可分为去除加工、结合加工和变形加工三大类。

① 去除加工又称为分离加工，是从工件上去除多余的材料，例如金刚石刀具精密车削、精密磨削、电火花加工、电解加工等。从材料在加工过程中的流动来分析，去除加工是使工件材料逐步减少，一部分工件材料变成切屑的加工，这种流动称为分散流。

② 结合加工是利用理化方法将不同材料结合（Bonding）在一起，使工件材料在加工过程中逐步增加的加工，这种流动称为汇合流。按结合的机理、方法、强弱等，结合加工又可以分为附着（Deposition）、注入（Injection）、连接（Jointed）三种。附着加工又称为沉积加工，是在工件表面上覆盖一层物质，为弱结合，例如电镀、气相沉积等。注入加工又称为渗入加工，是在工件的表层注入某些元素，使之与工件基体材料产生物化反应，以改变工件表层材料的力学性质，属于强结合，例如表面渗碳、离子注入等。连接是将两种相同或不同的材料通过物化方法连接在一起，例如焊接、粘接等。

③ 变形加工又称为流动加工，指在加工过程中工件材料基本不变的加工，称为直通流。即利用力、热、分子运动等手段使工件产生变形，改变其尺寸、形状和性能，如锻造、铸造、液晶定向等。

近年来，提出和发展了电铸、晶体生长、分子束外延、快速成形加工等加工方法，突破了传统加工大多局限于分离去除和表面结合加工的概念。特别是快速成形加工，是一种利用离散/堆积成形技术的分层制造方法，将一个三维空间实体零件分散为在某个坐标方向上的若干层有很小厚度的三维实体。由于其厚度很小，可按二维实体成形，再叠加成为所需零件的原型。

3）超精密加工还可分为传统加工、非传统加工和复合加工。

传统加工是指刀具切削加工、固结磨料和游离磨料加工；非传统加工是指利用电能、磁能、声能、光能、化学能、核能等对材料进行加工和处理；复合加工是指多种加工方法的复合。目前，在制造业中以切削、磨削和研磨为代表的传统加工方法仍占主要地位。

1.2.6 精密与超精密加工的实现条件

精密与超精密加工是一门多学科交叉的综合性高新技术，已从单纯的技术方法发展成精密加工系统工程。该系统主要包括以下几个方面。

1）精密与超精密加工的机理与工艺方法。

2）精密与超精密加工工艺装备。

3）精密与超精密加工工具。

4）精密与超精密加工中的工件材料。

5）精密测量及误差补偿技术。

6）精密与超精密加工工作环境、条件等。

1.3 精密与超精密加工的发展趋势

1. 高精度、高效率

高精度与高效率是超精密加工永恒的主题。总的来说，固着磨粒加工不断追求游离磨粒的加工精度，而游离磨粒加工不断追求的是固着磨粒加工的效率。当前超精密加工技术如

CMP（化学机械抛光）、EEM（弹性发射加工）等虽能获得极高的表面质量和表面完整性，但须以牺牲加工效率为保证。超精密切削、磨削技术虽然加工效率高，但无法获得如 CMP、EEM 的加工精度。探索能兼顾效率与精度的加工方法，成为超精密加工领域研究人员的目标。半固着磨粒加工方法的出现即体现了这一趋势，也体现为电解磁力研磨、磁流变磨料流加工等复合加工方法的诞生。

2. 工艺整合化

当今企业间的竞争趋于白热化，高生产率越来越成为企业赖以生存的条件。在这样的背景下，出现了“以磨代研”甚至“以磨代抛”的呼声。同时，使用一台设备完成多种加工（如车削、钻削、铣削、磨削、光整）的趋势越来越明显。

3. 大型化、微型化

为加工航空、航天、宇航等领域需要的大型光电子器件（如大型天体望远镜上的反射镜），需要建立大型超精密加工设备。为加工微型电子机械、光电信息等领域需要的微型元器件（如微型传感器、微型驱动元件等），需要微型超精密加工设备（但这并不是说加工微小型工件一定需要微小型加工设备）。

4. 在线检测

尽管现在超精密加工方法多种多样，但都尚未发展成熟。例如，虽然 CMP 等加工方法已成功应用于工业生产，但其加工机理尚未明确。主要原因之一是超精密加工检测技术还不完善，特别是在线检测技术。从实际生产角度讲，开发加工精度在线检测技术是保证产品质量和提高生产率的重要手段。

5. 智能化

超精密加工中的工艺过程控制策略与控制方法也是目前的研究热点之一。以智能化设备降低加工结果对人工经验的依赖性一直是制造领域追求的目标。加工设备的智能化程度直接关系到加工的稳定性与加工效率，这一点在超精密加工中体现得更为明显。目前，即使是我国台湾地区的部分半导体工厂，生产过程中关键的操作依然由工人在现场手工完成。

6. 绿色化

磨料加工是超精密加工的主要手段，磨料本身的制造、磨料在加工中的消耗、加工中造成的能源及材料的消耗，以及加工中大量使用的加工液等给环境造成了极大的负担。我国是磨料、磨具产量及消耗的第一大国，大幅提高磨削加工的绿色化程度已成为当务之急。发达国家以及我国台湾地区均对半导体生产厂家的废液、废气排量及标准实施严格管制。为此，各国研究人员对 CMP 加工产生的废液、废气回收处理展开了研究。绿色化的超精密加工技术在降低环境负担的同时，也提高了自身的生命力。

复习思考题

1. 试述先进制造技术所包括的领域和范畴。
2. 试述先进制造技术的体系结构。
3. 试述精密与超精密加工在国民经济中的地位和作用。
4. 谈谈精密与超精密加工的现状及发展趋势。
5. 现有哪些精密与超精密加工方法？

第2章

精密与超精密加工机床及关键部件

2.1 典型超精密加工机床

超精密加工机床的研制开发始于20世纪50年代末，是精密与超精密加工最重要、最基本的加工设备。精密与超精密加工对超精密加工机床的基本要求如下：

(1) 高精度　包括高的静精度和动精度，主要性能指标有几何精度、定位精度、重复定位精度以及分辨力等。

(2) 高刚度　包括高的静刚度和动刚度。除本身刚度外，还要考虑接触刚度及由工件、机床、刀具、夹具所组成的工艺系统的工作刚度。

(3) 高稳定性　在规定的工作环境下和使用过程中能长时间保持精度，具有良好的耐磨性、抗振性等。

(4) 自动化程度高　为了保证加工质量的一致性，减少人为因素的影响，超精密加工机床采用高精密数控系统实现自动化。

下面分别介绍美国、英国、德国、日本和我国的一些典型的、有代表性的超精密加工机床，以便更好地了解世界和我国的精密与超精密加工技术和超精密加工机床的发展。

2.1.1 美国的典型超精密加工机床

美国是世界上开发研制超精密加工机床最早、发展过程最完整、目前发展水平最高的国家。世界上典型的超精密加工机床也多以美国的超精密加工机床为主。

1. Union Carbide 公司的半球车床

1962年，Union Carbide（美国联合碳化物）公司成功研制出了最早期的使用金刚石刀具实现超精密镜面切削的半球车床，即所谓的1号车床。该车床的结构如图2-1所示。

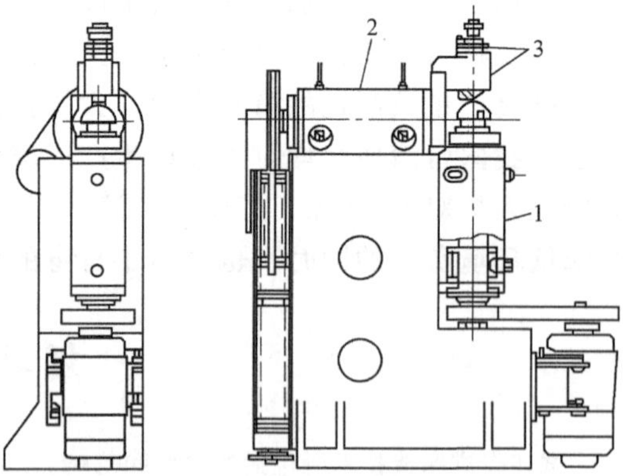

图2-1　半球车床（1号车床）

1—工件主轴　2—刀具头架主轴　3—刀具头架

该车床采用了空气轴承主轴的结构，其回转精度能达到0.125μm。

这种车床能加工 $S\phi100$mm 的半球，尺寸的极限偏差可达到±0.6μm，表面粗糙度值 Ra

可达 0.025μm。

2. Moore Nanotechnology System 的 Moore 车床

1968 年，Moore Nanotechnology System（美国摩尔纳米技术）公司成功研制出了可用于各种非球曲面镜面加工的“Moore”车床，率先开发出了刀具法向成形（Tool-normal Contouring）加工模式（图 2-2）。它将刀架安装在回转 *B* 轴上，通过三坐标精密数控装置对 *X*、*Z*、*B* 轴同时进行控制，使刀具在车削过程中始终保持刀尖与工件曲面的法线重合，一次完成整个镜面的车削。

图 2-2　“Moore”车床的刀具法向成形加工

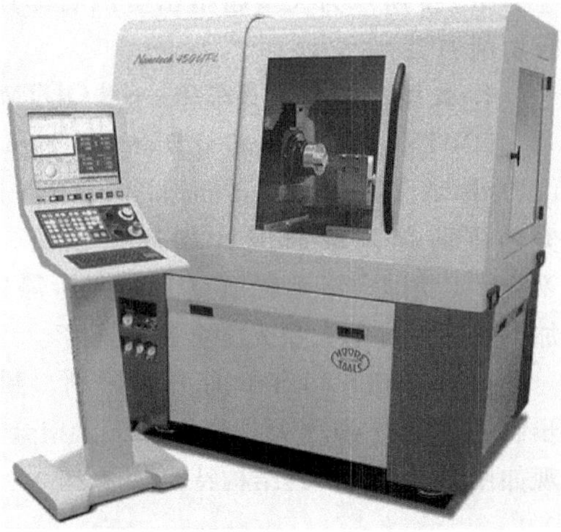

图 2-3　450UPL 型超精密加工车床

图 2-3 所示为 Moore Nanotechnology System 公司的 450UPL 型超精密加工车床的外观。该车床采用卧式主轴，三坐标精密数控的分辨力为 0.01μm，双坐标双频激光测量系统对工作台移动位置进行测量及反馈，加工平面镜时平面度公差达 0.002μm，加工曲面镜时的面轮廓度公差达 0.003μm。

3. 大型超精密金刚石车床——DTM-3

1983 年 7 月，在美国能源部的支持下，LLL（Lowrence Livermore national Laboratory，美国劳伦斯里弗莫尔国立研究所）实验室和 Union Carbide 公司的 Y-12 工厂联合开发，成功研制出大型超精密金刚石车床 DTM-3 型（3 号机床），如图 2-4 所示，用于加工激光核聚变用各种金属反射镜、红外装置用零件、大型天体望远镜（包括 X 光天体望远镜）等。

图 2-4　DTM-3 型车床的外观图

该车床为卧式结构，最大加工直径为 ϕ2100mm。其主轴采用液体静压径向轴承，空气静压止推轴承，柔性连接驱动方式，将交流变频电动机直接安装在地基台面上进行驱动。

其 *X* 轴的导轨采用 V-平面液体静压导轨，*Z* 轴的导轨采用平面空气静压导轨，由直流电动机与使用静压轴承的 ϕ50mm 的驱动轮摩擦连接驱动。其频带宽 10Hz，最大进给量为 2.5mm/s，使用波纹管进行负荷补偿，刀具微位移机构进行误差修正。

它具备独立的测量基准，长距离测量在真空中用 He-Ne 激光干涉仪（分辨力为 2.5nm），短距离测量用差动式电容测微仪（分辨力为 0.625nm）。

机床底座使用 6.4m×4.6m×1.5m 的花岗岩。花岗岩的线胀系数小，稳定性好，对振动的衰减能力比钢高 15 倍。

图 2-5 所示为大型超精密金刚石车床 DTM-3 正在进行切削加工。

图 2-5 DTM-3 车床在进行切削加工

4. 大型光学金刚石车床——LODTM

LODTM（Large Optical Diamond Turning Machine）是由 DARPA（Defense Advanced Research Projects Agency，美国国防部高级研究计划局）投资，LLL 实验室和 Wright（美国空军莱特航空）研究所等单位合作研制的加工光学零件的大型光学金刚石车床。

该车床于 1980 年 3 月开始研制，到 1983 年 7 月初步制成，历时 40 个月，用于加工大型金属反光镜，其外观如图 2-6 所示。其结构特点如下：

图 2-6 大型光学金刚石车床

1）采用立式结构，以利于采用面积较大的止推轴承，减少因工件质量产生的变形，提高机床的轴向刚度，如图 2-7 所示。

2）机床主轴采用液体静压的径向轴承和止推轴承，并采用柔性连接驱动方式，保证主轴有较高的回转精度。

3）X 轴的导轨采用 V-平面液体静压导轨，Z 轴的导轨采用平面空气静压导轨，以保证其直线运动精度。

4）采用 4 个大空气弹簧作为机床的支承，且其中两个空气弹簧的气室相连通，形成三点定位的支承系统。

5）使用快速电致伸缩式微量进给装置 FTS（Fast Tool Servo）。该装置与机床的控制系统相连接，形成闭环控制系统，可用于误差补偿。

6）采用7个高分辨力双频He-Ne激光干涉仪完成大行程的在线检测。其中，4个用于检测横梁上溜板的运动（X轴方向），3个用于检测刀架的上下运动（Z轴方向）。

7）各发热部件采用大量恒温水冷却，水温控制在（20±0.0005）℃内。

8）机床采用大地基，周围设有防振沟，且恒温水泵入储水罐后靠重力流到机床需要冷却的部位，以消除振动。

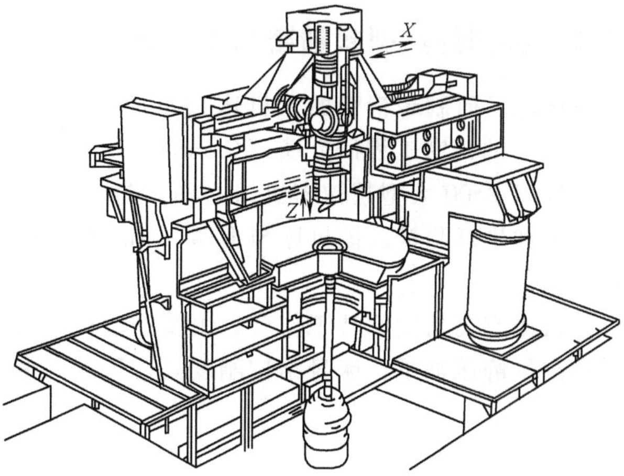

图 2-7 大型光学金刚石车床的结构

2.1.2 德国的典型超精密加工机床

德国是机械制造强国，在精密与超精密加工领域也不甘落后。

1. Ⅲ-B型立式车床

1976年，Ex-Cell-O（爱克赛罗）公司成功开发出了用于加工直径达2m的金属反光镜的Ⅲ-B型立式镜面车床。该车床采用垂直轴空气静压轴承工作台结构（图2-8），其径向圆跳动公差为0.1~0.13μm，轴向圆跳动公差为0.15~0.18μm。以2000r/min的转速运转8h的温升在5.6℃以内。

2. Pyramid Nano机床

德国KERN（科恩）公司的Pyramid Nano（金字塔纳米型）机床（图2-9），采用了KERN公司专有的Armorith人造花岗岩材料。与球墨铸铁相比，Armorith材料的阻尼性能高10倍，热导率低50%，线胀系数也较小。稳定的温度及振动阻尼基座使Pyramid Nano机床可以加工出表面粗糙度值非常小的表面。此外，Armorith材料有非常高的密度，2t重的机身仅占2.5m^{2}车间面积。

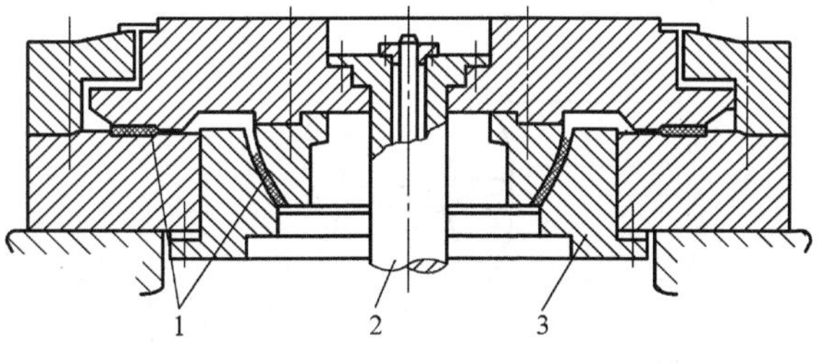

图 2-8 垂直轴空气静压轴承工作台结构
1—多孔石墨轴衬 2—驱动轴 3—半球形衬套

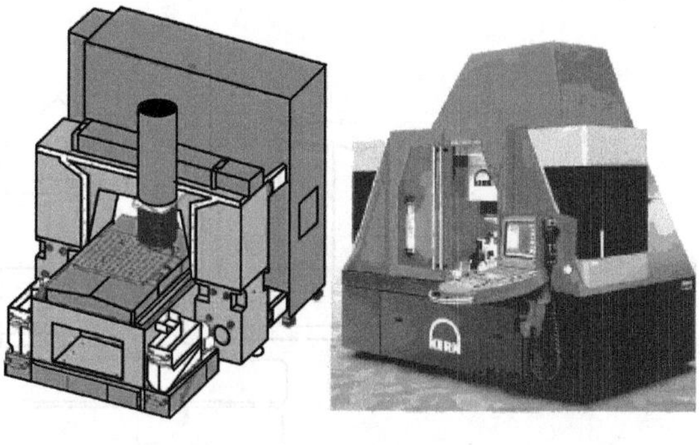

图 2-9 德国KERN公司的Pyramid Nano机床

3. FG-001超精密加工机床

德国的FG-001超精密加工机床（图2-10）可实现纳米级的非球曲面加工。

2.1.3 英国的典型超精密加工机床

英国也是研制超精密加工机床最早的国家之一。1991 年，克兰菲尔德大学（Cranfield University）的精密工程研究所（Cranfield Unit for Precision Engineering，简称 CUPE）成功研制出 OAGM 2500 大型超精密机床（图 2-11），用于 X 射线天体望远镜的大型曲面反射镜的精密磨削和坐标测量。该机床与 DTM-3 和 LODTM 一起被公认为是当时世界水平最高的超精密机床。

该机床有高精度回转工作台；由精密数控系统驱动；导轨采用液体静压，磨头主轴和测头采用空气静压轴承；床身结构刚度高，尺寸高度稳定，有很强的振动衰减能力。

图 2-10 FG-001 超精密加工机床

图 2-11 OAGM 2500 大型超精密加工机床

2.1.4 日本的典型超精密加工机床

日本开发的超精密加工机床主要用于加工民用产品所需的透镜和反射镜。日本制造的典型超精密加工机床有东芝机械研制的 ULG-100A（H），不二越公司的 ASP-L15，丰田工机的 AHN10、AHN30×25、AHN60-3D 非球面加工机床等。

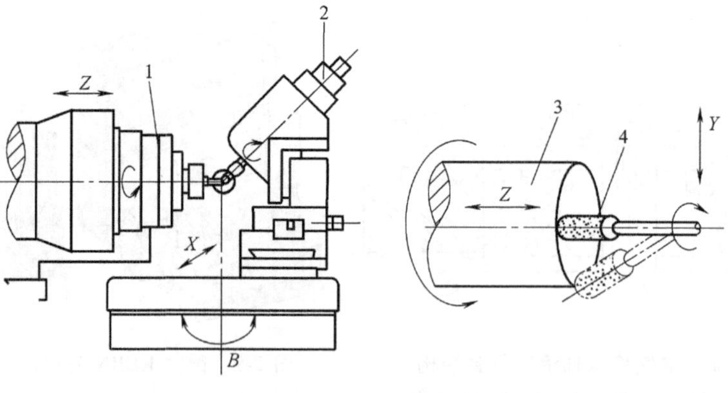

图 2-12 用 AHN10 型高效专用超精密机床加工模具零件

1—工件主轴 2—砂轮主轴 3—工件 4—砂轮

图 2-12 为 AHN10 型高效专用超精密机床加工模具零件的示意图。它的主轴由空气静压轴承支承，刀架设计成滑板结构，由气动涡轮驱动的砂轮轴转速为 100000r/min，采用激光测量反馈系统，直线移动分辨力为 0.01μm，全行程定位精度为 0.03μm，*B* 轴回转分辨力为 1.3"。该机床加工的模具形状精度为 0.05μm，表面粗糙度值 *Ra* 为 0.025μm。

2.1.5　中国的典型超精密加工机床

超精密加工设备的研制目前在国内还处于起步阶段（还没有真正形成一个产业），但已经成功研制出回转精度达 0.025μm 的超精密轴系，并已装备到超精密车床和超精密铣床中，解决了长期以来由于国外技术封锁给超精密加工机床的研制带来的巨大阻力。

在超精密加工设备以及超精密加工工艺技术等方面，北京工研精机股份有限公司、哈尔滨工业大学精密工程研究所、北京航空精密机械研究所等单位各有特点，另外还有中科院长春光学精密机械与物理研究所、华中科技大学、沈阳第一机床厂、成都工具研究所、国防科技大学等都进行了这一领域的研究，且成绩显著。

1. Nanosys-300 非球曲面超精密复合加工系统

北京航空精密机械研究所研制的 Nanosys-300 非球曲面超精密复合加工系统（图 2-13）具有 CNC 车削、磨削、铣削等多种加工功能，可对球面、非球面等形状零件进行纳米级超精密镜面加工。该系统采用以工控 PC 为平台、多轴运动控制器为核心的高性能开放式数控系统，主要包括纳米级坐标测量与伺服控制系统，超精密、高速空气静压主轴系统，超精密、高刚性、高阻尼闭式液体静压导轨系统，超精密、高速、高刚性空气静压磨头系统，喷雾、吸屑系统，气浮减振调平系统，在位对刀和工件检测系统，以及 ELID 金刚石砂轮修整、延性磨削系统等单元。

图 2-14 和图 2-15 所示为加工状态下的 Nanosys-300 非球曲面超精密复合加工系统。

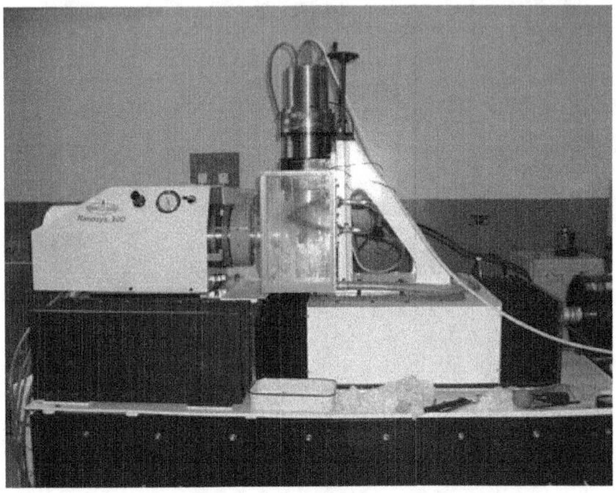

图 2-13　Nanosys-300 非球曲面超精密复合加工系统外观图

图 2-14　加工状态下的 Nanosys-300 非球曲面超精密复合加工系统 1

2. SQUARE 超精密光学镜面铣床

SQUARE80/200/300 超精密光学镜面铣床是北京工研精机股份有限公司生产的产品。其外观如图 2-16 所示，特点如下：

1）主轴及工作台均采用空气静压轴承，几何精度高，运动灵敏、平稳。

图 2-15　加工状态下的 Nanosys-300 非球曲面超精密复合加工系统 2

图 2-16　SQUARE80/200/300 超精密光学镜面铣床外观

2）采用专门可靠的传动机构，保证使用良好。

3）结构符合人机工程学原理，方便对刀及操作。

4）机床具备较强的扩展功能，用户可根据需要订购，还可以增补如下功能。

① 选配专用数控系统，完成纳米级运动。

② 选配高精度分度工作台，完成多面体棱镜加工。

③ 选配专用镗刀及夹具，完成固定孔位的内孔高精度镗削加工。

④ 选配专用的微调刀架，可以完成车削加工。

3. SPHERE200 超精密球面镜加工机床

北京机床研究所研制的 SPHERE200 超精密球面镜加工机床如图 2-17 所示。该机床的特点如下：

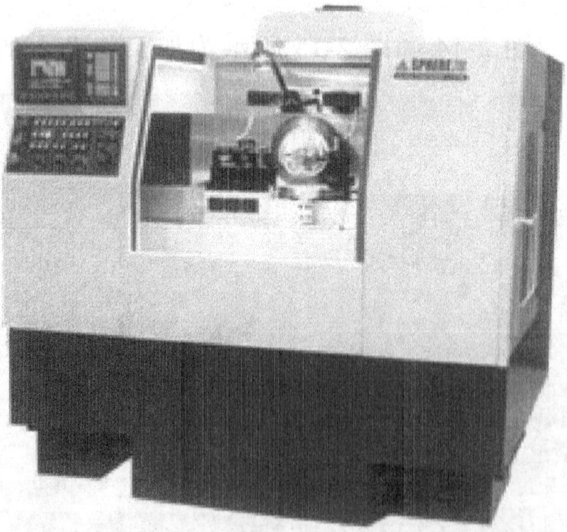

图 2-17　SPHERE200 超精密球面镜加工机床

1）采用超精密气体静压主轴及回转工作台。

2）采用超高精度气动卡盘结构，保证批量加工的快速高精度定位。

3）可加工高精度球面镜，也可进行平面及圆柱表面的镜面加工。

4）采用固定式多刀结构，换刀精确、快速。

5）采用全闭环溜板结构，可精确检测每把刀具及回转工作台的中心位置。

6）主轴带位置检测，可加工螺纹，*C* 轴可选。

7）主轴卡盘可更换，满足多种工件加工要求。

8）床身及溜板特殊结构设计，具有良好的精度保持及减振特性。

4. NANO-TM500 超精密纳米级车铣复合加工机床

北京机床研究所研制的 NANO-TM500 超精密纳米级车铣复合加工机床如图 2-18 所示，

主要用于光学平面、球面及非球面零件的超精密加工，包括光学零件模具、微机电系统（MEMS）技术零件、非涅尔镜片模具、激光反射镜、太阳能镜片等。

其性能特点如下：

1）运动控制的精度高，可实现纳米插补。

2）加工应用范围较宽，通过车削和铣削加工，可以实现多种不同类型工件的高精度加工，工件的回转范围也比较大。

3）机床结构与工艺结合紧密。在该机床的结构设计中充分考虑了机床加工的工艺性及应用。

4）机床可实现加工、检测一体化功能。

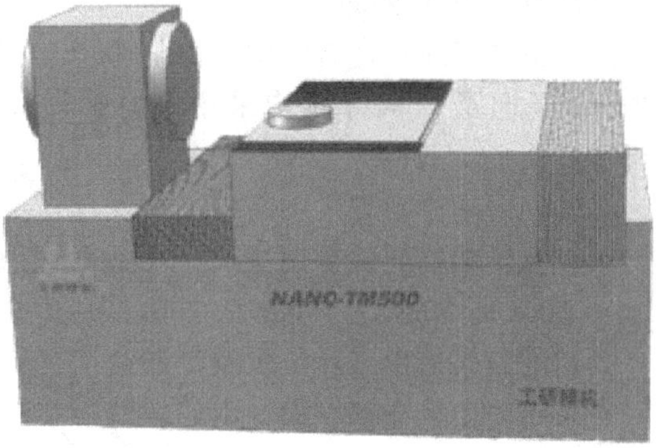

图 2-18　NANO-TM500 超精密纳米级车铣复合加工机床

其结构特点如下：

1）机床溜板采用直线电动机对称双驱动结构，具有纳米级运动分辨率。

2）机床回转工作台采用空气静压轴承、高分辨力伺服单元直接驱动结构。

3）机床主轴采用高精度空气静压轴承、整体电主轴结构，带有 Cs 轴功能。

5. NAM-820 超精密数控车床

由北京机床研究所研制的 NAM-820 超精密数控车床如图 2-19 所示。它具有车削、铣削加工功能，可以精密加工各种平面、球面、非球曲面、多面体等。

它采用具有自主知识产权，获得国家科技进步一等奖的超精密气体静压主轴，确保超高的回转精度。

其 X 轴、Z 轴采用高精度气体静压导轨，确保运动的直线性和平稳性。

它采用高精度双频激光干涉仪作为位置反馈元件，确保高精度运动定位。

它采用高分辨力、高速控制器及专用数控软件实现超精密数控加工。

图 2-19　NAM-820 超精密数控车床

6. GCK-1502 高精度 OPC 鼓基数控车床

由北京机床研究所研制的 GCK-1502 高精度 OPC 鼓基数控车床如图 2-20 所示。该车床专门用于各种硒鼓、OPC 鼓的高精度切削加工，具有加工精度高，加工效率高，操作简单方便，可靠性高等特点。

该机床采用双主轴电动机同步驱动双主轴形式，主轴为空气静压结构，主轴经动平衡，转速最高可达 5000r/min。

其左主轴箱固定，右主轴箱由伺服电动机拖动沿 *Z* 轴导轨滑动，以适应不同规格的鼓基加工。*X* 向及 *Z* 向导轨均采用日本帖塑导轨，阻尼减振性好，精度高，寿命长，移动平稳。

其各伺服轴传动均采用高精度滚珠丝杠副。

其双主轴轴端配装专用夹具，根据鼓基规格不同可快速更换相应夹具，可以提供直径 24mm、30mm、50mm、60mm 的卡具。夹具工作动力为压缩空气。

其切削刀架采用刀片定位及微调结构，更换及调整刀片方便。

它采用喷油雾冷却方式，由间歇润滑泵润滑导轨，配有大容量独立排屑吸尘器。

7. 亚微米超精密车床

亚微米超精密车床是由哈尔滨工业大学精密工程研究所研制的数控超精密金刚石机床，如图 2-21 所示，其主要参数如下：主轴回转精度：0.05μm；导轨直线度：0.2μm/200mm；恒温油温控制精度：0.004℃；微量进给精度：0.05μm；加工的零件的尺寸形状误差≤0.2μm，表面粗糙度值为 *Ra*0.02μm。

图 2-20　GCK-1502 高精度 OPC 鼓基数控车床

图 2-21　亚微米超精密车床

2.2　超精密加工机床的主轴部件

主轴部件是保证超精密加工机床加工精度的核心。超精密加工对主轴的要求是极高的回转精度、转动平稳、无振动，而满足该要求的关键在于所用的精密轴承。早期的精密主轴采用超精密级的滚动轴承，现在多采用液体静压轴承和空气静压轴承。

2.2.1　液体静压轴承

图 2-22 所示为液体静压轴承，它具有回转精度高（0.1μm）、刚度较高、转动平稳、无振动的特点，因此被广泛用于超精密加工机床。

液体静压轴承的主要缺点如下：

1）液体静压轴承的油温随着转速的升高而升高，而温度升高将造成热变形，影响主轴精度。

2）静压油回流时将空气带入油源，形成微小气泡悬浮在油中，不易排出，因而降低了液体静压轴承的刚度和动特性。

2.2.2 空气静压轴承

空气静压轴承的工作原理与液体静压轴承相同。空气静压轴承具有很高的回转精度，在高速转动时温升甚小，基本达到恒温状态，因此造成的热变形误差很小。与液体静压轴承相比，空气静压轴承刚度低，承受的载荷较小。但由于超精密加工切削力很小，所以空气静压轴承可以满足相关要求。

以下是几种典型的空气静压轴承的结构。

1）双半球空气静压轴承主轴。如图2-23所示，该主轴前后轴承均为半球状，同时起径向轴承和止推轴承的作用。由于轴承的球形气浮面具有自动调心作用，因此可以提高前、后轴承的同心度，以提高主轴的回转精度。

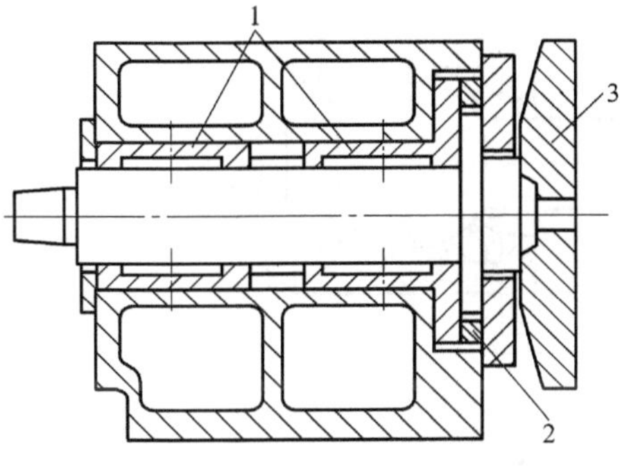

图2-22　液体静压轴承的结构
1—径向轴承　2—止推轴承　3—真空吸盘

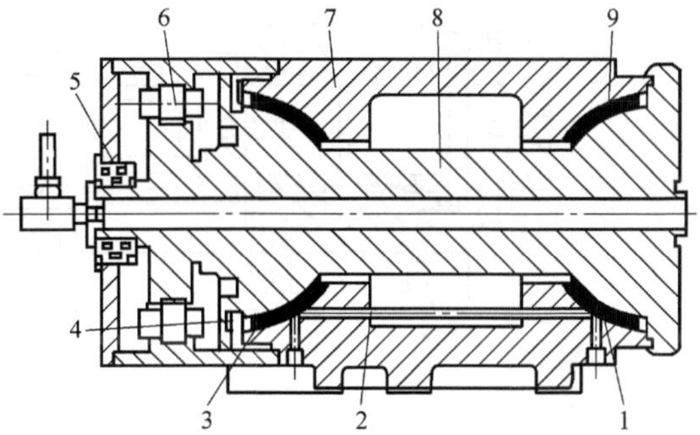

图2-23　内装式双半球空气静压轴承同轴电动机驱动主轴
1—前轴承　2—供气孔　3—后轴承　4—定位环　5—旋转变压器
6—无刷电动机　7—外壳　8—轴　9—多孔石墨

2）径向-止推空气静压轴承主轴。如图2-24所示，该结构是在液体静压轴承主轴的基础上发展起来的，只是节流孔和气腔大小形状不同。该结构中径向轴承的外鼓形轴套可起自动调整定心作用，具体调整方法是先通气使轴套自动将位置调好后再固定，这样可提高前、后轴套的同心度。

3）球形-径向空气静压轴承主轴。如图2-25所示，这种结构的主轴前端球形同时起到径向轴承和止推轴承的作用，并具有自动调心功能，保证了前、后轴承的同心度。

4）立式空气静压轴承主轴。如图2-8所示，该结构主要用于大型超精密车床，以保证加工系统具有较高的刚度，且便于零件的装夹。其圆弧面的径向轴承起到自动调心、提高精度的作用。

2.2.3 主轴的驱动方式

主轴驱动方式也是影响超精密加工机床主轴回转精度的主要因素之一。超精密加工机床主轴的驱动主要有以下两种方式。

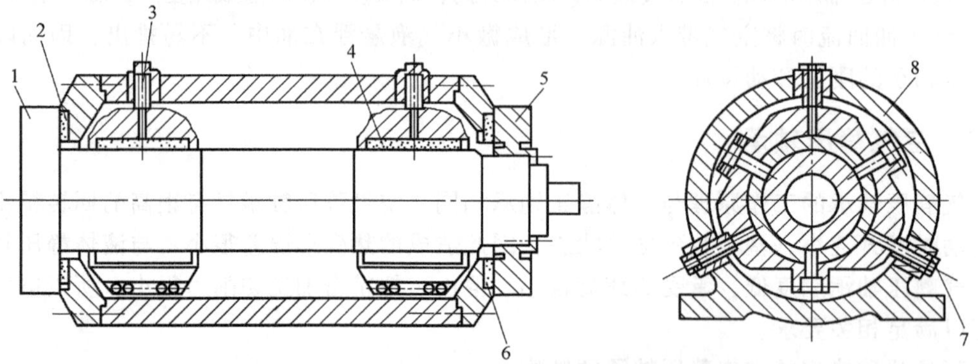

图 2-24　径向-止推空气静压轴承主轴

1—主轴　2—前止推板　3—进气孔　4—多孔石墨衬　5—挠性止推环　6—后止推板　7—调节螺钉　8—外壳体

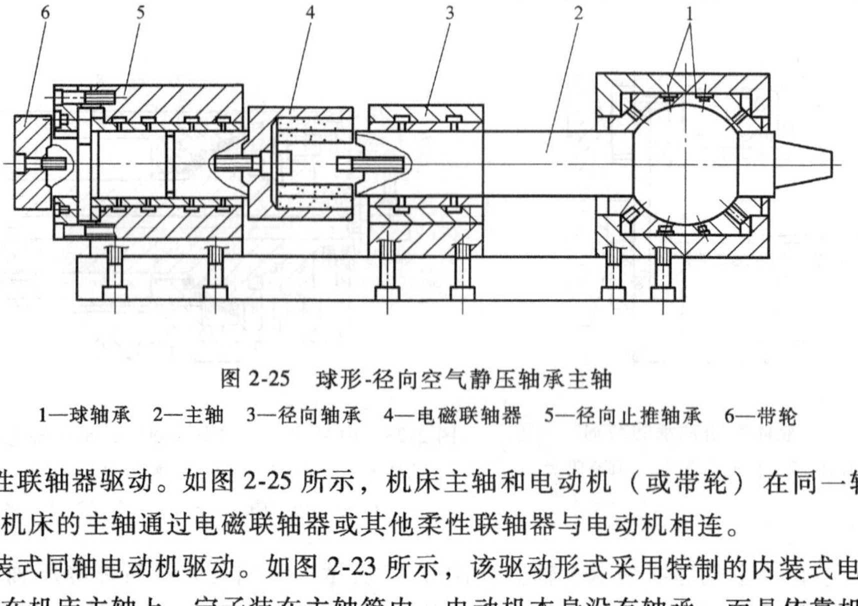

图 2-25　球形-径向空气静压轴承主轴

1—球轴承　2—主轴　3—径向轴承　4—电磁联轴器　5—径向止推轴承　6—带轮

1）柔性联轴器驱动。如图 2-25 所示，机床主轴和电动机（或带轮）在同一轴线上时，超精密加工机床的主轴通过电磁联轴器或其他柔性联轴器与电动机相连。

2）内装式同轴电动机驱动。如图 2-23 所示，该驱动形式采用特制的内装式电动机，其转子直接装在机床主轴上，定子装在主轴箱内，电动机本身没有轴承，而是依靠机床的高精度空气静压轴承支承转子的转动。采用无刷直流电动机，可以很方便地进行主轴转速的无级变速，同时由于电动机没有电刷，不仅可以消除电刷引起的摩擦振动，而且可以避免电刷磨损对电动机运转的影响。

早期的超精密加工机床应用带传动驱动。在这种驱动方式中，通常采用直流电动机或交流变频电动机，以实现无级调速，避免齿轮调速产生的振动，且要求电动机经过精密动平衡，并用单独地基，以免振动影响超精密加工机床。其传动带用柔软的无接缝的丝质材料制成，以产生吸振效果。

2.2.4　超精密加工机床主轴和轴承的材料

1）选择机床空气主轴和轴承材料时应考虑以下主要因素。

① 耐磨损。

② 不易生锈、腐蚀。

③ 线胀系数小。

④ 材料的稳定性好。

2）制造空气主轴和轴承的材料主要有以下几种。

① 经表面氮化和低温稳定处理的 38CrMoAl 氮化钢。

② 不锈钢。

③ 多孔石墨和轴承钢，还有铟钢、花岗岩、微晶玻璃和陶瓷等。

2.3　精密导轨部件

2.3.1　超精密加工机床的总体布局

超精密加工机床主要用于加工反射镜等盘形零件，一般不需要后顶尖，因此在总体布局上比较简单。常见的超精密加工机床的总体布局有以下几种。

（1）T 形布局（图 2-26）

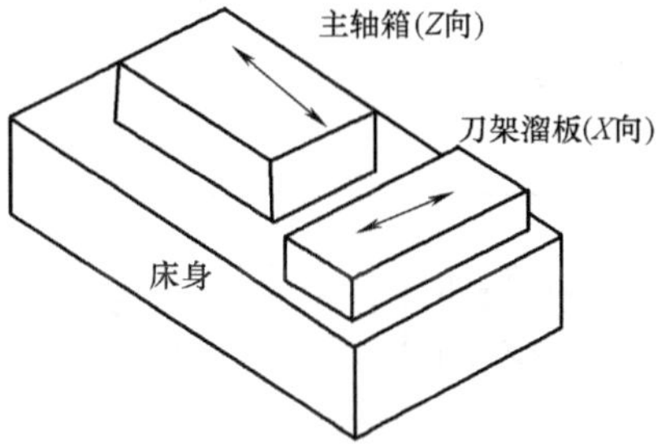

a) 示意图

b) 实物图

图 2-26　T 形布局

（2）十字形布局（图 2-27）

（3）立式结构布局（图 2-28）

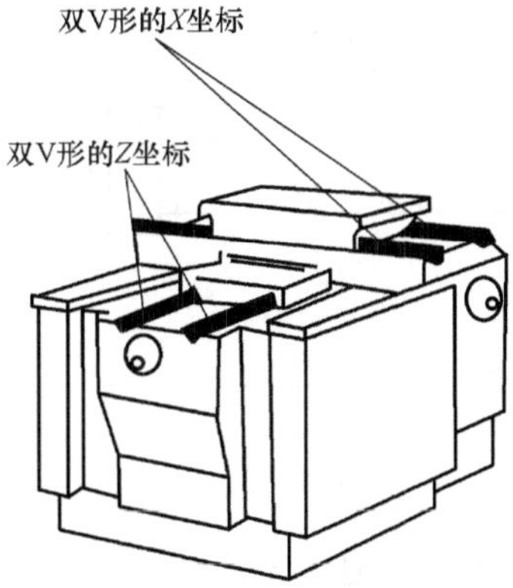

图 2-27　十字形布局

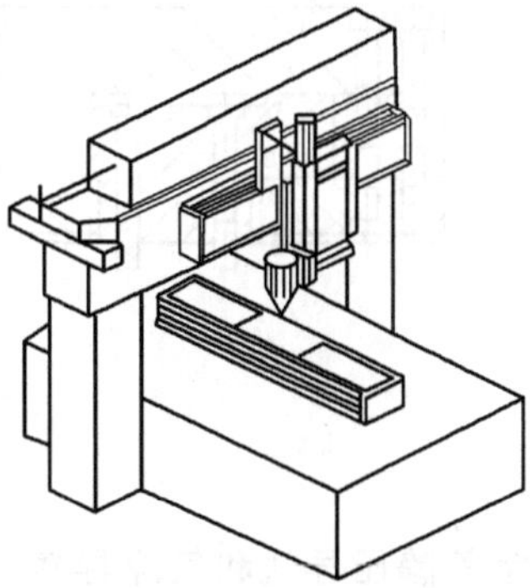

图 2-28　立式结构布局

（4）R-θ 布局（图 2-29）

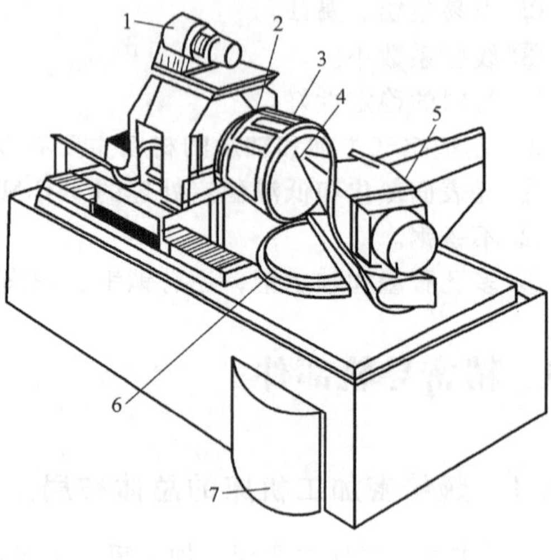

图 2-29　R-θ 布局

1—主轴电动机　2—主轴　3—夹具　4—刀具　5—刀座　6—刀座转台　7—气垫罩

2.3.2　常用的导轨部件

超精密加工机床常采用平面导轨结构的液体静压导轨和空气静压导轨，也广泛采用滚动导轨。常用的超精密加工机床导轨结构形式有燕尾形、平面形、V-平面形、双 V 形等。

1. 液体静压导轨

液体静压导轨具有刚度高、承载能力大、直线运动精度高且运动平稳、无爬行现象等优点。图 2-30a 所示为平面形液体静压导轨，图 2-30b 所示为双圆柱形液体静压导轨。

目前很多超精密加工机床的导轨部件都是用花岗岩制造的。由于花岗岩加工困难，一般都不做成整体，而是做成花岗岩石块之后用螺钉紧固在一起，如图 2-31 所示，其中图 2-31a 所示为三块式，图 2-31b 所示为两块式。

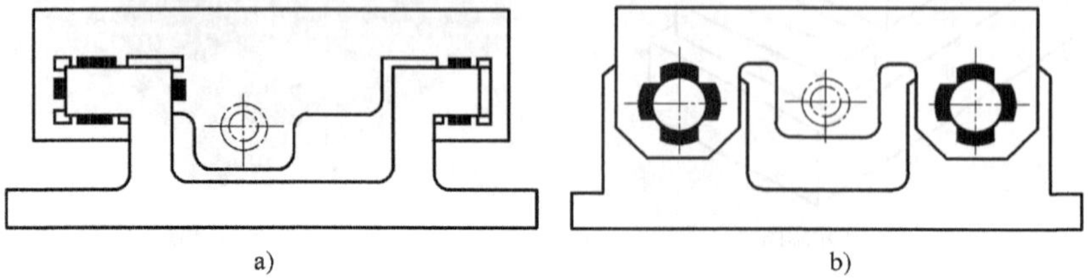

图 2-30　两种液体静压导轨

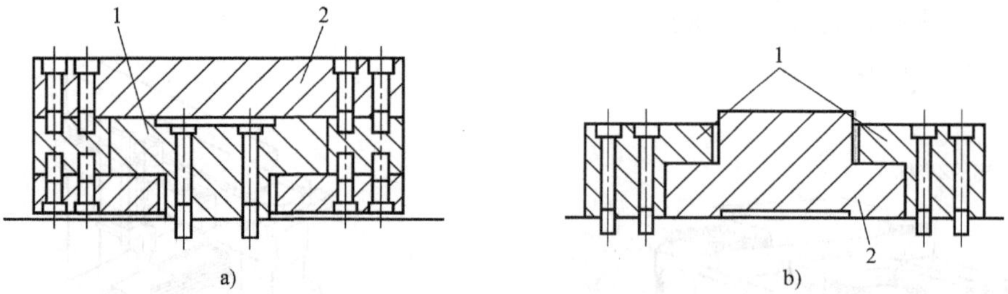

图 2-31　花岗岩液体静压导轨

1—床身　2—运动件

2. 空气静压导轨和气浮导轨

空气静压导轨和气浮导轨可以达到很高的直线运动精度，运动平稳，无爬行，且摩擦因数接近于零，不发热。

（1）空气静压导轨　此导轨运动件的导轨面上下、左右均在静压空气的约束下，因此和气浮导轨相比有较高的刚度和运动精度，但比液体静压导轨要差一些。空气静压导轨有多种形式，其中平面形导轨用得较多，如图 2-32 所示。常用的静压空气压力为 4×10^5 ~ 6×10^5Pa，气压高于 6×10^5Pa 时容易产生振荡。

（2）气浮导轨　使用气浮导轨的必要条件是导轨上的运动部件重量很重且压缩空气的压力非常稳定。气浮导轨（图 2-33）的刚度较低，且受压缩空气压力波动的影响。

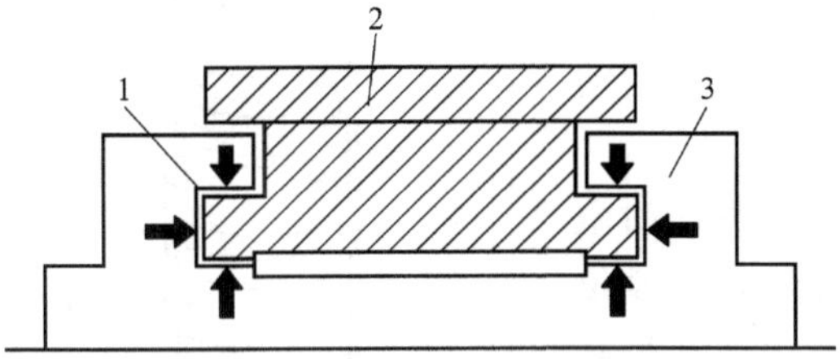

图 2-32　平面形空气静压导轨
1—静压空气　2—移动工作台　3—底座

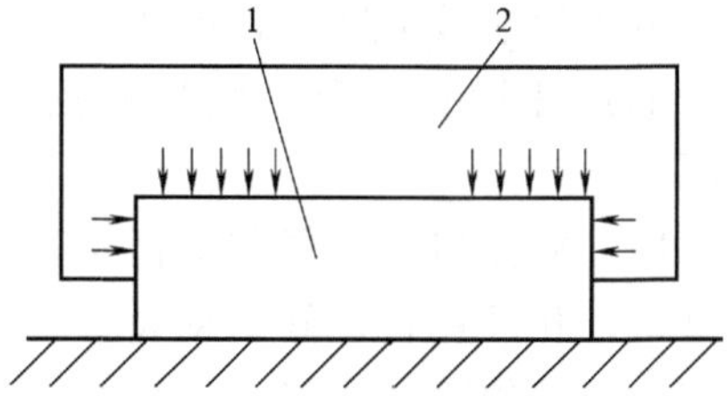

图 2-33　气浮导轨
1—床身　2—运动件

2.3.3　床身及导轨的材料

超精密加工机床床身结构与所用材料有关。常用的床身及导轨材料有优质耐磨铸铁、花岗岩、人造花岗岩等。几种常用机床材料的性能见表 2-1。

表 2-1　几种常用机床材料的性能

性　　能	Al_2O_3 陶瓷	铸铁	钢	铟钢	花岗岩	人造花岗岩
杨氏弹性模量 E/(GPa)	240	100	210	140	40	33
密度 ρ/(g/cm^3)	3.4	7.3	7.3	8.2	2.6	2.5
刚度比	7	1.4	2.7	1.7	1.5	1.3
振动的对数减缩率 Λ(×10^{-3})	0.6	1~3	0.5	—	6	20
线胀系数 α_l(×10^{-6})/K^{-1}	7	12	11	0.6	8.3	12
热导率 λ/W·(m·K)$^{-1}$	16	53.5	44	10.5	3.8	0.47

2.3.4　微量进给装置

超精密加工机床的进给系统一般采用精密滚珠丝杠副、液体静压和空气静压丝杠副，而高精度微量进给装置则有电致伸缩式、弹性变形式、机械传动或液压传动式、热变形式、流体膜变形式、磁致伸缩式等。其中电致伸缩式和弹性变形式微量进给机构能够满足精密和超精密微量进给装置的要求，且技术成熟。目前高精度微量进给装置的分辨力可达 0.001 ~ 0.01μm。

在超精密加工中，为了实现精确、稳定、可靠和快速微位移，精密和超精密微位移机构应满足以下设计要求。

1）精微进给和粗进给分开，以提高微位移的精度、分辨力和稳定性。

2）运动部分必须是低摩擦和高稳定度的，以实现很高的重复定位精度。

3）末级传动元件必须有很高的刚度，即夹持金刚石刀具处须是高刚度的。

4）内部连接必须可靠，尽量采用整体结构或刚性连接，否则微量进给机构很难实现很高的重复定位精度。

5）工艺性好，容易制造。

6）具有好的动特性，即具有高的响应频率。

7）能实现微进给的自动控制。

1. 压电和电致伸缩微量进给装置

电致伸缩微量进给装置如图 2-34 所示。它的三大关键技术是电致伸缩传感器、微量进给装置的机械结构及其驱动电源。

用电致伸缩传感器制造微量进给机构，可以实现自动微量进给，并且具有良好的动特性，能够实现高刚度无间隙位移和极精细的微量位移，分辨力可达 1.0~2.5nm，具有很高的响应频率（响应时间达 100μs），且无空耗电流发热问题。

常用的电致伸缩材料为压电陶瓷 PZT（PbZnO-PbT 陶瓷）等。

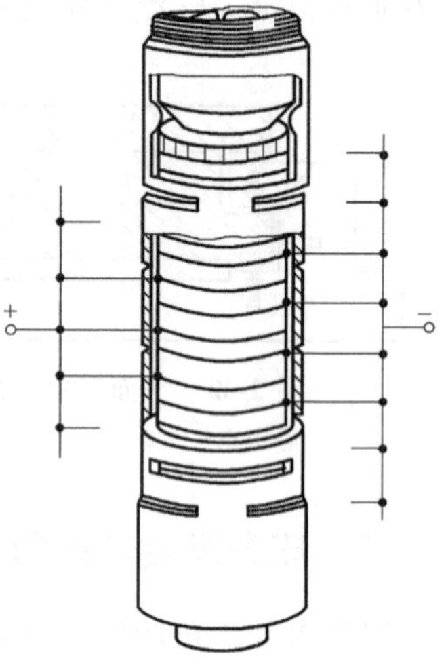

图 2-34 电致伸缩微量进给装置

2. 摩擦驱动装置

图 2-35 所示为双摩擦轮摩擦驱动装置，它的两个摩擦轮均由静压轴承支承，可以无摩擦转动。图 2-36 所示为单摩擦轮摩擦驱动装置，它的一个摩擦轮与电动机相连，带动驱动杆，驱动杆的下面为气浮导轨面，由空气压力将驱动杆压紧在摩擦轮上。

设计摩擦驱动装置需要解决以下两个结构问题。

1）摩擦轮直径问题。即下摩擦轮直径必须很小，才能满足驱动杆运动速度极慢的要求。

2）两个摩擦轮的支承问题。若都用静压轴承支承，则结构设计有很大难度；若摩擦轮用滚动轴承支承，则因滚动轴承有摩擦，将导致摩擦驱动装置的平稳性降低。

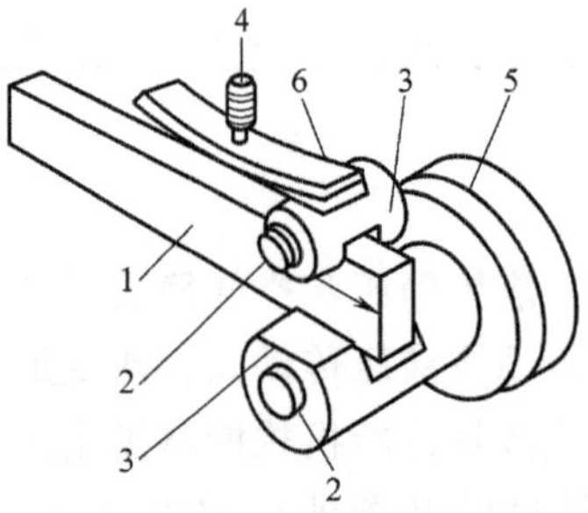

图 2-35 双摩擦轮摩擦驱动装置

1—驱动杆 2—摩擦轮 3—静压轴承

4—弹簧压块 5—驱动电动机 6—弹簧压板

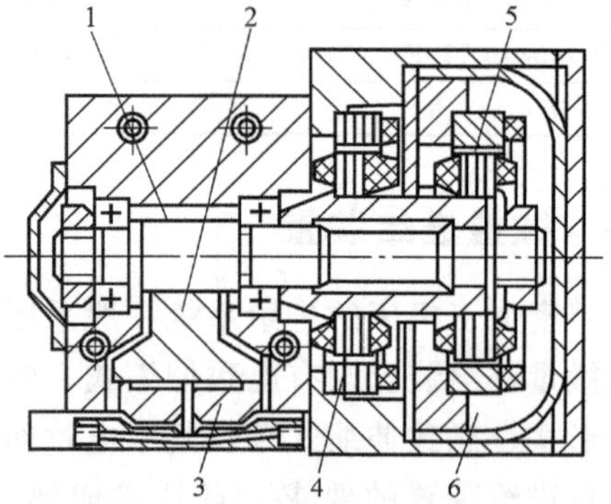

图 2-36 单摩擦轮摩擦驱动装置

1—摩擦驱动轮 2—驱动杆 3—静压支承座

4—电动机 5—测角系统 6—压盖

3. 机械结构弹性变形微量进给装置

机械结构弹性变形微量进给装置具有工作稳定可靠、精度重复性好的特点，适用于手动操作。图 2-37 所示双 T 形弹性变形微量进给装置的分辨力可达 0.01μm，输出位移方向的静刚度为 70N/μm，重复定位精度为 0.02μm，最大输出位移为 20μm。

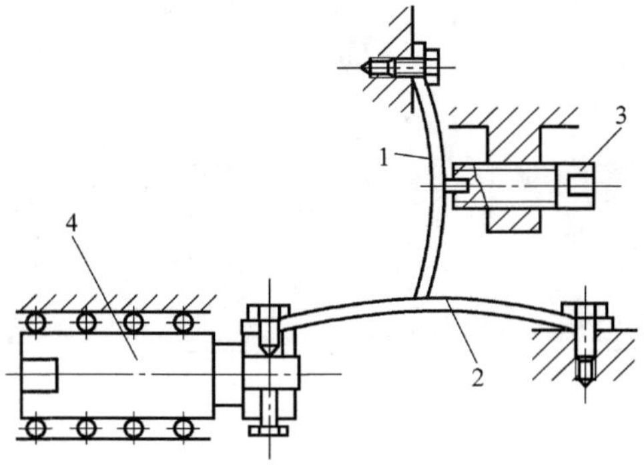

图 2-37　双 T 形弹性变形微量进给装置

1、2—T 形弹簧　3—驱动螺钉　4—微位移刀夹

复习思考题

1. 试述超精密加工对超精密加工机床的基本要求。
2. 试述典型的超精密加工机床中的典型技术。
3. 试述超精密加工机床中的关键部件。
4. 谈谈我国超精密加工机床的现状及发展趋势。
5. 叙述液体静压轴承与空气静压轴承各自的特点。
6. 超精密加工机床为什么多采用花岗岩作为床身材料？
7. 如何提高超精密加工机床的抗振动能力？
8. 超精密加工机床中是怎样使用微量进给装置的？
9. 超精密加工机床中为什么要采用 R-θ 布局方式？

第3章

精密与超精密切削加工

精密与超精密切削加工是20世纪60年代发展起来的新技术，它在国防和尖端技术的发展中起着重要的作用。由于精密切削加工特别是超精密切削加工可以代替研磨等很费时的手工精加工工序，不仅可以节省时间，还可以提高加工精度和加工表面质量，现已经受到各国的高度重视并取得了一定的发展。

用金刚石刀具进行精密、超精密切削，可加工铝合金、无氧铜、黄铜等非铁金属材料和某些非金属材料，在符合条件的机床和环境条件下，可以得到超光滑的表面，表面粗糙度值 Ra 可达 0.02~0.005μm，尺寸误差<0.01μm。

3.1 金刚石刀具

3.1.1 概述

现在精密与超精密切削加工主要采用精密的单晶金刚石刀具，可以加工陀螺仪、激光反射镜、天文望远镜的反射镜、红外反射镜、红外透镜、雷达的波导管内腔、计算机磁盘、激光打印机的多面棱镜、录像机的磁头、复印机的硒鼓、菲尼尔透镜等。

图 3-1 所示为精密与超精密切削加工的产品，其中，图 3-1a、图 3-1b 和图 3-1c 所示为我国精密、超精密切削加工的产品，图 3-1d 所示为美国航天局官员正在检视产品，图 3-1e 所示为美国 LLL 实验室的大型光学金刚石车床——LODTM 切削的首件非球曲面反射镜。

（1）衡量金刚石刀具质量的标准

1）能否加工出高质量的超光滑表面（Ra=0.02~0.005μm）。

2）能否有较长的切削时间保持切削刃锋锐（一般要求切削长度数百千米）。

（2）设计金刚石刀具时最主要的问题

1）确定切削部分的几何形状。

2）选择合适的晶面作为刀具的前、后面。

3）确定金刚石在刀具上的固定方法和刀具结构。

3.1.2 金刚石刀具切削部分的几何形状

1. 刀头形式

金刚石刀具刀头一般采用在主切削刃和副切削刃之间加过渡刃——修光刃的形式，以对

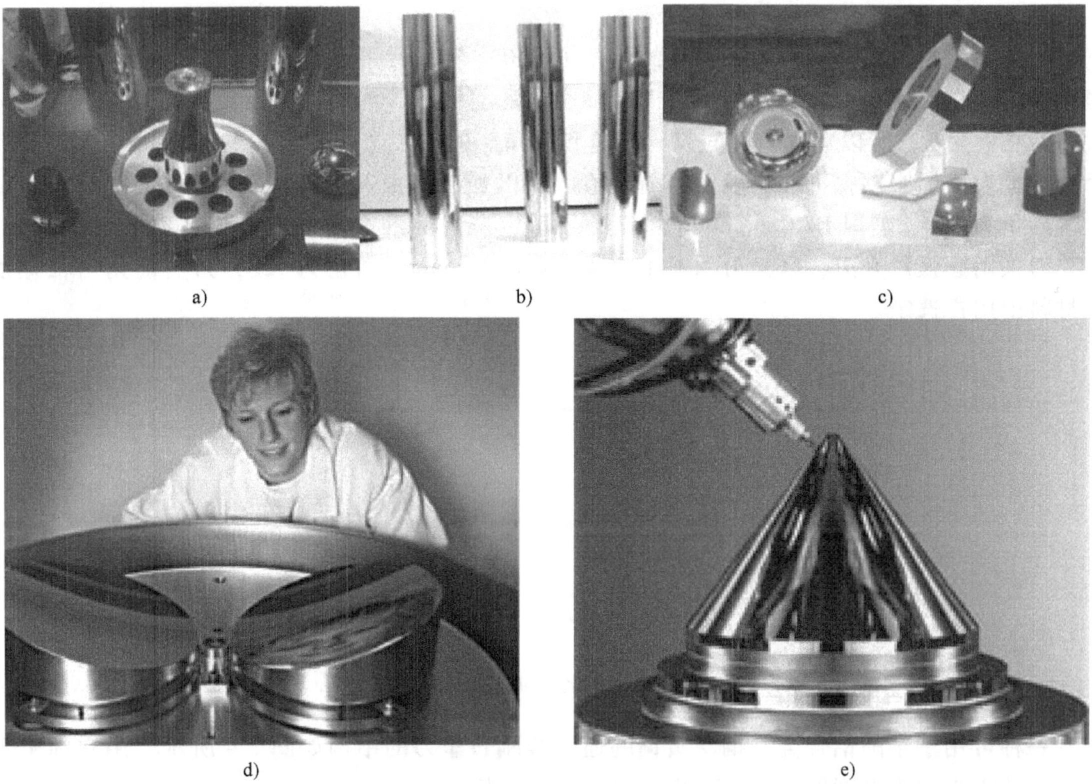

图 3-1　精密与超精密切削加工的产品

加工表面起修光作用，获得好的加工表面质量。若采用主切削刃与副切削刃相交为一点的尖锐刀尖，则刀尖不仅容易崩刃和磨损，而且还易在加工表面上留下加工痕迹，从而增加表面粗糙度值。

修光刃有小圆弧修光刃、直线修光刃和圆弧修光刃之分，国内多采用直线修光刃。这种修光刃制造研磨简单，但要求对刀良好。国外标准的金刚石刀具，推荐的修光刃圆弧半径 $R=0.5\sim3\text{mm}$。采用圆弧修光刃时，对刀容易，使用方便，但刀具制造、研磨困难，所以价格也高。

金刚石刀具的主偏角一般为 30°~90°，以 45°主偏角应用最为广泛。

金刚石刀具的刀头形式如图 3-2 所示，但一般不采用图 3-2a 所示的形式。

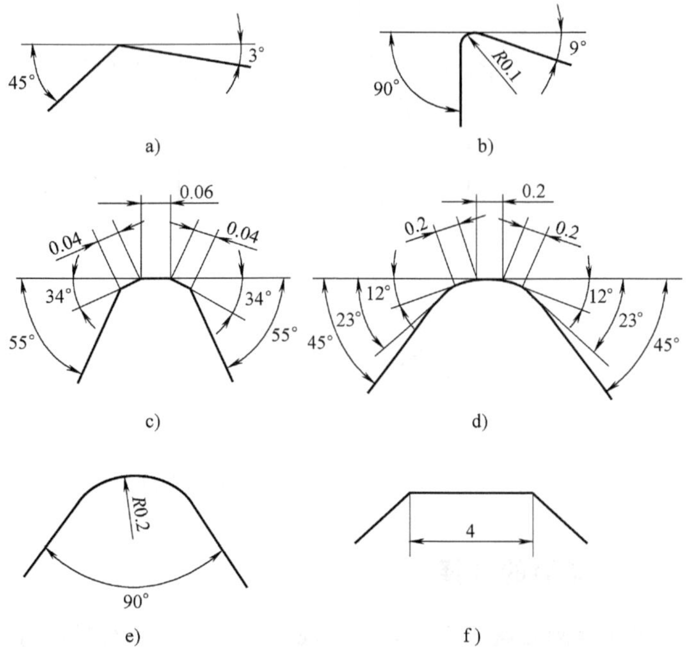

图 3-2　金刚石刀具的刀头形式

2. 前角和后角

根据加工材料不同，金刚石刀具的前角可取0°~5°，后角一般取5°~6°。因为金刚石为脆性材料，在保证获得较小的加工表面粗糙度值的前提下，为提高切削刃的强度，应采用较大的刀具楔角β，所以宜取较小的刀具前角和后角。但增大金刚石刀具的后角，减少刀具后面和加工表面的摩擦，可减小表面粗糙度值，所以加工球面和非球曲面的圆弧修光刃刀具，常取后角为10°。美国EI Contour精密刀具公司生产的标准金刚石车刀结构如图3-3所示。该车刀采用圆弧修光刃，修光刃圆弧半径R=0.5~1.5mm，后角为10°，刀具前角可根据加工材料由用户选定。

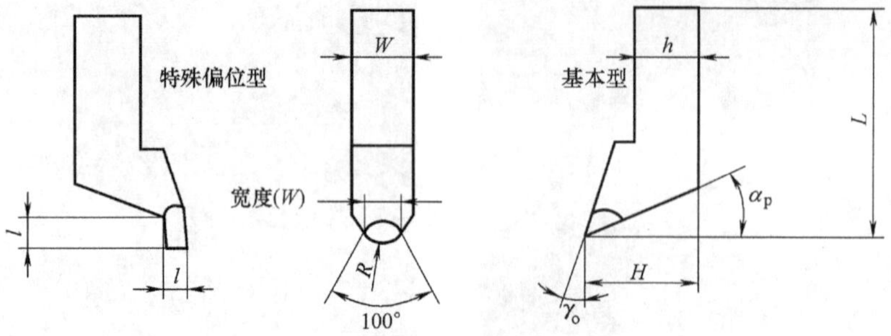

图3-3 圆弧修光刃金刚石刀具

一种可用于车削铝合金、铜、黄铜的通用金刚石车刀的结构如图3-4所示，用它加工零件，可获得表面粗糙度值Ra为0.02~0.005μm的表面。

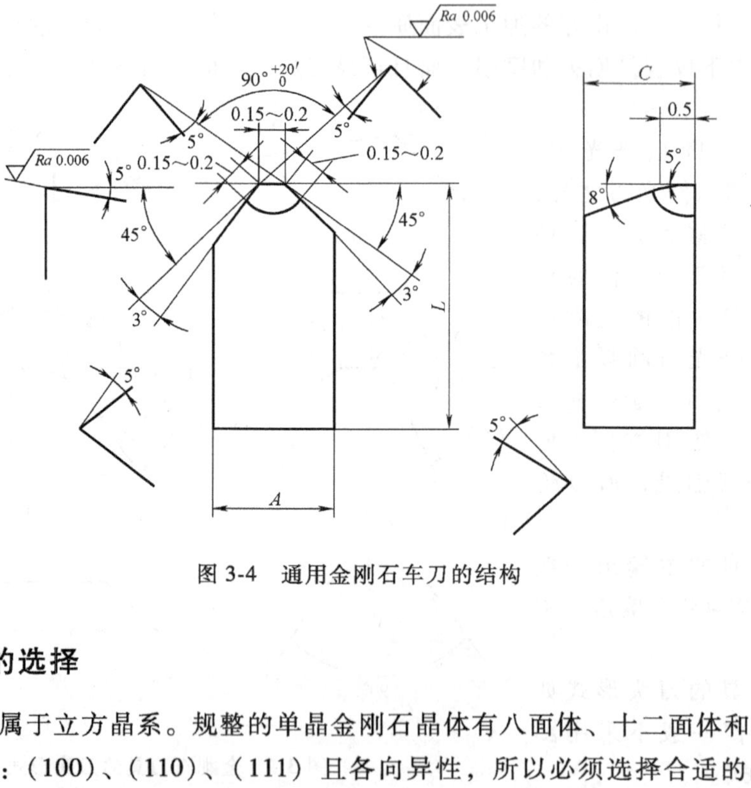

图3-4 通用金刚石车刀的结构

3.1.3 晶面的选择

单晶金刚石属于立方晶系。规整的单晶金刚石晶体有八面体、十二面体和六面体，都有三个主要的晶面：(100)、(110)、(111)且各向异性，所以必须选择合适的晶面作为金刚石刀具的前、后面。

六面体的（111）晶面如图 3-5 所示，八面体的三个主要晶面如图 3-6 所示。

由于金刚石晶体每个晶面上原子排列形式和原子密度的不同以及晶面之间距离的不同，造成天然金刚石晶体的各向异性，因此金刚石不仅各晶面表现的物理力学性能不同，其制造难易程度和使用寿命也不相同，各晶面的微观破损强度也有明显差别。

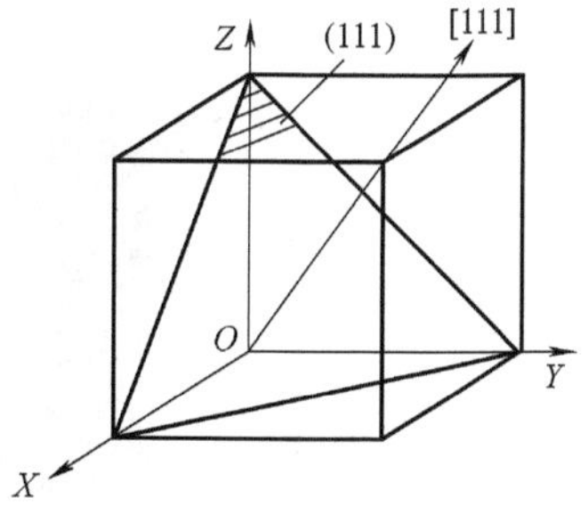

图 3-5　六面体的（111）晶面

当作用应力相同时，（110）晶面的破损概率最大，（111）晶面次之，（100）晶面产生破损的概率最小。即在外力作用下，（110）晶面最易破损，（111）晶面次之，（100）晶面最不易破损。尽管（110）晶面的磨削率高于（100）晶面，但实验结果表明，（100）晶面较其他晶面具有更高的抗应力、腐蚀和热退化能力。结合微观强度综合考虑，用（100）晶面做刀具的前、后面，容易刃磨出高质量的刀具刃口，不易产生微观崩刃。

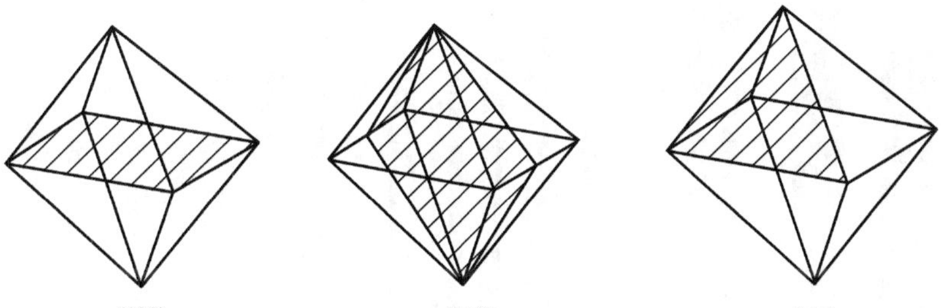

图 3-6　八面体的三个主要晶面

通常应根据刀具的要求来进行单晶金刚石刀具晶面的选择。一般来说，如果要求金刚石刀具获得最高的强度，应选用（100）晶面作为刀具的前、后面；如果要求金刚石刀具耐机械磨损，则选用（110）晶面作为刀具的前、后面；如果要求金刚石刀具耐化学腐蚀，则宜采用（110）晶面作为刀具的前面，（100）晶面作为刀具的后面，或者前、后面都采用（100）晶面。这些要求都需要借助晶体定向技术来实现。

目前国内制造金刚石刀具，一般前面和后面都采用（110）晶面或者和（110）晶面相近的面［±（3°~5°）］。这主要是从金刚石的这两个晶面易于研磨加工的角度考虑的，而未考虑对金刚石刀具的使用性能和刀具寿命的影响。

3.1.4　金刚石刀具上的金刚石的固定方法

（1）机械夹固　将金刚石的底面和加压面磨平，用压板加压固定在小刀头上，如图 3-7 所示。此法需要较大颗粒的金刚石。

（2）用粉末冶金法固定　将金刚石放在合金粉末中，经加压在真空中烧结，使金刚石固定在小刀头内，如图 3-8 所示。此法可使用较小颗粒的金刚石，较为经济，因此目前国际上多采用此方法。

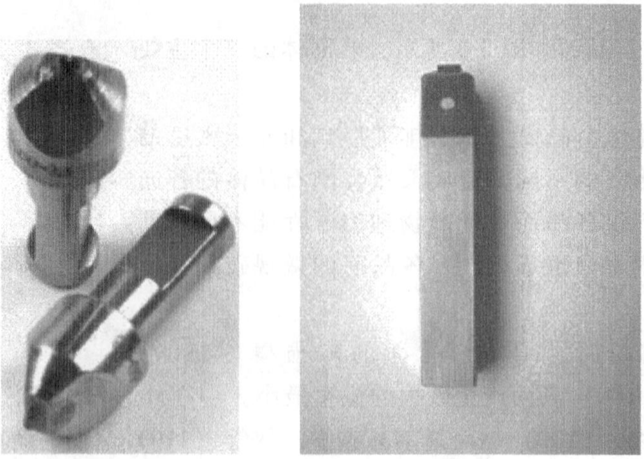

图 3-7　机械夹固金刚石刀具

图 3-8　粉末冶金金刚石刀具

（3）使用粘结剂或钎焊固定　使用无机粘结剂或其他粘结剂固定金刚石，粘接强度有限，金刚石容易脱落。钎焊固定是一种好办法，但技术不易掌握。

国内外的金刚石刀具使用者一般都不自己磨刀，而将金刚石刀具送回原制造厂重磨。重磨收费很高且很不方便。Sumitomo（日本住友）公司推出一次性使用不重磨的精密金刚石刀具，即将金刚石钎焊在硬质合金片上，如图 3-9 所示，再用螺钉紧固在车刀杆上。刀片上的金刚石由制造厂研磨得很锋锐，使用者用钝后不用再重磨。这种刀具使用颗粒很小的金刚石，因此价格比较便宜。

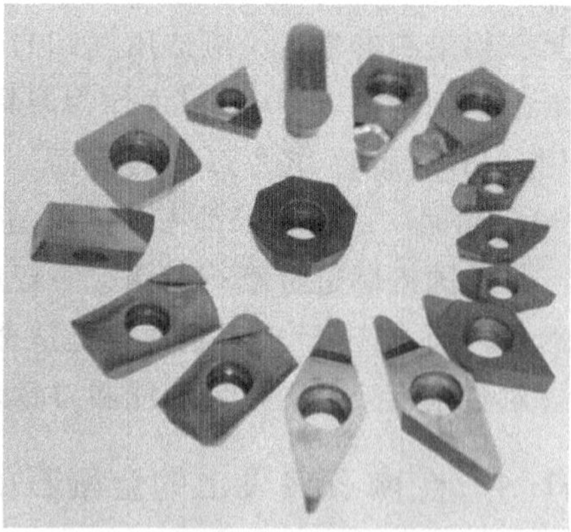

图 3-9　不重磨的精密金刚石刀片

3.2　精密切削加工过程及控制

金属切削过程，就其本质而言，是材料在刀具的作用下，产生剪切断裂、摩擦挤压和滑移变形的过程，精密切削过程也不例外。但在精密切削加工过程中，由于采用的是微量切削方法，一些对普通切削影响小的因素将成为影响精密切削加工过程的主要因素。因此，应该对精密切削加工的特殊性进行系统的研究，掌握其变化规律，以便更好地应用这一新技术。

3.2.1　精密切削加工的切削过程

在精密切削加工中，采用的是微量切削方法，切削深度较小，切削功能主要由刀具切削刃的刃口圆弧承担。能否从被加工材料上切下切屑，主要取决于刀具刃口圆弧处被加工材料质点的受力情况。

为了研究微量切削过程，了解切削过程中的各种现象，首先分析过渡切削过程。以回转刀具的切削情况为例，分析在过渡切削过程中刀具切削刃与工件表面的接触情况及工件材料的变形情况。图 3-10 所示为单刃旋转刀具铣削平面的切削过程，点画线表示切削刃的运动轨迹，实线表示被加工表面的轮廓线。

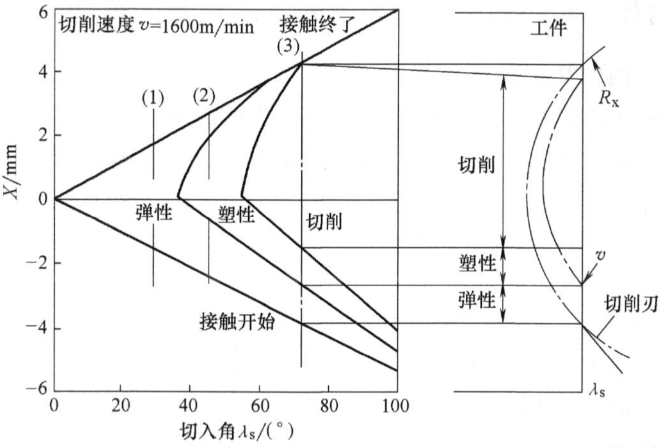

图 3-10　过渡切削过程

从刀具切削刃和工件接触开始，刀具在工件上滑动一定的距离，工件表面仅产生弹性变形。在切削刃移开之后，工件表面仍能恢复到原来的状态。切削刃在工件表面上的这种滑动称为弹性滑动。

随着刀具继续旋转，背吃刀量不断增大，在工件表面上开始产生塑性变形，在此塑性变形区内，切削刃在工件表面滑过之后，工件表面被刺划出沟痕，但此时并没有真正切除材料。切削刃在工件表面上的这种滑动称为塑性滑动。

在塑性滑动之后，随着背吃刀量的增加，前面上产生了切屑，开始了切削过程。由于工件表面上产生了弹塑性变形，所以切削刃的运动轨迹与被加工表面形成的轮廓线不会重合。

通过改变刀具的切入角度，可以依次改变刀具与工件的最大干涉深度，从而可以得到如图 3-10 所示的曲线。

当切削刃的最大干涉深度很小时，即切入角很小时，便是图 3-10 中（1）的切削状态。此时，刀具仅在工件表面滑过，工件表面没有刀具切入的痕迹，在刀具和被加工表面的全部接触长度上都属于弹性变形区域。

当刀具与工件的最大干涉深度达到一定的数值时，形成如图 3-10 中（2）的切削状态。在切削开始的一段长度内为弹性滑动区域，然后进入塑性变形区，在切削刃滑动过去后，在塑性变形区域内将留下沟痕，但并不产生切屑。

继续增大刀具与上件的最大干涉深度，便形成图 3-10 中（3）的切削状态，在切削刃和工件表面的接触初期为弹性滑动区域，随着背吃刀量的增大，变为塑性滑动区域，再之后为切削区域，工件表面上为塑性变形和去除切屑所形成的沟槽。随着背吃刀量的减小，之后又过渡到塑性变形区和弹性变形区。

必须指出，在塑性滑动区域内也存在弹性变形区，而在切削区域内既存在切屑去除区，也存在塑性变形区和弹性变形区。

因此，在微量切削过程中，刀具刃口圆弧附近的材料，一部分形成切屑被切除，另一部分被挤压而产生弹、塑性变形。超精密加工的切削效果是由刀具的切除作用和碾压作用共同形成的，而且在被加工表面形成过程中，伴随的碾压作用占很大的比例，即被加工表面的质量在很大程度上受碾压效果的影响。

3.2.2 精密切削加工时的切削参数及其对加工质量的影响

1. 精密切削加工时的切削速度

由于硬质合金车刀切削刃刃口半径较大，刃口圆弧部分对加工面所产生的挤压所占的比例较大，切削速度的增加对其影响很小，因此用硬质合金车刀进行精密切削时，切削速度对切削力的影响不明显。

天然金刚石车刀的刃口圆弧半径比硬质合金车刀小很多，虽然切削量相同，切下的切屑要从前面流出。但因前面切削区的变形及摩擦所占的比例加大，当切削速度增加时，这部分变形及摩擦要减少，所以用天然金刚石车刀进行精密切削时，切削力随切削速度的增加而下降。图 3-11 所示为切削速度对切削力的影响的实验结果。

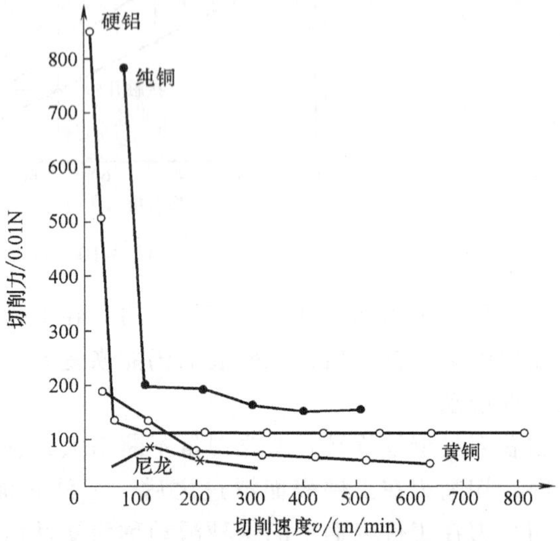

图 3-11　切削速度对切削力的影响

普通加工中切削速度会使切削温度升高，刀具寿命降低。但天然金刚石硬度极高，与非铁金属材料的摩擦因数很低，所以在精密、超精密切削中的速度实际是根据工艺系统的动特性选取的，即选择振动最小的转速。

表 3-1 是金刚石刀具切削时切削速度对加工表面粗糙度值的影响的实验数据。从表格中可以看到，切削速度的变化对加工表面粗糙度值基本没有影响。表中的表面粗糙度值数据略有变化应理解为是受机床的动特性的影响。在刀具、机床、环境条件都符合要求时，从极低的切削速度到很高的切削速度，都能得到表面粗糙度值极小的加工表面（$Ra<0.01\mu m$）。这一特点能保证在车削端面时，不因为车削时的半径变化导致线速度变化而影响车削表面的表

面粗糙度值。

表 3-1　金刚石刀具切削时切削速度对加工表面粗糙度值的影响

试件材料	切削速度/(m/min)						
	105	220	325	450	565	680	775
	Rz/μm						
黄铜(无切削液)	1.48	1.48	1.34	1.44	1.44	1.44	1.5
铝合金(酒精)	1.44	1.42	1.44	1.44	1.46	1.46	1.49

2. 精密切削加工时的进给量

在精密、超精密加工中，为了使加工表面粗糙度值减小，都采用很小的进给量，刀具制成带修光刃的。进给量对精密、超精密加工的切削过程的影响可以从对表 3-2 、表 3-3 中的数据进行分析后得出结论。

表 3-2 是进给量对切削力的影响实验数据。可以看到：当进给量<0.02mm/r 时，进给量对切削力的影响已经很小。但当进给量由 0.02mm/r 增加到 0.04mm/r 后，F_C（切削力）与 F_P（背向力）都基本成倍增加，而且 F_P 的增大倍率大于的 F_C 的增大倍率。由此可以认为，比较合理的进给量是 0.02mm/r。

表 3-2　进给量对切削力的影响

切削力/0.01N	进给量/(mm/r)				
	0.01	0.02	0.04	0.1	0.2
F_C	20	26	48	96	160
F_P	4	5	12	17	30

表 3-3 是进给量对加工表面粗糙度值的影响实验数据。可以看到：当进给量<0.02mm/r 时，进给量对加工表面粗糙度值的影响也已经很小。当进给量由 0.02mm/r 再减小时，对减小加工表面粗糙度值已没有实际意义。所以，比较合理的进给量是 0.02mm/r。

表 3-3　进给量对加工表面粗糙度值的影响

试件材料	进给量/(mm/r)			
	0.005	0.01	0.015	0.02
	Rz/μm			
黄铜	0.27	0.25	0.25	0.24
铝合金	0.33	0.27	0.33	0.33

注：刀具有 0.2mm 的修光刃。

值得说明的是：以上的结论是在采用精密天然单晶金刚石刀具，刀具磨得非常锋利，而且具有修光刃的条件下得出的，而且也与切削加工的实际情况一致。但当以上条件发生变化时，最合适的进给量可能会不一样。例如将上述实验中的刀具由天然单晶金刚石刀具换成硬质合金刀具，当进给量小于 0.1mm/r 以后，会出现 F_P 大于 F_C 的现象。这说明刃口半径的影响因素上升为主要因素。

3. 精密切削加工时的背吃刀量

使用天然单晶金刚石刀具进行精密、超精密切削加工时，背吃刀量的变化所产生的影响可以从对表 3-4 、表 3-5 中的数据进行分析后得出结论。

表 3-4 是背吃刀量的变化对切削力的影响实验数据。可以看到：当背吃刀量<0.02mm

时，背吃刀量对切削力的减小有明显的效果。所以实际切削中一般采用小的背吃刀量。

在一般切削时，背吃刀量对切削力的影响大于进给量对切削力的影响。在精密切削时则恰恰相反，即进给量对切削力的影响大于背吃刀量的影响。这与精密切削时通常采用进给量大于背吃刀量的切削方式有关。

表 3-4　背吃刀量的变化对切削力的影响

切削力/0.01N	背吃刀量/mm				
	0.003	0.006	0.01	0.02	0.03
F_C	10	17	26	45	50
F_P	2	3	5	7	9

表 3-5　背吃刀量的变化对加工表面粗糙度值的影响

试件材料	背吃刀量/mm				
	0.025	0.05	0.075	0.1	0.15
	$Rz/\mu m$				
黄铜	1.56	1.5	1.48	1.32	1.22
铝合金	2.6	2.24	1.9	1.75	1.83

表 3-5 是背吃刀量的变化对加工表面粗糙度值的影响实验数据。可以看到：随着背吃刀量的减小，表面粗糙度值加大；切削铝合金时加工表面粗糙度值在背吃刀量为 0.1mm 处有最小值。但实际上，经过精密研磨后的单晶天然金刚石刀具（刃口半径可以达到 0.05~0.1μm）在背吃刀量为 0.0001mm 以下时仍可以得到超光滑的表面（$Rz<0.02\mu m$）。对此，可以得出以下结论。

1）实验中使用的刀具刃口半径较大，碾压效应随着背吃刀量的减小而加大，且碾压效应使加工表面质量变差。精密、超精密切削加工必须解决好这一问题。

2）精密、超精密切削加工中存在最小背吃刀量即最小切削厚度问题，而且最小切削厚度与所使用的刀具的刃口半径有直接的关联。

3）在超精密切削加工范围内，背吃刀量（5~0.5μm）变化对加工表面粗糙度值的实际影响很小。

总的来说，在超精密切削加工范围内，切削参数的变化对加工表面质量的影响不是主要的因素，而加工环境和条件才是决定精密、超精密切削加工效果的关键。这一点是精密、超精密切削加工与普通切削加工的最大区别，也是研究精密、超精密切削加工技术时的注意目标和关注方向。

3.2.3　精密切削加工时切削热的影响及控制

切削热是金属切削过程中产生的重要现象之一。它直接影响刀具磨损和刀具寿命，因而限制了切削速度的提高。在精密、超精密切削中，切削温度还会影响工件的加工精度和表面质量，是应重点进行控制的因素。

1. 精密切削加工时的切削热与切削温度

切削热来自三个切削变形区的金属弹性变形、塑性变形和摩擦。切削中所消耗的能量绝大部分转变为切削热。

切削热通过改变切削温度来影响切削过程。切削温度一般是指切屑、工件和刀具接触表面上的平均温度。切削温度的高低决定于切削时切削热产生的多少和散热条件。切削时大量的切削热是由切屑、工件、刀具和周围介质传导的。各部分所传出热量的比例，随工件材料、切削用量、刀具材料及刀具几何角度、加工情况等的变化而有所不同。通常情况下，切屑传出的热量最多，其余依次为刀具、工件及周围介质。刀具刀尖附近的温度最高，对切削过程的影响最大。

就精密、超精密切削而言，当切削单位从数微米缩小到小于1μm以下时，刀具的刀尖部分会受到很大的应力作用，在单位面积上会产生很大的热量，使刀尖局部区域产生极高的温度。因此，采用微量切削方法进行精密切削时，需要采用耐热性、耐磨性好，有较好的高温硬度和高温强度的刀具材料。

2. 切削热对精密切削加工的影响及控制

（1）切削热对精密切削加工的影响　切削热对精密加工的影响很大。切削热不但直接传到工件上，使工件的温度升高，而且还传到切削液中，使切削液温度上升，高温切削液反过来也会使工件的温度升高。

在精密加工中，由于热变形引起的加工误差占总误差的40%~70%。因此，在精密加工中必须严格控制工件的温度和环境温度的变化，否则无法达到精密加工所要求的高精度。

例如，精密加工100mm长的铝合金零件，温度每变化1℃，将产生2.25μm的误差。若要求确保0.1μm的加工精度，则工件及环境温度的变化就必须控制在±0.05℃的范围内。

（2）减小切削热对精密切削加工的影响的措施　目前减小切削热对精密加工影响的主要措施是采用切削液浇注工件的方法。为了使工件充分冷却，切削液的浇注方式可以采用浇注加淋浴式，若将大量的这种切削液喷射到工件上，使整个工件被包围在恒温油内，工件温度便可控制在（20±0.5)℃的范围内。

切削液的冷却方式：可通过在切削液箱内设置螺旋形铜管，管内通以自来水，使切削液冷却，通过控制水的流量来达到控制切削液温度的目的。必要时还可以在冷却水箱中放入冰块，通过冰水混合物能可靠地把切削温度控制在所要求的范围内。

另外，通过优化刀具几何角度和切削用量，也可以达到减少切削热的目的。

（3）超精密机床的热管理　超精密机床由于机床的总质量远高于所切削的材料，而且单位时间的切削量少，因此只需要维持机床所处环境的温度恒定，即可避免热变形的问题。可是，超精密机床的使用条件是中批量和大批量生产，要求高速度、大切削量的加工，工件、刀具、丝杠、主轴等部件在加工过程中将产生可观的热量，必须在机床设计中加以周密考虑。

以瑞士DIXI公司的JIG系列坐标镗床为例，为了控制热变形，在机床上的7处主要热源处设置了温度控制点，其分布如图3-12所示。图中的控制点分别是：①滚珠螺母；②丝杠轴承；③主轴轴承和电动机；④*B*、*C*轴直接驱动电动机；⑤电气柜；⑥液压系统；⑦冷却循环系统。同时，在各个热源处都设计了独立的冷却循环回路并计算好各处热源的发热量。在机床工作期间，切削液循环系统根据各个热源的发热量供应比室温低2℃的切削液，确保各个循环回路都能提供稍大于热源发热量的冷却量，以保持机床的热变形在允许范围之内。

由于刀具在切削过程中的热变形无法完全避免，机床的数控系统可以对刀具引起的*Z*轴误差做出补偿。

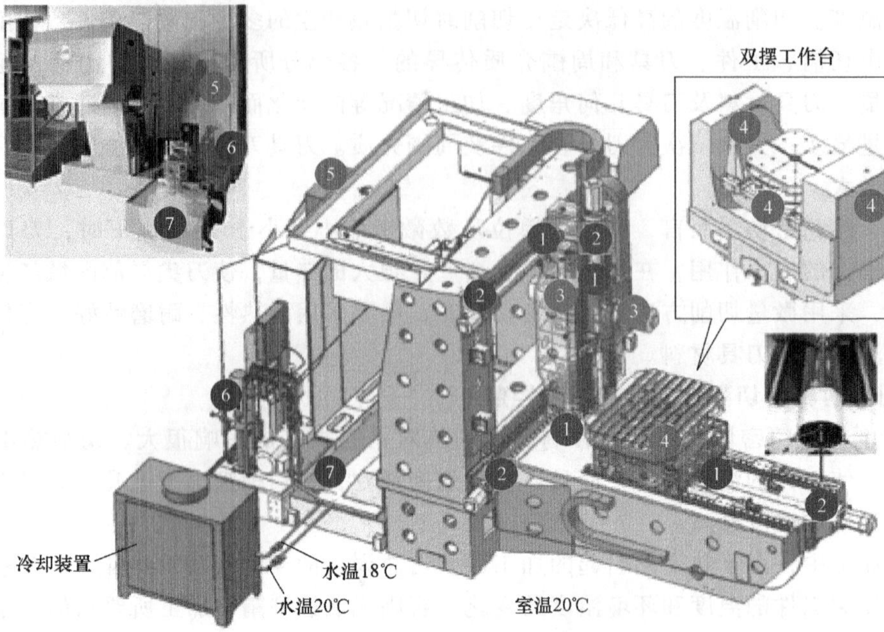

图 3-12　机床温度控制点分布

3. 切削液对精密切削加工的作用

（1）切削液的使用效果　切削液对精密加工影响很大。图 3-13 所示的曲线是在 SI-125 精密车床上用金刚石刀具切削铝合金时，干切削与使用切削液的切削对比试验。从图中可知，干切削后的表面粗糙度值比用切削液时的表面粗糙度值差 1~1.5 个小级，甚至差 1 个大级。

图 3-14 所示为我国研究人员使用不同配方的切削液做的实验对比图。从图中可知，30%的大豆油加 70%的混合油冷却效果最好，20%的氯化石蜡加 1%的二烷基二硫化磷酸锌和 79%的混合油的冷却效果与其接近，20%氯化石蜡加 80%的混合油冷却效果次之，而混合油的冷却效果最差。

切削液通过渗透到接触面上，湿润刀具表面，并牢固地附着在刀具表面上形成一层润滑油膜，以达到减少刀具与工件材料之间摩擦的效果。

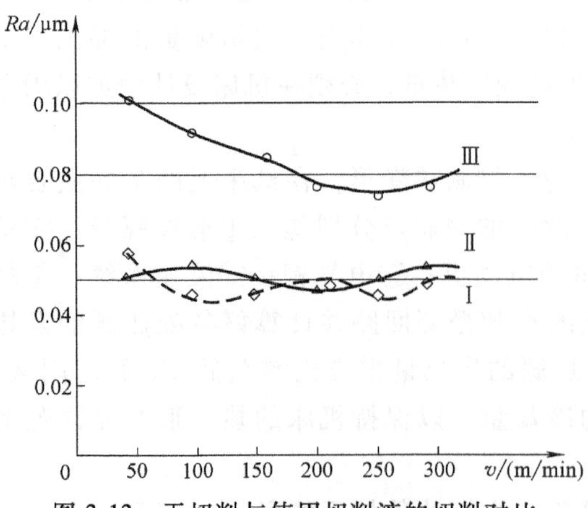

图 3-13　干切削与使用切削液的切削对比

试件Ⅰ和Ⅱ使用切削液，试件Ⅲ不使用切削液

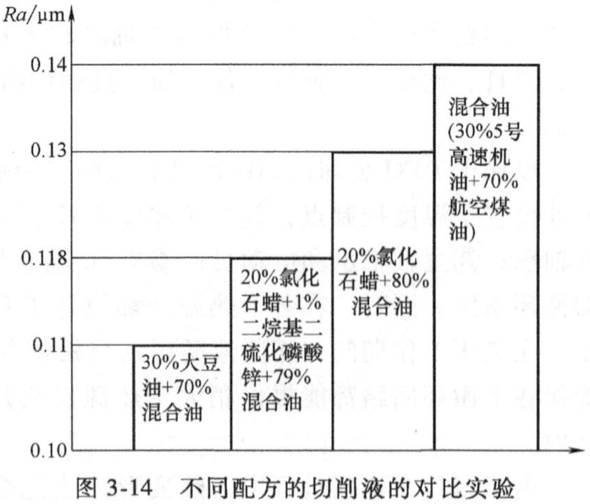

图 3-14　不同配方的切削液的对比实验

表面吸附可分为物理吸附和化学吸附。由混合油分子形成一层物理吸附薄膜的效果最差，由氯化物形成的化学膜效果较好，由氯化物、硫化物形成的化学吸附膜效果更好，加入少量大豆油形成的物理厚膜效果最好。形成的化学膜是硫或氯与刀具表面的化学成分形成的硫化物或氯化物，这些化合物在切削过程中会脱落，影响刀具表面粗糙度值，从而影响工件表面粗糙度值。而物理吸附厚膜即使脱落也不会影响刀具表面粗糙度值，因此物理吸附厚膜比化学吸附膜效果好，能获得更小的表面粗糙度值。

美国加利福尼亚大学的 Bryan 等人，利用缝纫机用的矿物油喷淋加工区。国外还有利用大量的煤油和橄榄油对切削区进行冷润滑和冲洗、在用金刚石刀具切削计算机磁盘端面时用酒精进行喷雾冷却润滑的，均取得了良好的效果。

（2）切削液的作用　在精密切削中，使用切削液还可产生以下作用。

1）抑制积屑瘤的生成。精密切削中，积屑瘤会严重影响加工表面粗糙度值，抑制积屑瘤对提高精密切削的加工表面质量具有很好的效果。

2）降低加工区域温度，稳定加工精度。

3）减小切削力。切削液可使刀具与切屑及工件加工表面之间的摩擦减小。

4）减小刀具磨损，延长刀具寿命。

3.2.4　精密切削加工的刀具寿命

金刚石具有许多独特的优点，它作为刀具材料在精密切削中得到了广泛的应用。在此着重分析金刚石刀具磨损、破损及其寿命问题。

1. 金刚石刀具的磨损和破损

（1）金刚石刀具的磨损形式　刀具磨损形式有机械磨损、黏结磨损、相变磨损、扩散磨损、破损和炭化磨损等。

金刚石刀具的磨损可分为机械磨损、破损和炭化磨损。常见的磨损形式为机械磨损和破损，炭化磨损较少见。

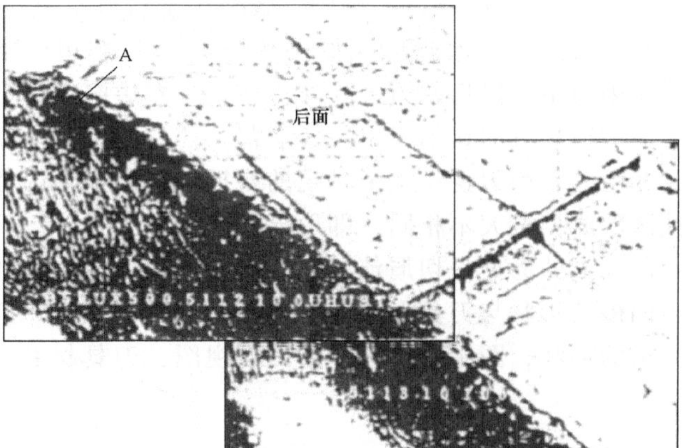

图 3-15　单晶金刚石车刀磨损区概貌

图 3-15 所示为单晶金刚石车刀磨损区概貌，图中 A 所示即为后面上的细长而光滑的磨损带。图 3-16 所示为单晶金刚石车刀的磨损情况，其中，图 3-16a 所示为正常磨损情况，图 3-16b 所示为剧烈磨损情况。

1）机械磨损。机械磨损是由于机械摩擦所造成的磨损。在刀具开始切削的初磨阶段，刀具和工件、切屑的接触表面高低不平，形成犬牙交错现象，在相对运动中，双方的高峰都逐渐被磨平。最普遍的机械磨损现象是由于切屑或工件表面有一些微小的硬质点，如碳化物等，在刀具前面上划出沟纹而造成的磨料磨损。

金刚石刀具使用一段时间后，在前、后面上出现细长而光滑的磨损带，刀棱逐渐变成圆滑过渡的圆弧，随着加工的继续会形成较大的圆弧或者发展成前面和后面之间的斜面。随着

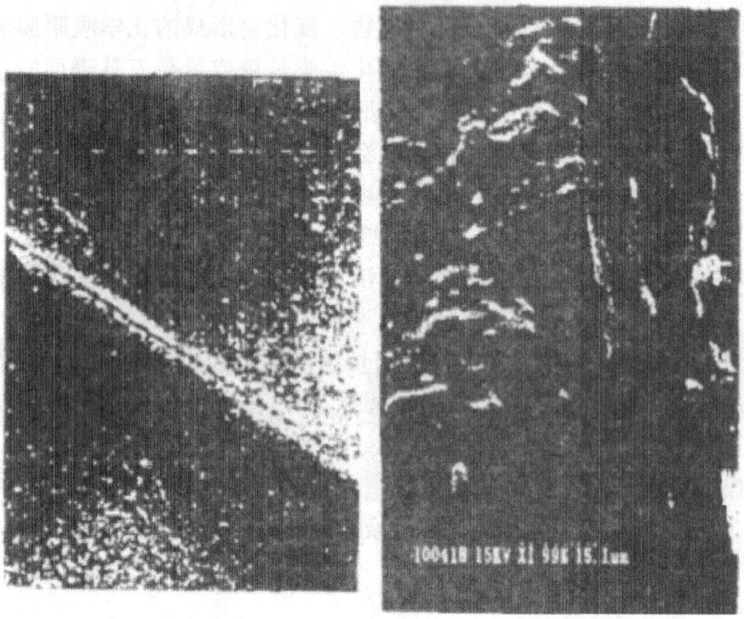

a) 正常磨损　　b) 剧烈磨损

图 3-16　单晶金刚石车刀的磨损情况

切削距离的增长，副后面上的磨损将逐渐增大，并会出现两段不同的磨损部分，而且这两部分的长度相同，都等于走刀量 f，区别在于磨损的深度不同。

直线刃刀具的磨损情况如图 3-17 所示，右边的磨损部分磨损最大，称为第Ⅰ磨损区，主要是因为由这段切削刃去除加工余量；左边磨损部分的磨损量较小，称为第Ⅱ磨损区，这是因为右边部分的切削刃出现了磨损，使左边部分切削刃参加切削，切去Ⅰ区残留的余量，因此Ⅱ区的切削刃也产生了一定的磨损。但由于Ⅰ区背吃刀量远远大于Ⅱ区背吃刀量，两个磨损区的磨损量大不相同，即形成了阶梯形磨损。

前面上的磨损是切屑流过前面引起的，在切屑的摩擦下，通常形成一条凹槽形的磨损带，凹槽的形状与刀具形状有关。图 3-18 所示为刀尖半径为 2μm 的切削刃前面上出现的磨损凹槽的形状，图中左边为凹槽的剖视图，刀具材料为天然金刚石，工件材料为铝镁合金。

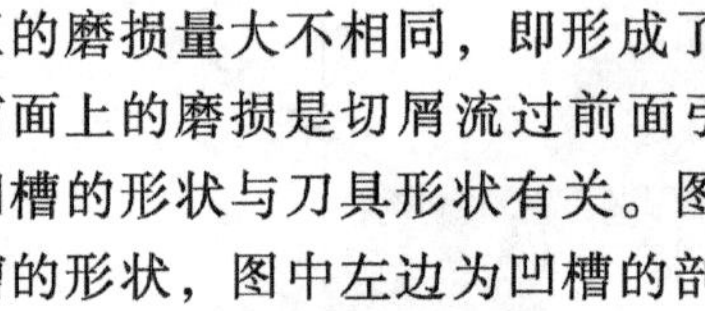

图 3-17　直线刃刀具的磨损

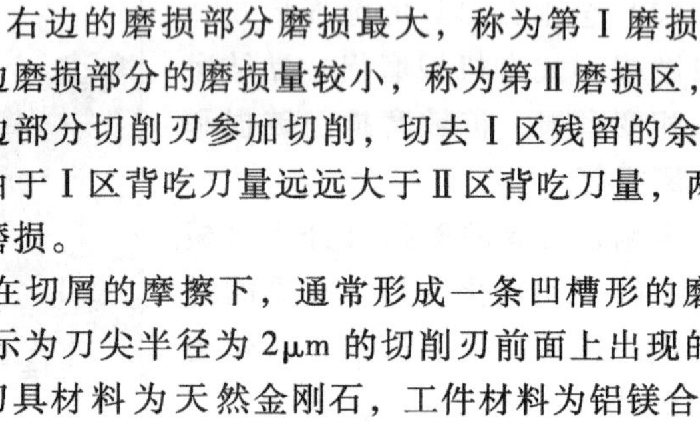

图 3-18　前面磨损凹槽

当切削距离为 100km 时，凹槽的深度可达到 0.1μm。

金刚石刀具的这种机械磨损量非常微小，刀具后面的磨损区及前面的磨损凹槽表面非常平滑，使用这种磨损的刀具进行加工不会显著地影响加工表面质量。

这种机械磨损主要产生在用金刚石刀具加工铝、铜、尼龙等物质材料时，切削过程平稳，无冲击、振动。

2）刀具的破损。金刚石刀具破损的原因有以下几种。

① 裂纹。结构缺陷可产生裂纹。当切屑经过刀具表面时，金刚石受到循环应力的作用也可产生裂纹，刀具表面研磨应力也会产生裂纹。这些裂纹在切削过程中会加剧，进而造成刀具的严重破损。

② 碎裂。由于金刚石材料较脆，在切削过程中受到冲击和振动都会使金刚石切削刃产生微细的解理，形成碎裂。刀具的碎裂会降低切削刃的表面质量，影响加工质量，甚至会形成较大范围的解理。

③ 解理。当垂直于金刚石（111）晶面的拉力超过某特定值时，两相邻的（111）面分离，产生解理劈开。如果金刚石晶面方向选择不当，切削力容易引起金刚石的解理，使刀具寿命急剧降低，尤其是在有冲击振动、切削不稳定的条件下，更容易产生解理。

最新研究表明，为了增加切削刃的微观强度，减小破损概率，应选用微观强度最高的（100）晶面作为金刚石刀具的前、后面。

（2）金刚石刀具磨损对加工质量的影响　金刚石刀具的磨损形式在很大程度上取决于工件材料性质、金刚石特性的利用及机床的动态性能，特别是金刚石的特性与磨损有很大关系，合理地使用金刚石刀具，可以在较长时间内保持较高的加工质量。

为了研究刀具的磨损形式与加工质量的关系，有人进行了相关的试验，试验结果如图 3-19 和图 3-20 所示。

由图 3-19 可知，用直线刃金刚石刀具加工铝合金时，刀具表面产生机械磨损，刀具表面磨损区的表面光滑。用这类磨损的刀具进行加工时，对工件加工表面粗糙度值影响不大。虽然随着切削距离的增加，刀具磨损量不断增加，但由于这种磨损面很光滑，所以加工表面粗糙度值不发生改变。

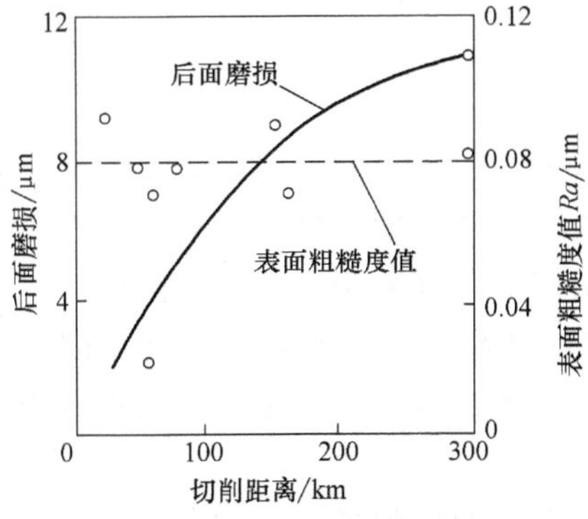

图 3-19　后面磨损及表面粗糙度值与切削距离的关系

工件材料：铝合金；刀具：直线刃金刚石刀具。

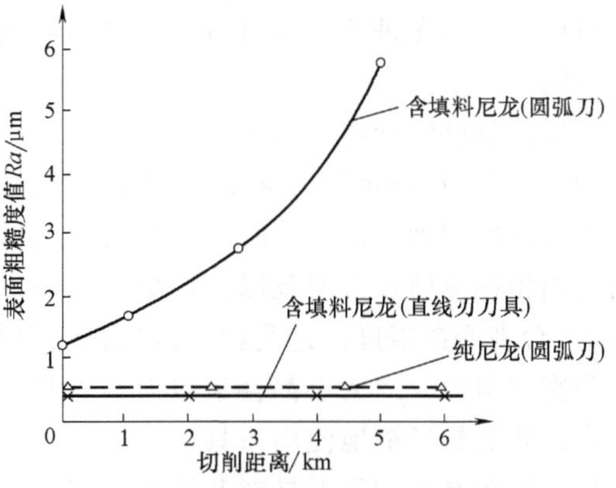

图 3-20　使用不同形状的刀具切削时，表面粗糙度值与切削距离的关系

工件材料：尼龙。

图 3-20 表示用不同形状的刀具切削加工尼龙时工件表面粗糙度值和切削距离之间的关系。在加工纯尼龙时，刀具不产生破损，加工表面粗糙度值一直能保持不变。从图 3-20 还可看出，用圆弧刀切削含硬质点填料的尼龙时，工件表面粗糙度值随着切削距离的增加而增加，这是因为尼龙中的硬质点填料在切削过程中会反复冲击刀具表面，使金刚石刀具产生破损。随着切削距离的增加，加工表面质量急剧恶化。用直线刃刀具切削含硬质点的填料尼龙时，虽然也会产生破损，但由于破损只产生在切削刃的一部分长度上，最后精修切削刃仍能保证加工表面的质量。若破损扩展到精修切削刃上，则会影响表面质量。

2. 金刚石刀具的寿命

刀具磨损到一定程度就不能继续使用，否则将降低加工零件的尺寸精度和加工表面质量，同时也增加刀具的消耗，增加加工成本。

(1) 刀具的磨损过程　如图 3-21 所示，刀具的磨损过程一般可以划分为三个阶段。

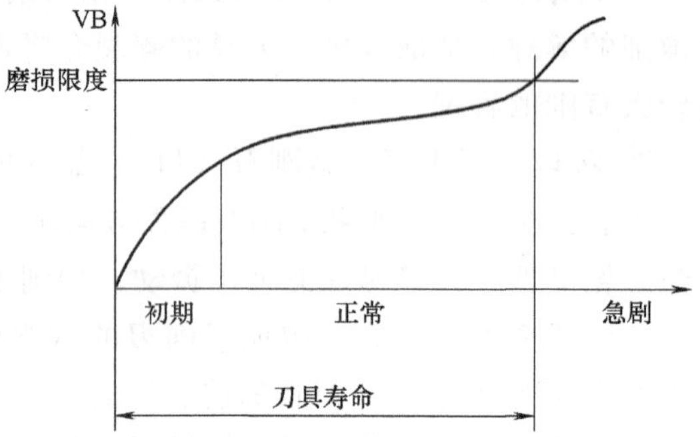

图 3-21　刀具的磨损过程

1) 初期磨损阶段。这一阶段磨损很快，这是因为新刀具表面粗糙，且存在各种缺陷（如汽化层、脱碳层等），刀具刚开始切削时，切屑能很快将刀具表面高低不平处及缺陷层磨去。

2) 正常磨损阶段。当刀具表面突出的各点被磨平后，磨损情况就稳定了，磨损量随切削距离的增加而成正比地增加，其磨损速度比初期磨损阶段要慢。这是因为高峰磨去后，刀面上的接触面积增加，接触应力减小。

3) 急剧磨损阶段。当磨损量达到一定值时，刀具变钝，切削温度上升，切削力增大，磨损原因发生了变化，磨损速度上升，切削刃失去了切削能力。在生产中应当避免这种急剧磨损，在正常磨损结束之前，及时更换刀具或刃磨刀具。

(2) 刀具寿命　在生产中，工人不可能经常测量刀具磨损多少，因此通常是按一定的时间间隔来更换刀具。刀具由开始切削到磨钝为止的切削总时间称为刀具寿命，它代表刀具磨损的快慢程度。

目前，一些先进的机床具有在线自动检测系统，可以根据检测结果，合理地确定刀具的更换时间。

一般刀具磨钝标准有以下两种。

1) 工艺磨损限度。工艺磨损限度是根据工件表面粗糙度值及尺寸精度的要求而制订的。当刀具磨损到一定数值时，工件表面粗糙度值增大，尺寸精度下降，并有可能超出所要求的表面粗糙度值及公差范围，因此必须予以限制。精密加工都采用工艺磨损限度。

2) 合理磨损限度。这是由合理使用刀具材料的观点出发而制订的磨损限度。因为刀具磨损限度定得太大或太小都会浪费刀具材料，只有取正常磨损阶段终了之前的磨损量作为磨损限度，才能最经济地使用刀具。

用天然单晶金刚石刀具对非铁金属材料进行精密切削，如切削条件正常，刀具无意外损伤，刀具磨损极慢，刀具寿命极长。

天然单晶金刚石刀具只能在机床主轴转动非常平稳的高精度机床上使用，否则，由于振动会使金刚石刀具很快产生切削刃微观崩刃，不能继续使用。

金刚石刀具要求使用维护极其小心，不允许在有振动的机床上使用。在设计刀具时，应正确选择金刚石晶体方向，以保证切削刃具有较高的微观强度，降低解理破损的产生概率。

3.2.5　精密与超精密切削加工时的最小切削厚度

零件最终工序的最小切削厚度应等于或小于零件的加工精度（允许的加工误差），因此最小切削厚度反映了精加工能力。

1. 超精密切削加工实际达到的最小切削厚度

超精密切削加工实际能达到的最小切削厚度与金刚石刀具的锋锐度、使用的超精密机床的性能状态、切削时的环境条件等都直接相关。

1986 年开始，日本大阪大学和美国 LLL 实验室合作进行了一项具有划时代意义的实验研究——超精密切削的极限。这项研究取得了突破性的重大成果，其中之一是证明，使用极锋利的刀具和在机床条件最佳的情况下，金刚石刀具的超精密切削，可以实现切削厚度为纳米级的连续稳定切削。

图 3-22 所示为用扫描电镜为这项实验拍摄的一组切屑的照片。图 3-22a 所示的切削厚度为 30nm，图 3-22b 所示的切削厚度为 1nm。实验使用的单晶金刚石刀具是日本大阪金刚石公司特制的，切削使用的机床是 LLL 实验室的超精密金刚石车床。照片显示，切削厚度极小（1nm）时，仍能得到连续稳定的切屑，说明切削过程是连续、稳定和正常的。

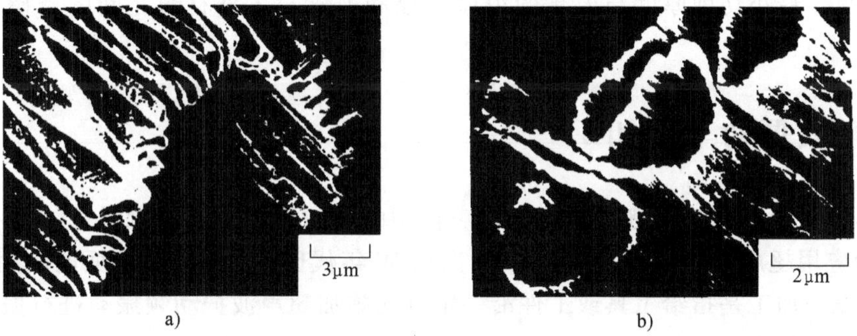

图 3-22　超精密切削的切屑照片

2. 影响最小切削厚度的因素

根据过渡切削过程的分析可知，当切削厚度太小时，切削刃对工件表面的作用只是弹性滑动或塑性滑动，并没产生切屑，因此最小切削厚度要受到一些因素的限制。下面对最小切削厚度问题进行一些分析。

切削过程能够成立，主要应满足下列条件。

1）切削过程应当是连续的、稳定的。

2）应当保持较高的加工精度和表面质量。

3）刀具应有较长的使用寿命。

如图 3-23 所示，在精密切削中，采用的是微量切削方法，切削厚度较小，切削功能主要由刀具切削刃的刃口圆弧承担。能否从被加工材料上切下切屑，主要取决于刀具刃口圆弧处被加工材料质点的受力情况。

正交切削，质点仅有两个方向的切削力，即垂直力 F_p 和水平力 F_c。最终能否形成切屑，取决于作用在此质点上的切削力 F_c 和 F_p 的比值。

根据材料的最大剪切应力理论可知，最大剪切应力应发生在与切削合力 F_r 成 45°角的方向上。

若切削合力的方向与切削运动方向成 45°角，即 $F_c = F_p$，则作用在材料质点 i 上的最大剪应力与切削运动方向一致，该质点 i 处材料被刀具推向前方，形成切屑，而质点 i 处位置以下的材料不能形成切屑，只产生弹性、塑性变形。

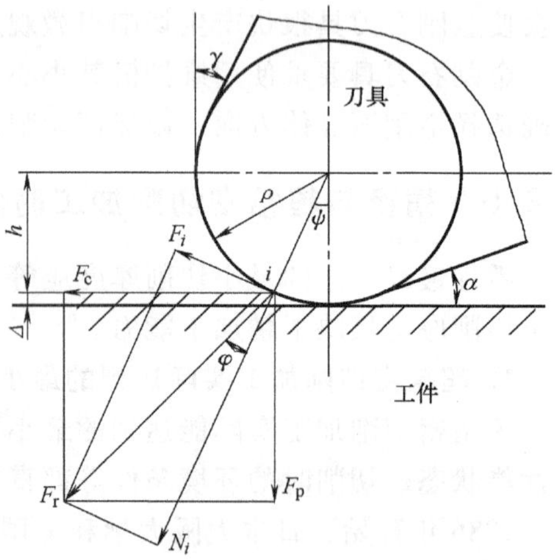

图 3-23　被加工材料质点受力情况

因此，当 $F_c > F_p$ 时，材料质点被推向切削运动方向，形成切屑；当 $F_c < F_p$ 时，材料质点被压向零件本体，被加工材料表面形成挤压过程，无切屑产生。$F_c = F_p$ 时所对应的切削厚度 Δ 便是最小切削厚度。这时质点对应的角度为

$$\psi = 45° - \varphi$$

对应的最小切削厚度 Δ 可表示为

$$\begin{aligned}\Delta &= \rho - h \\ &= \rho(1-\cos\varphi)\end{aligned}$$

由此可见，最小切削厚度与刀具的刃口半径和刀具与工件材料之间的摩擦因数有密切关系。

3.3　超声波振动车削加工

最早是在 1927 年观察到超声波振动加工作用的，1945 年有了首批登记的专利，20 世纪 50 年代开始应用超声波振动加工。我国 20 世纪 60 年代也开始进行这方面的应用研究。

超声波振动加工是指给工具或工件沿一定方向施加超声波振动频振动进行振动加工的方法，其应用范围很广。

3.3.1　超声波振动车削装置

超声波振动车削是在传统的车削过程中给刀具施加超声波振动频振动而形成的一种新的加工方法。图 3-24 所示为纵向超声波振动车削的示意图，换能器将超声波振动发生器产生的超声频振荡的电能转变为功率超声波振动的机械能，经变幅杆放大后传递给车刀。

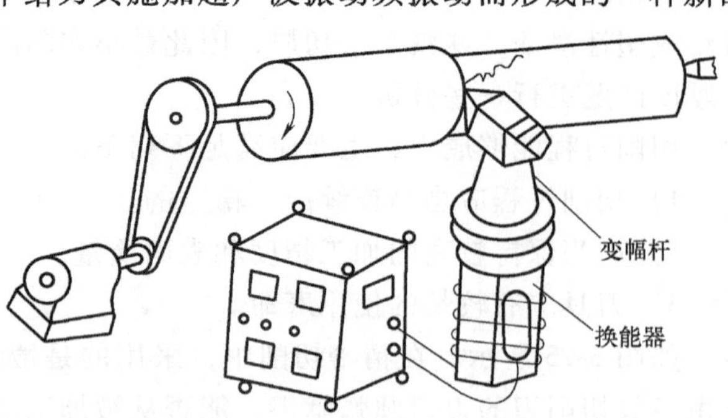

图 3-24　纵向超声波振动车削的示意图

除纵向超声波振动车削外，还有弯曲和扭转超声波振动车削装置，最常用的是弯曲超声波振动车削。图 3-25 所示为使刀具产生弯曲振动的一种常用装置

示意图。

纵向振动变幅杆可以从刀杆的中心位置激发，也可以从刀杆的端头激发，使刀具做弯曲振动。换能器可使用磁致伸缩型或夹心式压电换能器。

刀具端头的振动方向与工件的转动方向（即切削方向）可以是平行的也可以是垂直的，共有三个方向，如图 3-26a 所示，但实验证明平行效果较好。在车削时刀具振动方向与工件旋转方向如图 3-26b 所示。在超声波振动车削过程中，刀具与工件是断续接触的。

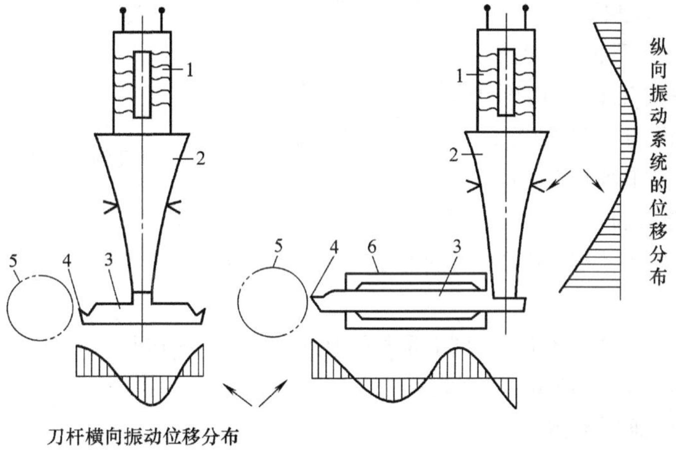

图 3-25　弯曲超声波振动车削

1—换能器　2—变幅杆　3—刀杆　4—刀具切削部分　5—工件　6—刀具支架

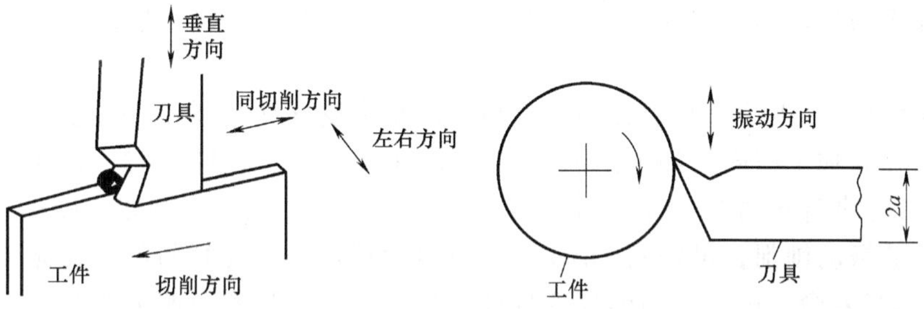

a)　　b)

图 3-26　刀具的振动方向

图 3-27 所示为使刀具产生弯曲振动的另一种方法，即采用弯曲振动的夹心压电换能器。此装置简便，便于在机床上安装，易于更换刀具。

3.3.2　超声波振动车削的原理及特点

1. 超声波振动车削的原理

当刀具振动时，刀具与工件的接触是断续的。设工件旋转时表面的线速度（即切削速度）为 v，刀具振动频率为 f，位移振幅为 a，则实现超声波振动车削的条件为 $v<2\pi af$。

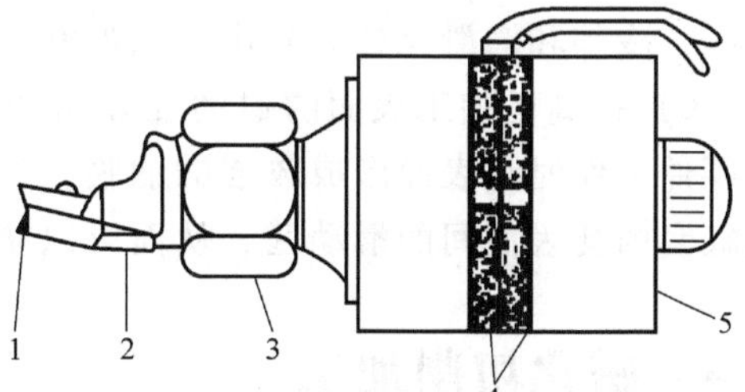

图 3-27　弯曲振动装置

1—刀具　2—刀具支架　3—连接螺母

4—PZT　5—弯曲振动换能器

当 $v=v_c=2\pi af$ 时，称为临界速度，车削速度 v 越接近于 v_c，就越接近于传统车削。当 $v>v_c$ 时，刀具不能脱离工件，即和传统车削完全相同。

在超声波振动车削过程中，刀具的运动和车削过程如图 3-28 所示。刀具做经过原点 O 的近似谐和振动，到 B 点开始接触工件，在 BFA 间车削，生成切屑 1，同时产生脉冲状切削力 F_1、F_2。刀具运动到 A 点将反向，由于反向运动速度大于工件运动速度 v，刀具开始脱离工件，切削力近似为零，直到刀具运动到 B 点再与工件接触，刀具沿 BGD 线运动期间按同样过程车削出切屑 2。刀具与工件的这种接触、切削、脱离的过程周而复始地进行，即可生成切屑 1、2、…、n，同时产生脉冲切削力 F_1、F_2。F_1 是垂直于切削方向的分力，称为背分力；F_2 是平行于切削方向的分力，称为主分力。

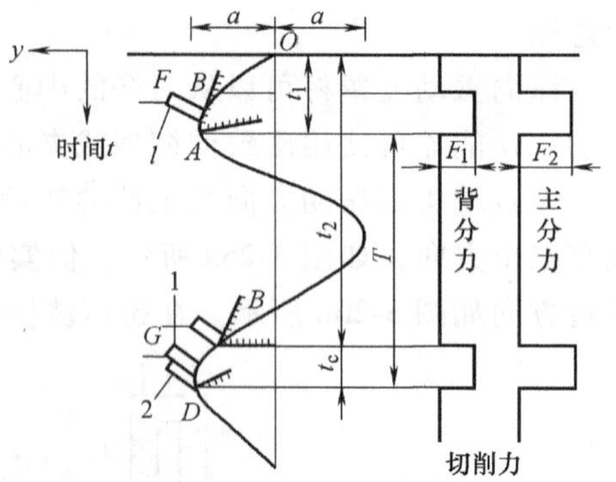

图 3-28　超声波振动车削过程中刀具的运动和车削过程

每个振动周期内刀具的净车削时间所占的比例小，则平均切削力小。提高刀具振动频率，增大其振幅或减小切削速度，均可达到这一目的。

2. 超声波振动车削的特点

超声波振动车削有以下几方面的特点。

1）大幅度降低切削力。切削力可降低到传统切削力的 1/20～1/3，纯切削时间 t_c 极短，大大降低了摩擦因数，因而也降低了切削热，减小了热损伤及表面残余应力，减小了热变形等。

2）减小表面粗糙度值，显著提高加工精度。超声波振动车削不产生积屑瘤，切削后端面无毛刺；可提高加工精度，如车削恒弹性合金 3J53、钛合金 TiC4 时，轮廓平均算术偏差 Ra 值由普通切削的 3μm 降低到 0.3μm 以下；几何精度高，用龙门刨床对硬铝、黄铜、碳素钢等进行超声波振动刨削，可得到 2μm/400mm 的直线度，且与材料的种类无关。

3）延长刀具寿命。由于切削温度低且冷却充分，使刀具寿命明显延长，如切削弹性合金 3J53 端面，刀具寿命可延长 13 倍以上。

4）切屑处理容易。切屑不缠绕在工件上，由于切屑温度接近室温，不会形成派生热源，且排屑容易，切削脆铜时切屑不会到处飞散等。

5）提高切削液的使用效果。超声波振动车削，当刀具与工件分离时，切削液易进入切削区，冷却和润滑充分。采用机油加锭子油做切削液时，超声波振动切削效果最好。

6）提高已加工表面的耐磨性和耐蚀性。由于超声波振动车削会在零件表面布满花纹，使零件工作时在表面形成较强的油膜，这对提高滑动面耐磨性有重要作用。它能润滑活塞和气缸套内孔表面间的滑动区，从而可以防止黏着和咬合。

3.4　磁化切削加工

所谓磁化切削，就是在切削过程中对切削区外加一个磁场，使之对切削加工产生有利作用的特种切削加工方法之一。

实验研究与实践证明：其他特种切削加工方法如超声波振动切削、等离子加热切削等对切削加工均卓有成效，但不足之处是设备比较昂贵、操作维修有一定困难，要推广应用往往受到条件的限制。但是磁化切削却是一种基本不需要投资，可以使用一般切削刀具，利用现有的机床设备，而又能获得良好切削效果的切削加工方法。

磁化切削简单易行，可延长刀具的寿命，且效果明显。国外如俄罗斯、乌克兰、印度等国对磁化切削颇有研究，在生产实际中也进行了推广应用。我国自 20 世纪 50 年代后期到 60 年代初期就开始对磁化切削进行实验研究并结合生产推广应用，如北京、大连、洛阳等地一些工厂与学校等采取三结合的方式，在生产上取得了良好的效果。近年来，国内在磁化切削的实验研究方面又恢复了青春活力，一些学者与工程技术人员已着手进行这方面的技术开发工作，重点基本上放在研制刀具的磁化处理装置，与未处理的刀具做对比性实验方面，并取得了一定的成果。

3.4.1　磁化切削加工的方式及装置

磁化切削加工是在原有的机床和一般切削工具的基础上，将工件或刀具，或两者同时处于被磁化的条件下进行切削加工。磁化切削的实现方式较多。磁化对象可以是刀具磁化，也可以是工件磁化或者刀具、工件一体磁化；磁化时的电流可以是直流方式，也可以是交流方式或者脉冲方式；可以是机外磁化，也可以在机磁化；可以对现有刀具先进行磁化处理后再进行切削加工，也可以在制造刀具时即加入磁性材料（如稀土钴），使刀具制成后即带有磁性，不需再做磁化处理等。

1. 刀具磁化

刀具磁化如图 3-29 所示，是在刀具上装上电磁线圈并通以励磁电流，产生磁场，使刀具在被磁化的条件下进行切削加工。为了不使线圈受到切屑的破坏，可在线圈前加一不导磁的铜板或铝板作为防护。此方法的优点是切削区磁场大，通用性好，应用范围广，但刀具伸出较长，会影响切削时刀具的刚度。

2. 工件磁化

工件磁化如图 3-30 所示，是在工件上（或一端）装上电磁线圈并通以励磁电流，产生磁场，使工件在被磁化的条件下被切削加工，也可在机床上装一套电磁铁，通电后产生磁场，将工件置于磁场中进行切削。为了不使线圈受到切屑的破坏，同样可在线圈前加一不导磁的铜板或铝板作为防护。此方法的优点是不改变刀具的伸出长度，刀具具有较高的刚度；缺点是耗电较多，实施上也不太方便，而且还会影响工件的刚度，所以一般实际应用较少。

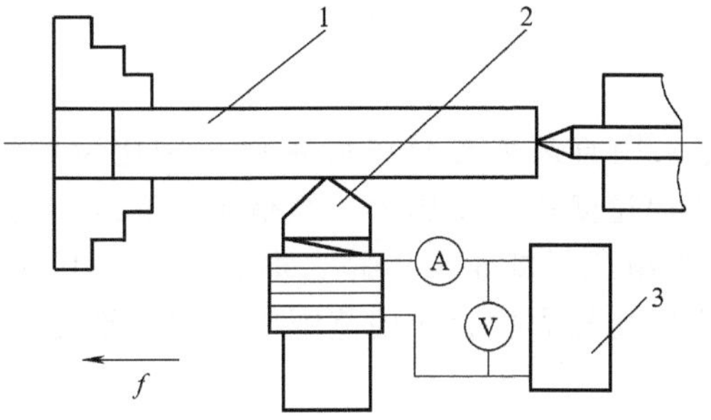

图 3-29　刀具磁化示意图

1—工件　2—刀具　3—磁化电源

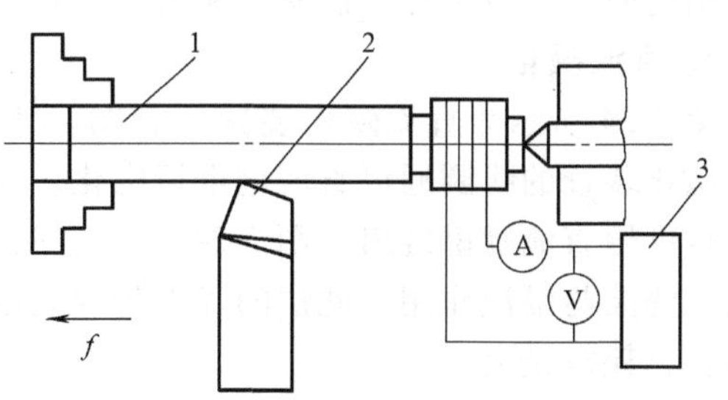

图 3-30　工件磁化示意图

1—工件　2—刀具　3—磁化电源

3. 刀具、工件磁化

刀具、工件一体磁化如图 3-31 所示，是根据刀具对工件的切削区域的特点，将刀具和工件一起装在电磁线圈内并通以励磁电流，使工件和刀具一起在被磁化的条件下进行切削加工。例如钻削加工时即如此，不过此处的主要磁化对象仍是工件。此方法在切削加工时对刀具和工件的刚度不会产生影响，但线圈的结构偏大，所需的电流也大一些。

4. 机外磁化

机外磁化可利用普通的切削刀具，预先在磁化装置上对其进行磁化处理后，再对工件进行切削加工，如图 3-32 所示，使用起来非常方便。这种方法对整体高速钢车刀、孔加工刀具等整体类刀具来说效果甚佳，一次性磁化后，即可达到磁化切削加工的效果。例如俄罗斯的一种钻头磁化装置能够处理的最大的钻头直径可达 50mm，长度可达 210mm。但对于焊接式或机夹式硬质合金刀具来说，磁化效果一般较差，往往需要磁化数次才能作为磁化切削的刀具使用。

必须指出，刀具重磨后，应再次进行磁化处理。

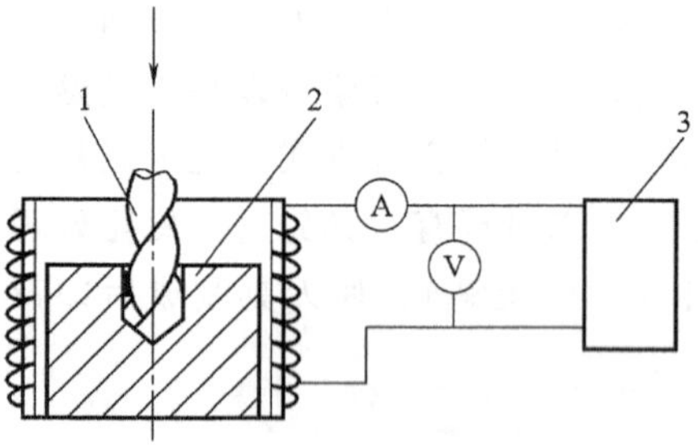

图 3-31　刀具、工件一体磁化示意图

1—工件　2—刀具　3—磁化电源

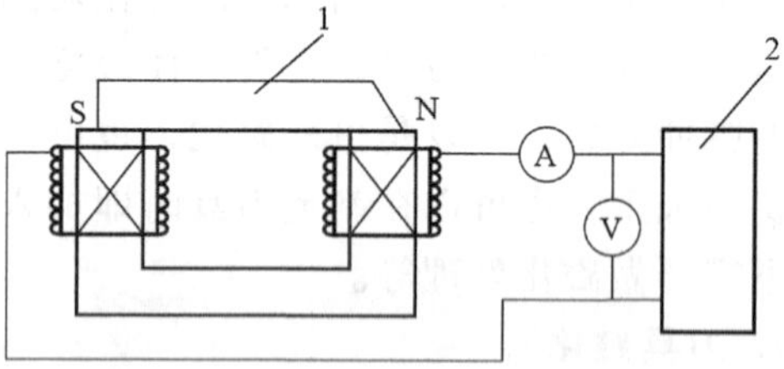

图 3-32　刀具机外预先磁化示意图

1—刀具　2—磁化电源

5. 在机磁化

在机磁化即一边切削一边进行磁化，磁化的对象可以是刀具、工件，或两者同时磁化，通过改变电流的大小与线圈匝数可以控制磁感应强度。此法的优点是可使切削区磁场相当大并保持磁场稳定，而且可以对非铁磁性材料进行磁化；缺点是应用时装置的安装比较复杂，易吸引切屑。

6. 交流磁化

交流磁化采用交流电磁感应设备作为磁化装置，即给磁化装置的线圈通以交流电，使磁化线圈产生磁场，进行磁化。磁化时采用调压变压器调节输出电压，如图 3-33 所示。此法电路结构简单，成本低，但有涡流损耗，耗电也较多。

7. 直流磁化

图 3-34 所示为直流磁化装置示意图。直流磁化采用直流电磁感应设备作为磁化装置，即对磁化装置的线圈通以直流电进行磁化。交流电流通过变压器变压后，经整流、滤波和稳压，再供给直流励磁绕组。图 3-34 中，由四个二极管组成桥式整流电路，电容 C 与电阻 R 分别起滤波与限流作用。此法的优点是控制磁感应强度比较方便，应用范围广；缺点是磁化时间长，耗电量大。

8. 脉冲磁化

脉冲磁化是给磁化装置的磁化线圈通以脉冲大电流，其原理电路如图 3-35 所示。

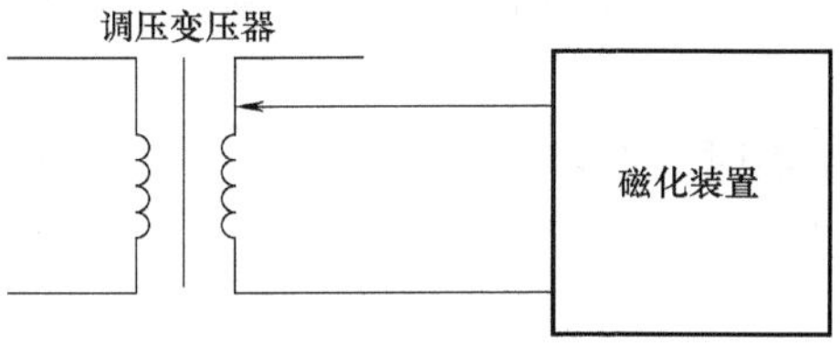

图 3-33 交流磁化示意图

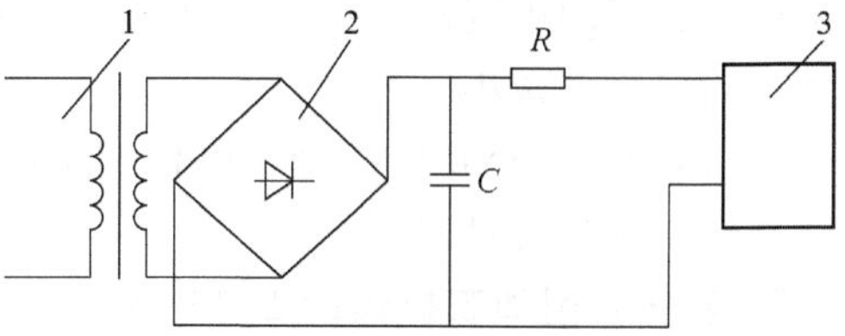

图 3-34 直流磁化装置示意图

1—变压器 2—整流滤波电路 3—磁化装置

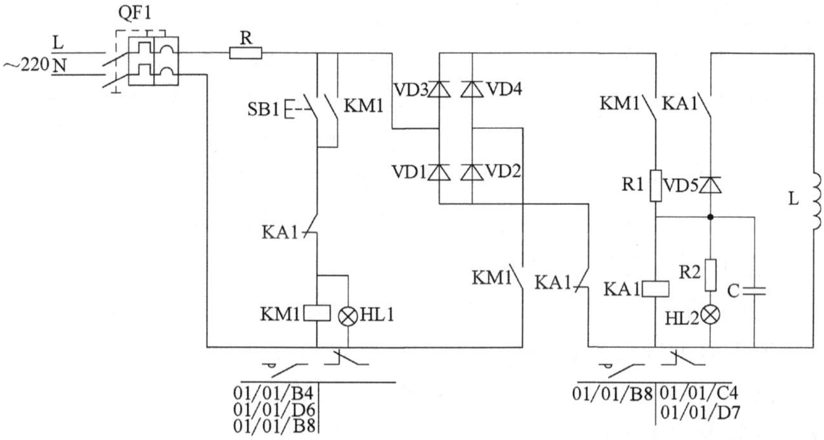

图 3-35 脉冲磁化的原理电路

操作时可首先将需要磁化的刀具放在脉冲磁化机的铁心上，合上电源开关 QF1，按下启动按钮 SB1，红指示灯 HL1 亮，表示电容 C 已开始充电。当氖灯 HL2 由暗逐渐变亮时，表示电容 C 已充电完毕，中间继电器 KA1 工作，自动打开常闭触点，切断充电电源，红指示灯灭，同时 KA1 的常开触点闭合，接通电磁线圈 L，电容 C 开始放电，使刀具磁化。当氖灯 HL2 熄灭时，表示刀具磁化完毕，取下即可使用。

脉冲磁化的优点是消耗电能少，磁化时间短，但控制磁感应强度不方便，电路结构比较复杂，且成本较高。

3.4.2 磁化切削加工的原理及特点

1. 磁化切削加工机理的探讨

磁化切削可显著提高刀具寿命和切削功率的机理，目前尚无成熟的理论，所见文献的见解也不尽一致。综合实验和应用的情况，可以认为，提高加工效果的主要依据在于：

1）刀具在强磁场内磁化时，会使材料结构发生变化，内部的磁分子排列整齐，使工件变为电磁铁，形成磁场与磁力线，减少磁化前内部磁分子之间的拉力。根据磁力线的特性，每根磁力线又产生了相互排斥的力，对加工十分有利。

2）磁化处理可使高速钢产生磁致伸缩强化或磁致扩散硬化，从而延长刀具的寿命；经磁化处理的高速钢不仅含有大量的磁化物，而且可使碳化物的分布更均匀，从而改善高速钢的强度特性。此外，较强的磁场引起工件的磁致伸缩，使其硬度显著降低，也改善了材料的可加工性。

3）磁化切削时，沿磁力线方向作用着一个磁场力，此力力图将切屑拉开，在切屑根部产生弯矩，不同程度地改变了切削合力的大小和方向，一般沿剪切面上的诸力减小，剪切角增大，切屑变形减小。

4）磁场可减小切削振动，降低切削温度（中速切削时一般降低10%~30%），从而改善切削条件，延长刀具寿命。

2. 磁化切削加工机理的工艺效果

国内外的实验研究和应用表明，磁化切削具有如下效果。

（1）减少切削力与功率消耗

1）经测定，磁化切削比普通切削可减少电流消耗量25%。

2）四川某厂采用45钢零件做实验，用高速钢刨刀加工，当进给量与背吃刀量相同，切削速度分别是17.9m/min和36.5m/min时，磁化切削功率分别降低33%和32%。

（2）延长刀具寿命　采用磁化切削，可明显降低切削温度，减少刀具磨损。根据被加工材料不同，磁化切削可延长刀具寿命2~5倍，提高工效10倍左右。

（3）可减小工件表面粗糙度值，提高加工精度　在相同的刨削条件下，传统刨削的工件表面粗糙，且有毛刺，而磁化刨削表面则光滑无毛刺。如用高速钢刨刀加工方钢（170HB）时，一般可使其表面粗糙度值由 $Ra12.5\sim25\mu m$ 减小至 $Ra3.2\sim6.3\mu m$。

实验表明：加工时工件受到磁场引力作用，此引力方向相反于径向切削力 F_y，从而减少或消除了 F_y 力所产生的变形。当车削细长轴、磨削细长轴时，相当于安装了磁力跟刀架，有利于消除或减少此类加工引起的鼓形误差。

（4）装置简单、安全可靠、成本低　通常切削加工时刀具的磁场强度仅为 10^{-2}T，对机床、工件、操作者均无不良影响。

3.4.3　磁化切削加工实验研究与应用实例

表3-6列举了国内进行磁化切削加工实验研究与应用的部分实例。

表3-6　磁化切削加工实验研究与应用实例

序号	工件材料	刀具材料	加工方法	磁化参数	切削条件				实验应用效果	单位
					v/(m/min)	f/(mm/r)	a_p/mm	切削液		
1	45钢	YT15	外圆车削	φ0.4~φ0.8mm漆包线，600匝，36V，2~3A	230.7	0.8	5.0	干切	刀具寿命1~1.5倍	中国一拖集团有限公司
2	渗碳钢（表面58~62HRC）		端面车削	φ0.6mm漆包线，415匝，8~12V	n=1200r/min	0.1	0.2		刀具寿命0.5~1.0倍	永定机械厂
3	铸铁	YG6	车削		68~54	0.65			刀具寿命1~3倍	大连铁鑫工矿车辆制造有限公司
4	20钢	YT14	外圆车削	直流线圈5A,AC220V,2400安·匝	35	0.06	0.4			长春理工大学

（续）

序号	工件材料	刀具材料	加工方法	磁化参数	切削条件				实验应用效果	单位
					v/(m/min)	f/(mm/r)	a_p/mm	切削液		
5	45钢（热轧187~200HB）	W18Cr4V	外圆车削	直流磁化，$B_i=(54\sim60)\times10^{-2}$T	15~35	0.1~0.25	1.0~2.5	乳化液	刀具寿命1.5~3倍	大连交通大学
6	40Cr(200~220HB)	W18Cr4V	钻削（ϕ8mm）		27	0.17	4.0孔深25	乳化液	钻头寿命0.7~1.5倍	江苏科技大学
7	40Cr	W18Cr4V	车削	$B_i=5.2\times10^{-2}$T	20	0.55	0.5	干切	刀具寿命延长2.67倍	东南大学

3.5　低温切削加工

低温切削加工的研究始于20世纪50年代，近年来在国内外已取得迅速发展，尤其是低温切削不锈钢、钛合金、高强度钢等难加工材料，取得了良好的效果，在超精密加工方面也取得了一定的成果。

3.5.1　低温切削加工的形式与基本原理

低温切削加工是利用二氧化碳、液氮等低温介质，使工件或刀具或切削区处于冷却状态，从而进行切削加工的方法。一般将低温切削分为低温区（-30~0℃）、超低温区（-50℃以下）及亚常温区（2~6℃），其中低温区常用。低温切削的主要形式有以下几种。

1. 浸液冷却法

将被加工件浸在低温的液体中（切削部分不露出）进行切削加工。例如将固态二氧化碳（干冰）置于酒精中，可得到-60℃的低温液体；将液氮大量注入酒精中，可得到-90℃的低温液体。

2. 喷射冷却法

将低温流体直接浇注或喷射到切削区进行冷却加工。图3-36所示为利用高压罐中的液体二氧化碳进行喷射冷却加工的情况。

美国有关专家曾在研究中将液体二氧化碳装在容器内，用软管导向刀具与工件切削区，导管的端口直径为0.55mm，喷口的气流量为4.08kg/min，喷出后吸收大量的热，车削时在离喷嘴7.6mm处测得温度为-74℃，铣削时也有-63℃。

上述方法虽然能有效地得到低温，但成本高，除一些特殊零件工艺应用外，一般应用较少。

3. 刀具冷却法

刀具在低温状态下工作，能有效延长刀具寿命，保持零件加工的尺寸精度。该方法使用方便，成本低，因而应用较广。

4. 工件冷却法

图3-37所示为采用液氮或液体二氧化碳从外部冷却工件的方法。

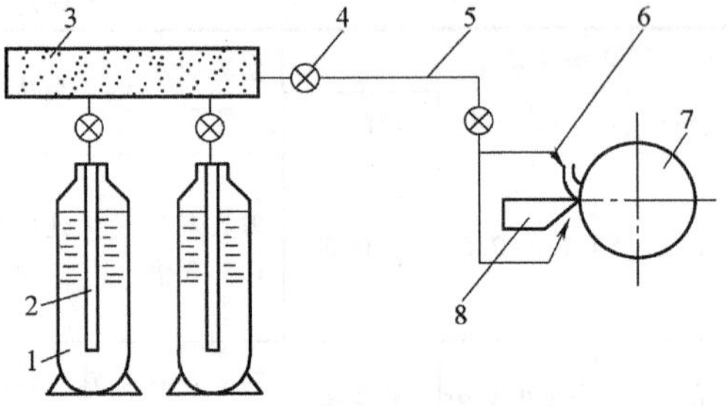

图 3-36　二氧化碳喷射冷却加工原理示意图

1—标准高压罐　2—虹吸管　3—吸湿剂（硅胶）
4—气门　5—管路　6—喷嘴　7—工件　8—车刀

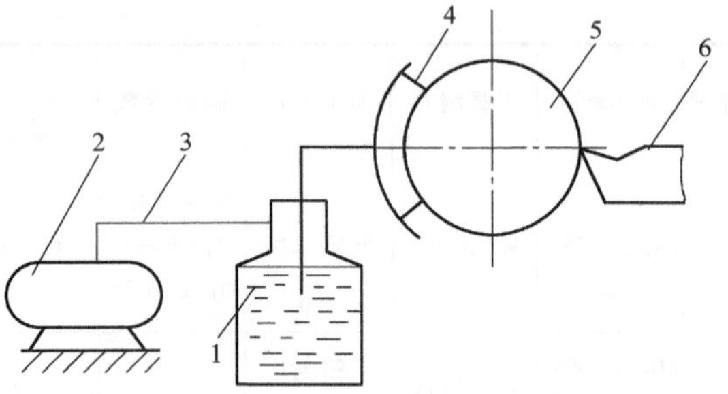

图 3-37　液氮或液体二氧化碳冷却工件原理示意图

1—液氮　2—空气压缩机　3—空气
4—雾化喷嘴　5—工件　6—车刀

图 3-38 所示为利用电子冷冻卡盘夹固冷却工件，即工件的夹固与冷却采用冰冻的方法。一般利用半导体温差制冷原理制成电子冷冻卡盘。一级电堆可将温度降至-30℃，二级电堆可将温度降至-70℃。在电子冷冻卡盘降温的同时，用特殊配制的液膜冰将工件冰冻夹固在卡盘上，便可进行低温切削加工。

通常，工业用材料的可加工性与力学性能密切相关，而力学性能往往随温度的变化而变化。当温度升高时，材料的硬度、强度会降低；温度降低时，绝大多数材料会变脆，塑性降低，某些金属材料还存在明显的冷脆现象。

一般体心立方晶格材料（如钢等），在-20℃左右所需的冲击功和冲击力比 20℃要小得多；对面心立方晶格材料（如铝、铜等）的低温冲击功和冲击力与常温下的情况相比，基本上没有变化，如图 3-39 所示。由此可见，低温切削加工适合碳素钢等体心立方晶格材料。

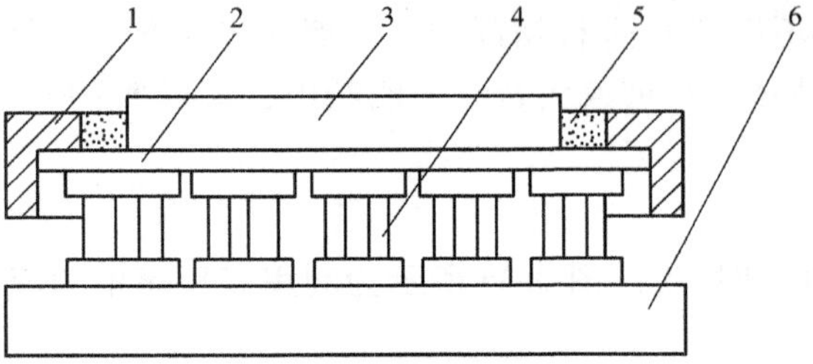

图 3-38　电子冷冻装置工作原理示意图

1—工件　2—液膜冰　3—冷极板
4—绝热套　5—半导体电偶对　6—散热器

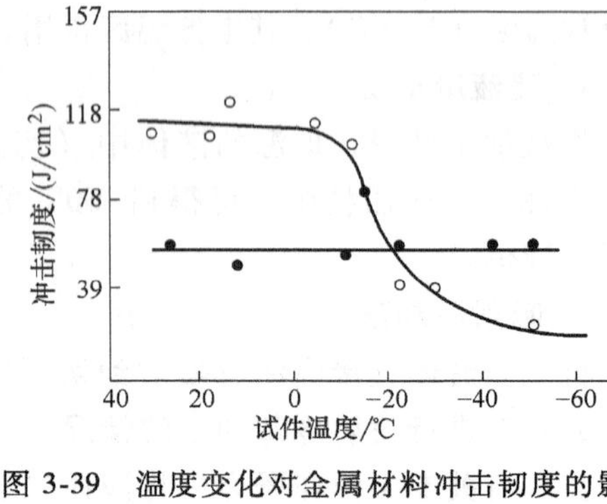

图 3-39　温度变化对金属材料冲击韧度的影响

●—黄铜　○—碳素钢

金属材料发生低温脆化时抗拉强度和屈服强度提高，金属的力学性能受到金属内部晶格位错的影响，在低温下金属内部位错热能低，所以引起塑性变形的应力通常比在室温下引起的塑性变形的机械应力大，因而提高了金属的强度。

影响脆性转变温度的主要因素是金属的结晶构造。低温脆性是由孪生引起的龟裂所产生的，体心立方晶格的金属引起滑移所需的屈服应力随温度而急剧增高，孪生应力因温度不同而产生的变化不大。在低温脆性临界温度下孪生优先发生，孪生应力比滑移应力低，产生脆化。而面心六方晶格及密排六方晶格的金属孪生应力比滑移应力高得多，即使在低温下，强度也增加，塑性却大部分保持不变，故不产生低温脆性。对于具有体心立方晶格的金属材料而言，若能找到低温脆性点，就可以取得低温切削的良好效果。一般碳钢的低温脆性点为-15~25℃。

3.5.2　低温切削加工的工艺效果

低温切削技术主要有两大特点，一是可改善难加工材料的可加工性；二是能提高零件的加工精度与加工表面质量。实验与应用表明，低温切削有如下工艺效果。

1. 减小切削力

对于具有低温脆性的金属材料，切削力可降低20%~25%，参见图3-40。

2. 降低切削温度、延长刀具寿命

低温切削的本质与一般室温情况下的切削基本相同，其特点是刀具与工件的接触区温度低，刀具磨损过程中的热化学过程大大削弱，材料分子的吸附、黏接和扩散作用降低，因而延长了刀具的使用寿命，使之有可能选用较高的切削用量，从而提高切削效率。一般来说，如果将刀尖温度冷却到-30~-25℃，可降低切削温度150℃左右，延长刀具寿命3倍左右。

3. 减小工件表面粗糙度值、提高加工精度

低温切削材料（如碳素钢）时，一般当工件为-20℃时基本不产生积屑瘤，当工件温度低于-20℃时不仅积屑瘤消失，而且改变了切削区的摩擦状态，从而可大大减小工件表面粗糙度值，改善被加工表面变质层的情况，容易达到所要求的加工精度。一般低温切削碳素钢可使零件表面粗糙度值减小1~2级，参见图3-41；表面残余应力仅为传统切削的1/2，甚至更小。

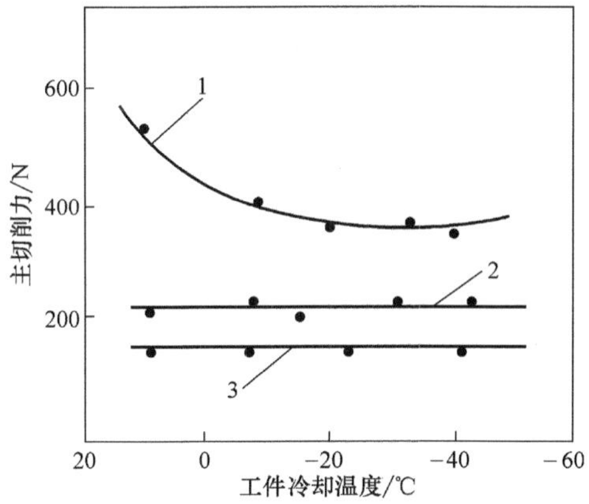

图3-40　温度变化对切削力的影响

1—碳素钢　2—黄铜　3—硬铝

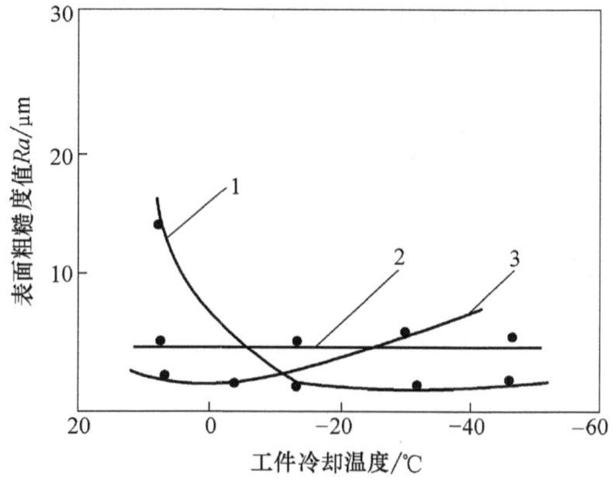

图3-41　工件冷却温度变化对工件表面粗糙度值的影响

1—碳素钢　2—黄铜　3—硬铝

3.5.3　低温切削加工的应用

综上所述，低温切削加工特别适用于以下几方面的应用。

1）具有低温脆性的体心立方晶格材料，如钢铁等。

2）热导率极低的非金属材料及复合材料，在切削加工时会因切削热不易传递而集聚，造成加工困难，甚至无法加工。因此，低温切削热固性塑料、合成树脂、石墨制品、橡胶和玻璃纤维制品等材料，均有显著的优越性。

3）一些难加工的不锈钢、钛合金、高强度钢、高强度耐热合金等材料，采用低温加工具有独特的优点，国外已广泛应用。

4）利用电子冷冻卡盘夹持工件进行切削与磨削加工时，有利于消除加工变形，可进行精密加工和薄壁、易变形件的加工。

复习思考题

1. 现代精密、超精密切削加工为什么采用金刚石刀具？
2. 常用金刚石刀具的刀头有哪些基本形式？
3. 常用金刚石刀具的几何角度常规选择为多少？
4. 试述金刚石刀具上金刚石的固定方法。
5. 叙述精密、超精密切削过程并与普通切削加工相比较，说明它们之间的异同。
6. 精密、超精密切削加工中的切削参数是如何影响加工质量的？
7. 谈谈精密、超精密切削时的切削液及其对精密、超精密切削加工质量的影响。
8. 与普通刀具相比，金刚石刀具的磨损与使用寿命有哪些特点？这些特点是怎么产生的？
9. 谈谈影响精密、超精密切削时最小切削厚度的因素。
10. 什么是超声波振动车削加工？它有哪些特点？
11. 为什么采用超声波振动车削加工方法可以提高切削效果？
12. 如何实施超声波振动车削加工？
13. 什么是磁化切削加工？它有哪些特点？
14. 为什么采用磁化切削加工方法可以提高切削效果？
15. 如何实施磁化切削加工？
16. 低温切削有哪些工艺特点？

第4章

精密与超精密磨料加工

金刚石刀具主要用于对铝、铜及其合金等材料进行超精密车削，而钢铁材料、硬脆材料的精密与超精密加工，则主要应用精密与超精密磨料加工。

4.1 精密与超精密磨料加工概述

4.1.1 精密与超精密磨料加工的概念

磨削是一种常用的半精加工和精加工方法，砂轮是磨削的主要切削工具。磨削的基本特点如下。

1）磨削除可以加工铸铁、碳钢、合金钢等一般结构材料外，还能加工一般刀具难以切削的高硬度材料，如淬火钢、硬质合金、陶瓷和玻璃等，但不适宜加工塑性较大的非铁金属工件。

2）磨削加工的精度高，表面粗糙度值小，精度可达 IT5 及 IT5 以上；表面粗糙度值 Ra 为 1.25~0.01μm，镜面磨削时为 0.04~0.01μm。

3）磨削的径向磨削力大，且作用在工艺系统刚性较差的方向上。因此，在加工刚性较差的工件（如磨削细长轴）时，应采取相应的措施，防止因工件变形而影响加工精度。

4）磨削温度高。磨削产生的切削热多，热量的 80%~90% 传入工件（10%~15% 传入砂轮，1%~10% 由磨屑带走），加上砂轮的导热性很差，大量的磨削热在磨削区形成瞬时高温，容易造成工件表面烧伤和微裂纹。因此，磨削时应采用大量的切削液，以降低磨削温度。

5）砂轮有自锐作用。在磨削过程中，磨粒的破碎将产生新的较锋利的棱角，同时由于磨粒的脱落而露出一层新的锋利的磨粒，它们能够使砂轮的切削能力得到部分的恢复，这种现象叫作砂轮的自锐作用，也是其他切削刀具所没有的。磨削加工时，常常通过选择适当的砂轮硬度等途径，发挥砂轮的自锐作用来提高磨削的生产率。必须指出，磨粒随机脱落的不均匀性会使砂轮失去外形精度；破碎的磨粒和切屑会造成砂轮的堵塞。因此，砂轮磨削一定时间后，需进行修整，以恢复其切削能力和外形精度。

6）磨削加工的工艺范围广。磨削不仅可以加工外圆面、内圆面、平面、成形面、螺纹等各种表面，还常用于各种刀具的刃磨。

7）磨削在切削加工中的比例日益增大。在工业发达国家，磨床在机床总数中的比例已达 30%~40%，且有不断增长的趋势。磨削在机械制造业中将得到日益广泛的应用。

所谓精密与超精密磨料加工，就是利用细粒度的磨粒和微粉对钢铁材料、硬脆材料等进行加工，以得到高加工精度和小表面粗糙度值。

精密磨削是指加工精度为 1~0.1μm、表面粗糙度值 *Ra* 为 0.2~0.025μm 的磨削方法，一般用于机床主轴、轴承、液压滑阀、滚动导轨、量规等的精密加工。

超精密磨削是一种亚微米级的加工方法，并正向纳米级发展。它是指加工精度达到或高于 0.1μm、表面粗糙度值低于 *Ra*0.025μm 的砂轮磨削方法，适宜于对钢铁材料及陶瓷、玻璃等硬脆材料的加工。

通常所说的镜面磨削属于精密磨削和超精密磨削范畴的加工。镜面磨削是指加工表面粗糙度值可达 *Ra*0.02~0.01μm，表面光泽如镜的磨削方法，其加工精度的含义并不明确，更强调表面粗糙度值的要求。

影响超精密磨削的因素有：超精密磨削机理、被加工材料、砂轮及其修整、超精密磨床、工件的定位夹紧、检测及误差补偿、工作环境、操作水平等。超精密磨削需要一个高稳定性的工艺系统，对力、热、振动、材料组织、工作环境的温度和净化等都有稳定性的要求，并有较强的抗击来自于系统内外的各种干扰的能力。

超硬磨料砂轮磨削主要是指用金刚石砂轮和立方氮化硼砂轮加工硬质合金、陶瓷、玻璃、半导体材料及石材等高硬度、高脆性材料。其突出特点如下：

1）磨削能力强，耐磨性好，寿命长，易于控制加工尺寸及实现加工自动化。

2）磨削力小，磨削温度低，加工表面质量好，无烧伤、裂纹和组织变化。用金刚石砂轮磨削硬质合金时，磨削力只有绿色碳化硅砂轮的 1/5~1/4。

3）磨削效率高。在加工硬质合金及非金属硬脆材料时，金刚石砂轮的金属切除率优于立方氮化硼砂轮；但在加工耐热钢、钛合金、模具钢等材料制成的工件时，立方氮化硼砂轮的磨削效率远高于金刚石砂轮。

4）加工成本低。金刚石砂轮和立方氮化硼砂轮比较昂贵，但由于其寿命长，加工效率高，所以综合成本低。

4.1.2 精密与超精密磨料加工的分类

精密与超精密磨料加工可分为固结磨料加工（如磨石研磨、精密珩磨、砂带磨削等）和游离磨料加工（如精密研磨、精密抛光）两大类，如图 4-1 所示。

4.1.3 固结磨料加工中的磨具

将一定粒度的磨粒或微粉与结合剂黏接在一起，形成一定形状并具有一定强度，再采用烧结、黏接、涂敷等方法即形成砂轮、砂条、磨石、砂带等磨具。其中用烧结方法形成砂轮、砂条、磨石等称为固结磨具；用涂敷方法形成砂带称为涂覆磨具或涂敷磨具。

1. 固结磨具

精密砂轮磨削是利用精细修整的粒度为 F60~F80 的砂轮进行磨削。其加工精度可达 1~0.1μm，表面粗糙度值 *Ra* 可达 0.2~0.25μm。超精密砂轮磨削是利用经过精细修整的粒度为 F280~F1000 的砂轮进行磨削，可以获得加工精度为 0.1μm、表面粗糙度值 *Ra* 为 0.025~0.008μm 的加工表面。

- 精密与超精密磨料加工
  - 固结磨料加工
    - 磨削：砂轮磨削、砂带磨削
    - 磨石研磨
    - 超精加工
    - 精密珩磨
    - 砂带磨削
    - 超精研抛
  - 游离磨料加工
    - 精密抛光
    - 研磨：干式研磨、湿式研磨、磁性研磨
    - 精密研磨
    - 滚磨：回转式、振动式、离心式、主轴式、涡流式
    - 珩磨：挤压珩磨
    - 喷射加工

图 4-1　精密与超精密磨料加工的分类

（1）磨料及其选择　在精密与超精密磨削中，除使用刚玉系和碳化物系磨料外，还大量使用超硬磨料。

超硬磨料在当前是指金刚石、立方氮化硼及以它们为主要成分的复合材料，两种材料均属于立方晶系。

金刚石又分为天然金刚石和人工金刚石两大类。天然金刚石有透明、半透明和不透明三种，以透明的为最贵重；颜色上有无色、浅绿、淡黄、褐色等，以褐色硬度最高，无色次之。人造金刚石分单晶体和聚晶烧结体两种，前者多用来做磨料磨具，后者多用来做刀具。金刚石是自然界中硬度最高的物质，有较高的耐磨性而且有很高的弹性模量，可以减小加工时工件的内应力、内部裂隙及其他缺陷。金刚石有较大的热容量和良好的导热性，线胀系数小、熔点高，但在700℃以上易与铁族金属发生化学反应而生成碳化物，造成化学磨损，故一般不适宜磨削钢铁材料。

立方氮化硼的硬度略低于金刚石，但耐热性比金刚石好，有良好的化学稳定性，与碳在2000℃时才起反应，故适用于磨削钢铁材料。由于它在高温下易与水发生反应，因此一般多用于干磨。

超硬磨料能加工各种高硬度、难加工材料是其突出的优越性。用超硬材料磨削陶瓷、光学玻璃、宝石、硬质合金以及高硬度合金钢、耐热钢、不锈钢等材料已十分普遍。

（2）磨料粒度及其选择　粒度的选择应根据加工要求、被加工材料、磨料材料等来决定，主要因素是被加工工件的表面粗糙度值、被加工材料和生产率。一般多选用 F180～F220 的普通磨料、170/200～325/400 超硬磨料的磨粒和各种粒度的微粉。粒度号越大，加工表面粗糙度值越小，但生产率相对也越低。

（3）结合剂及其选择　结合剂的作用是将磨料黏合在一起，形成一定的形状并有一定的强度。常用的结合剂有树脂结合剂、陶瓷结合剂和金属结合剂等。结合剂会影响砂轮的结合强度、自锐性、化学稳定性、修整方法等。

（4）组织和浓度及其选择　普通磨具中磨料的含量用组织表示，它反映了磨料、结合剂和气孔三者之间体积的比例关系。超硬磨具中磨料的含量用浓度表示，它指磨料层中每

$1cm^3$ 体积中所含超硬磨料的重量，浓度越高，其含量越高。浓度值与磨料含量的关系见表 4-1。

浓度直接影响磨削质量、效率和加工成本，选择时应综合考虑磨料材料、粒度、结合剂、磨削方式、质量要求和生产率等因素。

表 4-1 超硬磨料浓度值与磨料含量的关系

浓度代号	质量分数(%)	质量浓度/(g/cm^3)	磨料在磨料层中所占体积(%)
25	25	0.2233	6.25
50	50	0.4466	12.50
70	70	0.6699	18.75
100	100	0.8932	25.00
150	150	1.3398	37.50

人造金刚石磨料、树脂结合剂磨具的常用质量浓度为 50%~75%，陶瓷结合剂磨具的质量浓度为 75%~100%，青铜结合剂磨具的质量浓度为 100%~150%，电镀的质量浓度为 150%~200%。立方氮化硼磨料、树脂结合剂磨具的常用质量浓度为 100%，陶瓷结合剂磨具的质量浓度为 100%~150%，一般都比人造金刚石磨具的质量浓度高一些。总的来说，成形磨削、沟槽磨削、宽接触面平面磨削选用高质量浓度，半精磨选用细粒度、小质量浓度；高精度、表面粗糙度值小的精密磨削和超精密磨削选用细粒度、小质量浓度。这主要考虑的是砂轮堵塞发热问题。

(5) 硬度及其选择　普通磨具的硬度是指磨粒在外力作用下，磨粒自表面脱落的难易程度。磨具硬度低表示磨粒容易脱落。

超硬磨具中，由于超硬磨料耐磨性好又比较昂贵，硬度一般较高，在其标志中无硬度项。

(6) 磨具的强度　磨具的强度是指磨具在高速回转时，抵抗因离心力的作用而使其自身破碎的能力。对各类磨具都有最高工作线速度的规定。

(7) 磨具的形状和尺寸及其基体材料　应根据机床规格和加工情况选择磨具的形状和尺寸。超硬磨具一般由磨料层、过渡层和基体组成。有些厂家把磨料层直接固定在基体上，取消了过渡层。超硬磨具的结构如图 4-2 所示，基体的材料与结合剂有关，金属结合剂磨具基体材料大多采用铁或铜合金，树脂结合剂磨具基体材料采用铝、铝合金或电木，陶瓷结合剂磨具基体材料多采用陶瓷。

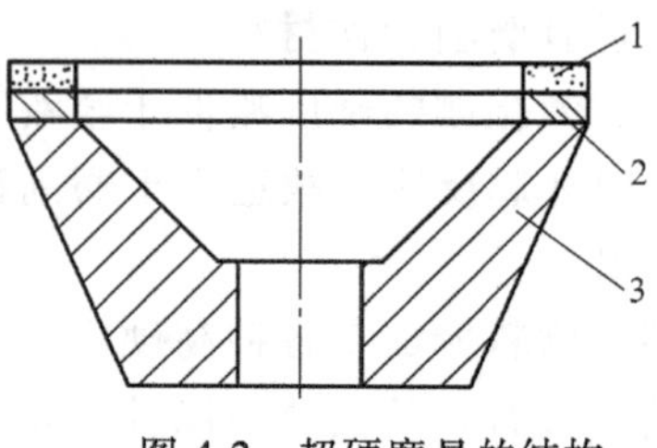

图 4-2　超硬磨具的结构
1—磨料层　2—过渡层　3—基体

2. 涂覆磨具

涂覆磨具是将磨料用粘结剂均匀地涂覆在纸、布或其他复合材料基底上的磨具，又称涂敷磨具，其结构示意图如图 4-3 所示。常用的涂覆磨具有砂纸、砂布、砂带、砂条和砂布套等。

(1) 涂覆磨具的分类　根据涂覆磨具的形状、基底材料和工作条件与用途等，其分类见表 4-2。涂覆磨具产品有干磨砂布、干磨砂纸、耐水砂布、耐水砂纸、环状砂带（有接头、无接头）、卷状砂带等。

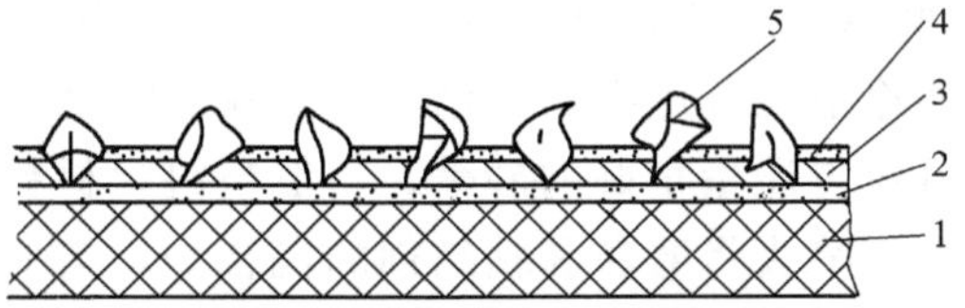

图 4-3　涂覆磨具结构示意图

1—基底　2—粘结膜　3—底胶（粘结膜）　4—覆胶（粘结剂）　5—磨料

表 4-2　涂覆磨具的分类

形状						基底材料				工作条件	
页状(Y)	卷状（J）	环状	带状(D)	盘状(P)	纸状(Z)	棉花(B)	化纤布	塑料膜	复合	干磨(G)	耐水(N)

（2）磨料及粒度　常用的涂覆磨料有棕刚玉、白刚玉、铬刚玉、锆刚玉、黑色碳化硅、绿色碳化硅、氧化铁、人造金刚石等。

涂覆磨料通常要经过水洗、酸洗、风选等加工步骤，其粒度与普通磨料粒度近似，但无论是磨粒还是微粉，一律用冠以 P 字的粒度号表示，如涂覆磨料粒度号 P220 与普通磨料粒度号 F220 相同，而 P320 相当于 F320，P1000 相当于 F1000，具体可查有关手册。

（3）粘结剂　粘结剂又称为胶，其作用是将砂粒牢固地黏接在基底上。粘结剂是影响涂覆磨具性能和质量的重要因素。根据涂覆磨具基底材料、工作条件和用途等的不同，粘结剂又可分为粘结膜、底胶和覆胶。当基底材料为聚酯、硫化纤维时，为了使底胶能与基底牢固黏接，要在聚酯膜、硫化纤维布上预先涂上一层粘结膜。而当基底材料为纸、布等时，则不必预涂粘结膜。有些涂覆磨具采用底胶和覆胶的双层粘结剂结构，一般取黏接性能较好的底胶和耐热、耐湿、富有弹性的覆胶，使涂覆磨具性能更好。大多数涂覆磨具都是单层胶。粘结剂的种类如下：

1）动物胶。主要有皮胶、明胶、骨胶等，其黏接性能好，价格便宜，但溶于水易受潮，稳定性受环境影响，用于轻切削的干磨和油磨。

2）树脂。主要有醇酸树脂、胺基树脂、尿醛树脂、酚醛树脂等。树脂黏接性能好，耐热、耐水或耐湿，有弹性，有些树脂成本较高，且易溶于有机溶液，用于难磨削材料或复杂型面的磨削和抛光。

3）高分子化合物。如聚醋酸乙烯酯等，其黏接性能好，耐湿有弹性，用于精密磨削，但成本较高。

除上述一般粘结剂外，还有特殊性能的在覆胶层上再敷一层超涂层粘结剂。抗静电超涂层粘结剂可避免砂带背面与支承物之间产生静电而附着切屑粉尘；抗堵塞超涂层粘结剂是一种以金属皂为主的树脂，可避免砂带表面堵塞；抗氧化分解超涂层粘结剂由高分子材料和抗氧化分解活性材料组成，加工中有冷却作用，可延长砂带寿命，提高工件表面质量。

（4）涂覆方法　涂覆方法是影响涂覆磨具质量的重要因素之一。不同品种的涂覆磨具可采用不同的涂覆方法，以满足使用要求。当前，涂覆磨具的制造方法有重力落砂法、涂敷法和静电植砂法等。

1）重力落砂法。如图 4-4 所示，先将粘结剂均匀涂敷在基底上，再靠重力将砂粒均匀地喷洒在涂层上，经烘干去除浮面砂粒后即成卷状砂带，裁剪后可制成涂覆磨具产品，整个过程自动进行。一般的砂纸、砂布均用此法制成，制造成本较低。

2）涂敷法。如图 4-5 所示，先使磨粒和粘结剂进行充分均匀的混合，然后利用胶辊将磨粒和粘结剂混合物均匀地涂敷在基底上。粘结剂和磨粒的混合多用球磨机完成，而涂敷多用类似印刷机的涂敷机，可获得质量很好的砂带，一般塑料膜材料的基底砂带都用这种方法制成。简单的涂敷方法也可用喷头将磨粒和粘结剂的混合物均匀地喷洒在基底上，多用于小量生产纸质材料基底的砂带，当然质量上要差一些。精密与超精密加工中所用的涂覆磨具多用涂敷法制作。

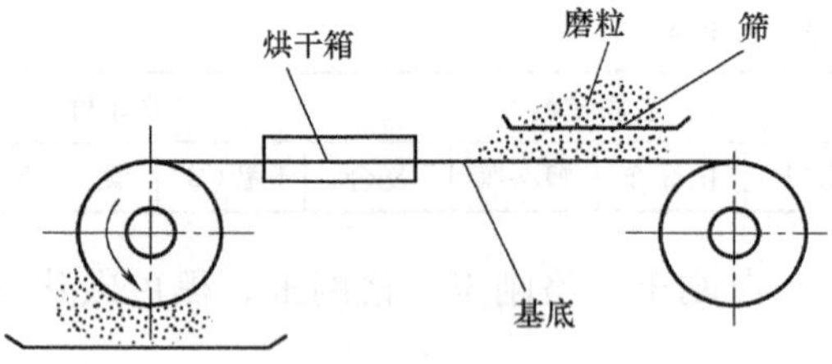

图 4-4　重力落砂法示意图

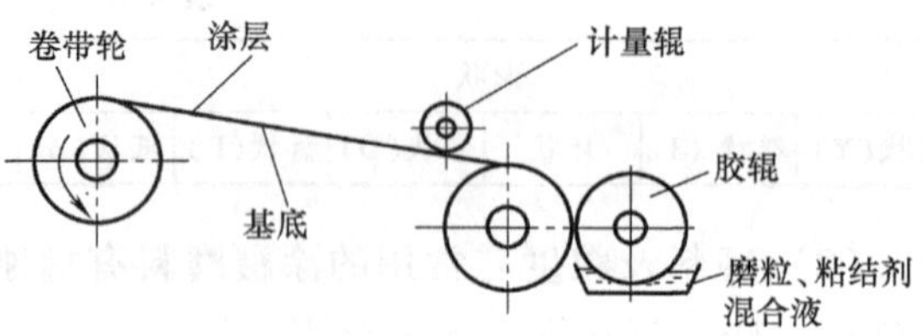

图 4-5　涂敷法示意图

3）静电植砂法。如图 4-6 所示，其原理是利用静电作用将磨粒吸附在已涂胶的基底上。这种方法由于静电作用，使磨粒尖端朝上，因此砂带切削能力强，等高性好，加工质量好，从而被广泛采用。

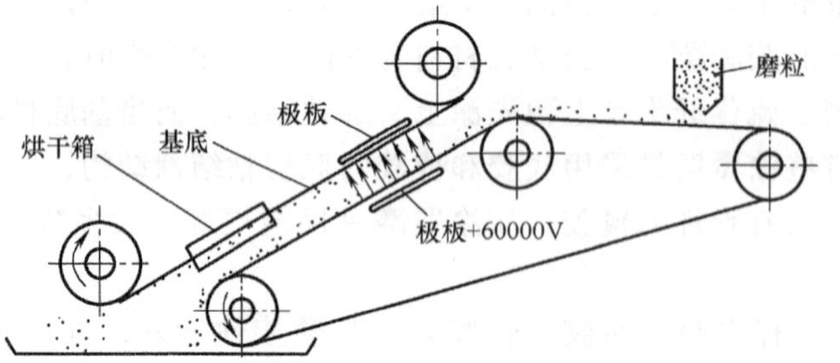

图 4-6　静电植砂法示意图

4.2　精密与超精密磨削加工

4.2.1　精密磨削加工

精密磨削加工是指加工精度为 0.1～1μm、表面粗糙度值 Ra 达 0.025～0.2μm 的磨削加工，又称小表面粗糙度值磨削。它是用微小的多刃刀具去除细微切屑的一种加工方法，一般是通过氧化铝和碳化硅砂轮来实现的。

1. 精密磨削加工过程

（1）磨削过程　砂轮中的磨料磨粒是不规则的菱形多面体，顶锥角在 80°～145°范围内，但大多数为 90°～120°，如图 4-7 所示。

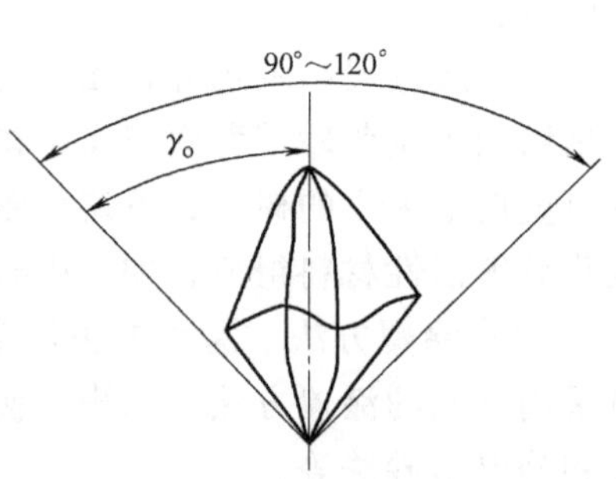

图 4-7　磨粒形状

磨削时磨粒基本上都以很大的负前角进行切削。一般磨粒切削刃都有一定大小的圆弧，

其刃口圆弧半径 r_n 为几微米到几十微米，磨粒磨损后负前角和圆弧半径都将增大。

磨粒在砂轮表面的分布是随机的。一般磨削时，只有10%的磨粒参加切削，切削深度分布在某一范围内，使各个磨粒承受的压力不同，磨粒表现出四种切削形态，如图4-8所示。

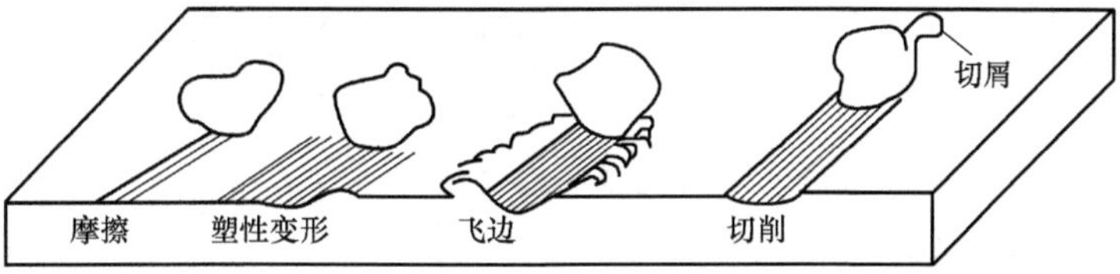

图4-8　磨粒的切削形态

1）产生摩擦。一带而过，表面仅留下一条痕迹。

2）发生塑性变形。擦出一条两边隆起的沟纹或犁出一条沟，两边翻边。

3）切下切屑。切屑形状随磨粒切削刃形状、工件材料、切削深度、切削速度而变化。

钝化的磨粒受力增大，超过自身强度则被挤碎，裸露出新的锋利刃口，高磨粒掉落使低磨粒得以参加切削。

（2）精密磨削机理。精密磨削主要是靠砂轮具有微刃性和等高性的磨粒实现的。

1）微刃的微切削作用。在精密磨削中，通过较小的修整导程和修整深度来精细地修整砂轮，使磨粒具有较好的微刃性（即磨粒产生微细的破碎，如图4-9b所示，而且形成细而多的切削刃）。用这种砂轮磨削时，同时参加切削的刃口增多，深度减小，微刃的微切削作用形成了表面粗糙度值小的表面。

2）微刃的等高切削作用。微刃是由砂轮的精细修整形成的，分布在砂轮表层的同一深度上的微刃数量多，等高性好（即细而多的切削刃具有平坦的表面），如图4-9a所示。由于加工表面的残留高度极小，因而形成了小的表面粗糙度值。

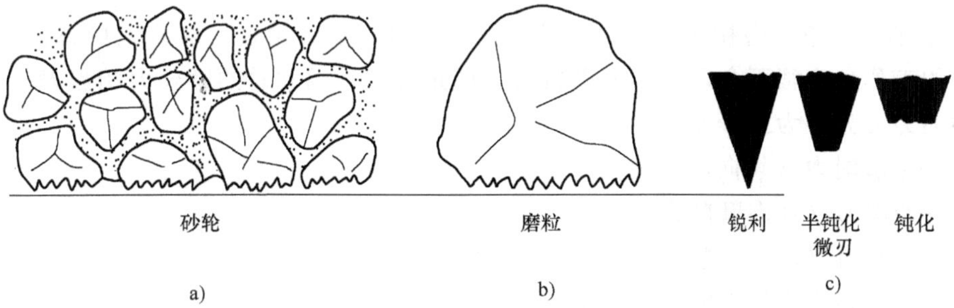

图4-9　砂轮具有微刃性和等高性

3）微刃的滑挤、摩擦、抛光作用。砂轮修整后出现的微刃切削开始比较锐利，切削作用强，随着磨削时间的增加，微刃逐渐钝化，同时等高性得到改善，如图4-9c所示。这时切削作用减弱，滑擦、挤压、抛光作用增强。磨削区的高温使金属软化，钝化微刃的滑擦和挤压作用将工件表面凸峰碾平，减小了表面粗糙度值。在同样的磨削压力下，单个微刃受的挤压作用小，刻划深度小。

4）弹性变形的作用。在磨削加工中，砂轮的切削深度虽只有1~20μm，但由于单位磨削力比较大，所以总磨削力是很大的。与通常的切削加工不同的是，由于磨削的法向分力是切向分力的2倍以上，由此而产生的弹性变形所引起的砂轮的切削深度的变化量，对于原有的微小的切削深度来说是不能忽视的。采用无火花磨削所磨削的就是该弹性变形的恢复部分，如图 4-10 所示。

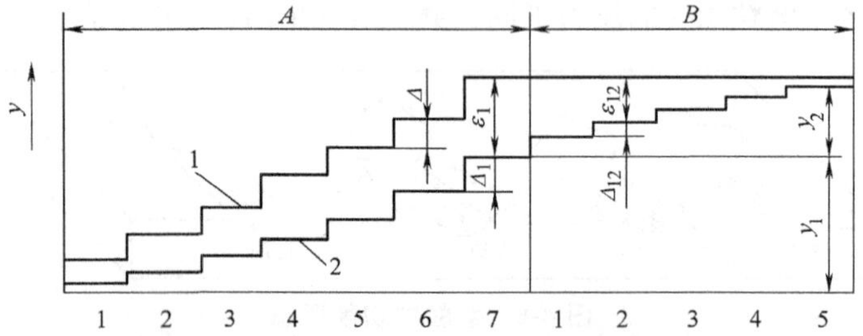

图 4-10　砂轮架移动量与工件半径减小的关系

A—砂轮架每行程均有进给期间　B—无火花磨削期间

1—砂轮架移动量　2—工件半径减小量

在磨削过程中，必须把磨床和工件当作一个弹性系统来分析。在第一次磨削加工中，由于砂轮轴、砂轮、机床主轴、尾座中心、工件等都将产生不同的弹性位移，这样工件和砂轮就会产生相对位置变化。受切削力的影响，如果增多行程次数使砂轮架不再进给，砂轮与砂轮架的切削深度就会趋于一致，如图 4-10 所示。图中，Δ——切削深度，ε——位移量，y——工件半径减小量。

又由于加工中存在着误差复映规律，说明除非反复地进行无火花磨削，否则砂轮架采用正确的进给量也不能加工出所期望的工件尺寸。因此，反复地做无火花磨削是极为重要的。

当进行无火花磨削，而且磨粒切削深度又很微小时，在切削刃磨削点上由于受工件材料的弹性变形和粘结磨粒的黏结剂的弹性变形的影响，会产生磨粒切削刃在加工面上滑移的现象，并在弹塑性的接触状态下与加工面发生摩擦作用，其切削量是极微小的，这将有利于镜面的形成。

（3）磨削力　单个磨粒切除的材料虽然很少，但一个砂轮表面层有大量磨粒同时工作，而且磨粒的工作角度很不合理，绝大多数为负前角切削，因此总的磨削力相当大。

总磨削力可分解为三个分力：

F_z——主磨削力（切向磨削力）。

F_y——切深力（径向磨削力）。

F_x——进给力（轴向磨削力）。

几种不同类型磨削加工的三向磨削分力如图 4-11 所示。

1）磨削力的主要特征。

① 单位磨削力很大。由于磨粒几何形状的随机性和参数不合理，磨削时的单位磨削力可达 70000 N/mm^2以上。

② 三向磨削分力中切深力 F_y值最大。在正常磨削条件下，F_y/F_x为 2.0~2.5。由于 F_y与砂轮轴、工件的变形与振动有关，直接影响加工精度与表面质量，故该力是十分重要的。

2）影响磨削力的因素。

① 当砂轮转速增大时，单位时间内参加切削的磨粒数量随之增多，因此每个磨粒的切削厚度减小，磨削力随之减小；当工件运动速度和轴向进给量增大时，单位时间内磨去的金属量增多，如果其他条件不变，则每个磨粒的切削厚度随之增大，从而使磨削力增大。

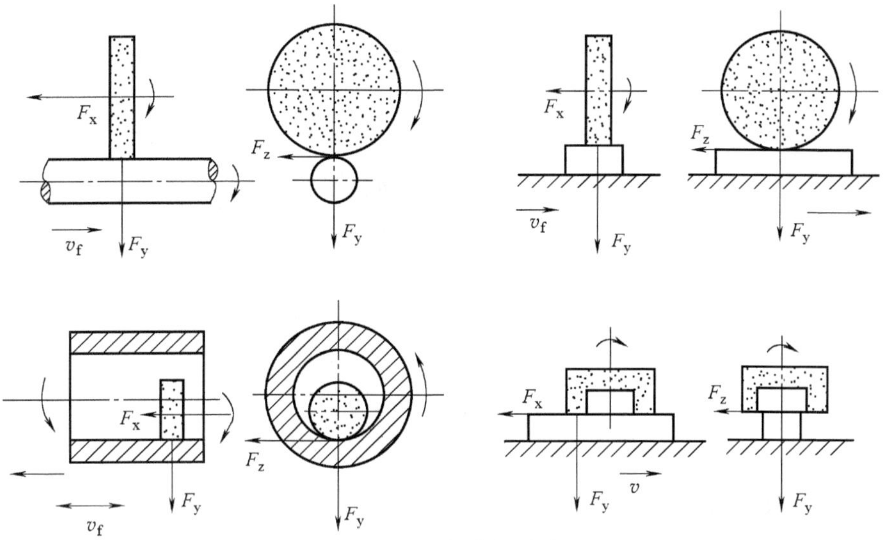

图 4-11 三向磨削分力

② 当径向进给量增大时，不仅每个磨粒的切削厚度将增大，而且使砂轮与工件的磨削接触弧长增大，同时参加磨削的磨粒数增多，因而使磨削力增大。

③ 砂轮的磨损会使磨削力增大，因此磨削力的大小在一定程度上可以反映砂轮上磨粒的磨损程度。如果磨粒的磨损用磨削时工作台的行程次数（反映了砂轮工作时间的长短）间接地表示，则随着行程次数的增多，F_y和 F_x都将增大，但 F_y增大的速率远比 F_x快。

（4）单个磨粒的切削厚度 为便于分析，可以将砂轮看成是一把多齿铣刀，现以平面磨削为例说明磨削中单个磨粒的切削厚度。图 4-12 所示为平面磨削中垂直于砂轮轴线的横剖面。当砂轮上的 A 点转到 B 点时，工件上的 C 点就移动到 B 点，这时 ABC 这层材料就被磨掉了。此时磨去的最大厚度为 BD，参加切削的磨粒数为$\overset{\frown}{AB}m$（m 为砂轮每毫米圆周上的磨粒数）。则单个磨粒的最大切削厚度为

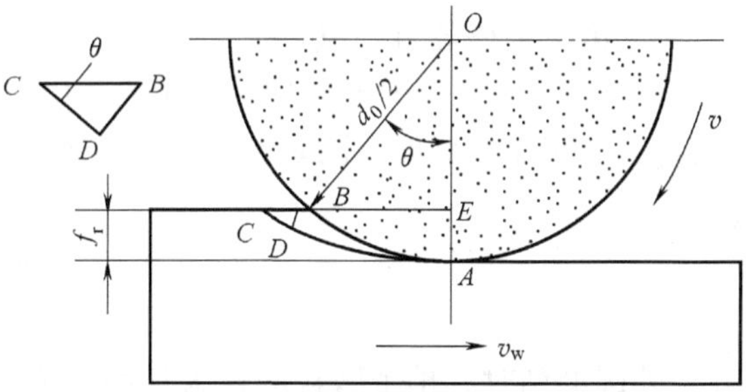

图 4-12 单个磨粒的切削厚度

$$a_{cg\,max}=\frac{BD}{\overset{\frown}{AB}m}$$

将 BCD 近似看成直角三角形，则

$$BD=BC\sin\theta$$

砂轮以速度 v 运动，从 A 点转到 B 点时所需时间为 t_m，在同样时间内工件以速度 v_w移动了 BC 距离，则

$$\overset{\frown}{AB}=vt_m$$

$$BC=v_wt_m$$

$$\frac{BC}{\overset{\frown}{AB}}=\frac{v_w}{v}$$

而

$$\cos\theta = \frac{OE}{OB} = \frac{(d_0/2-f_r)}{(d_0/2)} = \frac{(d_0-2f_r)}{d_0}$$

所以

$$\sin\theta = \sqrt{1-\cos^2\theta} = 2\sqrt{f_r/d_0-f_r^2/d_0^2}$$

通常 $d_0 \gg f_r$，故忽略 f_r^2/d_0^2，得

$$\sin\theta = 2\sqrt{f_r/d_0}$$

于是

$$a_{cg\ max} = \frac{2v_w}{vm}\sqrt{f_r/d_0} \tag{4-1}$$

式中 $a_{cg\ max}$——单个磨粒最大切削厚度（mm）；

v、v_w——砂轮、工件的运动速度（m/s）；

m——砂轮每毫米圆周上的磨粒数（mm^{-1}）；

f_r——径向进给量（mm）；

d_0——砂轮直径（mm）。

如果考虑砂轮宽度 B 和轴向进给量 f_a 的影响：由于有 f_a，使投入磨削的金属量增加，故 f_a 与 $a_{cg\ max}$ 成正比。B 大时，同时参加工作的磨粒数增多，故 B 与 $a_{cg\ max}$ 成反比。将式（4-1）改写为

$$a_{cg\ max} = \frac{2v_w f_a}{vmB}\sqrt{f_r/d_0}$$

同理，外圆磨削时，单个磨粒的最大切削厚度为

$$a_{cg\ max} = \frac{2v_w f_a}{vmB}\sqrt{f_r/d_0+f_r/d_w} \tag{4-2}$$

式中 f_a——轴向进给量（mm/r）；

d_w——工件直径（mm）。

上述公式是在假定磨粒均匀分布的前提下得到的，然而磨粒在砂轮表面上的分布极不规则，每个磨粒的切削厚度相差很大，但从式（4-2）可以定性地分析各因素对磨粒切削厚度的影响。

磨粒切削厚度加大时，作用在磨粒上的切削力也增大，同时将影响砂轮磨损、磨削温度及表面质量等。

2. 精密磨削加工的磨削液

（1）磨削温度概念及影响因素　磨削时由于磨削速度很高，而且切除单位体积金属所消耗的能量也高（为车削时的 10~20 倍），因此磨削温度很高。为了明确磨削温度的含义，把磨

削温度区分为砂轮磨削区温度 θ_A 和磨粒磨削点温度 θ_{dot}，如图 4-13 所示。两者是不能混淆的，如磨粒磨削点温度 θ_{dot} 瞬时可达 800～1200℃，而砂轮磨削区温度 θ_A 只有几百摄氏度。虽然有切削热传入工件，但工件温度上升却不到几十摄氏度。但工件的温升将影响工件的尺寸、形状精度。磨粒磨削点温度 θ_{dot} 不但影响加工表面质量，而且与磨粒的磨损等关系密切。磨削区温度 θ_A 与磨削表面烧伤和裂纹的出现密切相关。

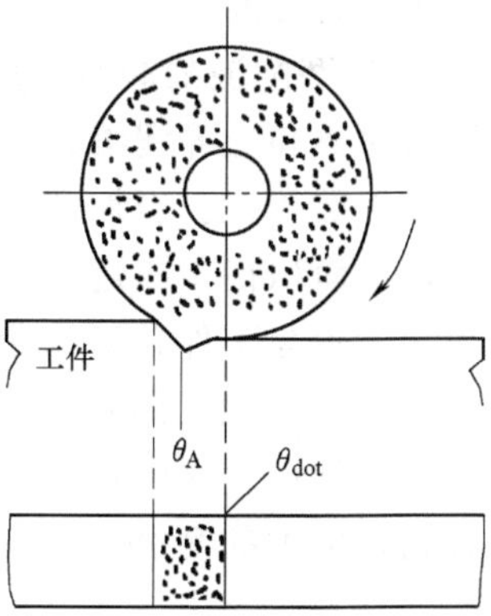

图 4-13　砂轮磨削区温度 θ_A 和磨粒磨削点温度 θ_{dot}

影响磨削温度的主要因素如下：

1）砂轮运动速度 v。砂轮运动速度增大，单位时间内的工作磨粒数将增多，单个磨粒的切削厚度变小，挤压和摩擦作用加剧，滑擦显著增多，还会使磨粒在工件表面上的滑擦次数增多，所有这些都将促使磨削温度升高。

2）工件运动速度 v_w。工件运动速度增大就是热源移动速度增大，工件表面温度可能有所降低但不明显。这是由于工件运动速度增大后，增大了金属切除量，从而增加了发热量。因此，为了更好地降低磨削温度，应该在提高工件运动速度的同时，适当地降低径向进给量，使单位时间内的金属切除量保持为常值或略有增加。

3）径向进给量 f_r。径向进给量的增大，将导致磨削过程中磨削变形力和摩擦力的增大和磨削温度的升高。

4）工件材料。金属的导热性越差，则磨削区的温度越高。对钢来说，含碳量高则导热性差。铬、镍、铝、硅、锰等元素的加入会使导热性显著变差。合金的金相组织不同，导热性也不同，按奥氏体、淬火和回火马氏体、珠光体的顺序变化。磨削冲击韧性和强度高的材料，磨削区温度也比较高。

5）砂轮硬度与粒度。用软砂轮磨削时的磨削温度低：反之则磨削温度高。由于软砂轮的自锐性强，砂轮工作表面上的磨粒经常处于锐利状态，减少了由于摩擦和弹性、塑性变形而消耗的能量，所以磨削温度较低。砂轮的粒度粗时磨削温度低，其原因在于砂轮粒度粗则砂轮工作表面上单位面积的磨粒少，在其他条件均相同的情况下，与细粒度的砂轮相比，与工件接触面的有效面积较小，并且单位时间内与工件加工表面摩擦的磨粒少，有助于磨削温度的降低。

（2）磨削液及其使用　在磨削过程中，合理使用磨削液可降低磨削温度并减少磨削力，减少工件的热变形，减小已加工表面的表面粗糙度值，改善磨削表面质量，提高磨削效率，延长砂轮寿命。

1）磨削液的作用。磨削液的基本性能有润滑性能、冷却性能和清洗性能，根据不同情况的要求还有渗透性、防锈性、防腐性、消泡性、防火性、切削性和极压性等。

极压性是指磨削液与金属表面起作用，形成一层牢固的润滑膜，在磨削区域的高压下有良好的润滑和抗黏着性能。

① 磨削液的冷却作用。磨削液的冷却作用主要指靠热传导带走大量的切削热，从而降低磨削温度，延长砂轮的寿命，减少工件的热变形，提高加工精度。在磨削运动速度快、材料导热性差、线胀系数较大的工件的情况下，磨削液的冷却作用尤显重要。

磨削液的冷却性能取决于它的热导率、比热容、汽化热、汽化速度、流量、流速等。水溶液的热导率、比热容比油类大得多，故水溶液的冷却性能要比油类好，乳化液的冷却性能介于两者之间。

② 磨削液的润滑作用。切削金属时切屑、工件与砂轮界面的摩擦可分为干摩擦、流体润滑摩擦和边界润滑摩擦三类。如果不用磨削液，则形成工件与砂轮接触的干摩擦，此时的摩擦因数较大；当加磨削液后，切屑、工件、砂轮之间形成完全的润滑油膜，砂轮与工件直接接触面积很小或近于零，则成为流体润滑；流体润滑时摩擦因数很小，但在很多情况下，由于砂轮与工件界面承受压力很高的载荷，温度也较高，流体油膜大部分被破坏，造成部分金属直接接触（图 4-14），由于润滑液的渗透和吸附作用，润滑液的吸附膜起到了降低摩擦因数的作用，这种状态为边界润滑。边界润滑时的摩擦因数大于流体润滑，但小于干摩擦。金属切削中的润滑大多属于边界润滑状态。

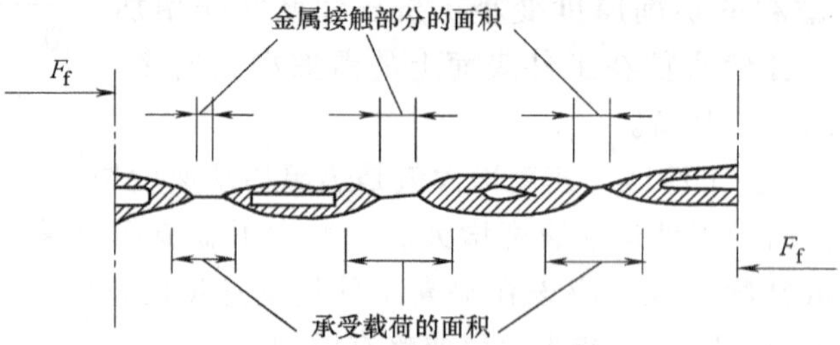

图 4-14　金属间的边界润滑

磨削液的润滑性能与其渗透性以及形成吸附膜的牢固程度有关。在磨削液中添加含硫、氯等元素的极压添加剂后，会在金属表面起化学反应，生成化学膜，它可以在高温（400~800℃）下使边界润滑层保持较好的润滑性能。

③ 磨削液的清洗作用。磨削液具有冲刷磨削中产生的磨粉的作用。其清洗性能的好坏与切削液的渗透性、流动性和使用压力有关。磨削液的清洗作用对于精密磨削加工和自动线加工十分重要，而深孔加工时，要利用高压磨削液来进行排屑。

④ 磨削液的防锈作用。磨削液应具有一定的防锈作用，以减少工件、机床的腐蚀。防锈作用的好坏，取决于磨削液本身的性能和加入的防锈添加剂的性质。

2）磨削液的添加剂　为了改善磨削液性能所加入的化学物质称为添加剂，主要有油性添加剂、极压添加剂、表面活性剂等。

① 油性添加剂。油性添加剂含有极性分子，能与金属表面形成牢固的吸附膜，主要起润滑作用。但这种吸附膜只能在较低温度下起较好的润滑作用，故多用于低速精加工的情况。油性添加剂有动植物油（如大豆油、菜籽油、猪油等）、脂肪酸、胶类、醇类和脂类。

② 极压添加剂。常见的极压添加剂是含硫、磷、氯、碘等的有机化合物，这些化合物在高温下与金属表面起化学反应，形成化学润滑膜。极压添加剂的物理吸附膜能耐较高的温度。

用硫可直接配制成硫化磨削油，或在矿物油中加入含硫的添加剂，如硫化动植物油、硫化烯烃等配制成含硫的极压磨削油。这种含硫极压磨削油使用时与金属表面化合，形成的硫化铁膜在高温下不易被破坏，加工钢类零件时在 1000℃ 左右仍能保持其润滑性能，但其摩擦因数比氧化铁大。

含氯的极压添加剂有氯化石蜡（氯的质量分数为 40%~50%）、氯化脂肪酸等。它们与金属表面起化学反应生成氯化亚铁、氯化铁和氯化铁薄膜。这些化合物的剪切强度和摩擦因数小，但在 300~400℃ 时易被破坏，遇水易分解成氢氧化铁和盐酸，失去润滑作用，同时对金属有腐蚀作用，必须与防锈添加剂一起使用。

含磷的极压添加剂与金属表面作用生成磷酸铁膜，其摩擦因数小。

为了得到良好的磨削液，按实际需要常在一种磨削液中加入几种极压添加剂。

③ 表面活性剂。乳化剂是一种表面活性剂。它是使矿物油和水乳化，形成稳定乳化液的添加剂。表面活性剂是一种有机化合物，它的分子由极性基团和非极性基团两部分组成。前者亲水，可溶于水；后者亲油且溶于油。油与水本来是互不相溶的，加入表面活性剂后，表面活性剂能定向地排列并吸附在油水两极界面上，极性端向水、非极性端向油，把油和水连接起来，降低油水的界面张力，使油以微小的颗粒稳定地分散在水中，形成稳定的水包油乳化液，如图 4-15 所示。

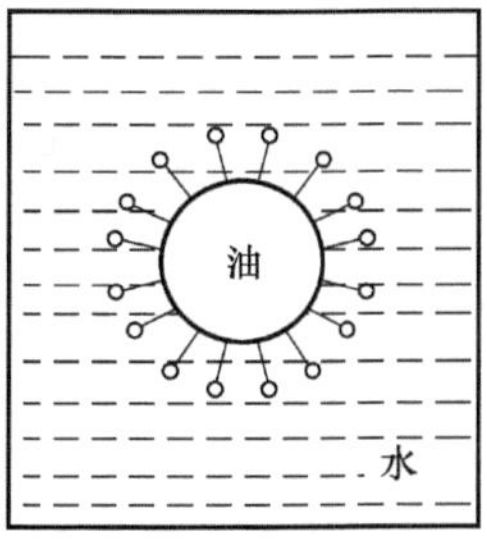

图 4-15 水包油乳化液示意图

表面活性剂在乳化液中除了起乳化作用外，还能吸附在金属表面上形成润滑膜，起润滑作用。表面活性剂的种类很多，配制乳化液时，应用最广泛的是阴离子型和非离子型。前者如石油磺酸钠、油酸钠皂等，其乳化性能好，并有一定的清洗和润滑性能；后者如聚氯乙烯、脂肪、醇、醚等，它们不怕硬水，也不受 pH 值的限制。

性能良好的乳化液往往使用几种表面活性剂，有时还加入适量的乳化稳定剂，如乙醇、正丁醇等。

④ 其他添加剂。其他添加剂有防锈添加剂（如亚硝酸钠、石油磺酸钠等）、抗泡沫添加剂（如二甲基硅油）和防霉添加剂（如苯酚等）。根据实际需要，综合使用几种添加剂，可制备效果良好的磨削液。

3）磨削液的分类与使用。

① 磨削液的分类。最常用的磨削液，一般分为非水溶性磨削液和水溶性磨削液两大类。

非水溶性磨削液主要指磨削油，其中有各种矿物油（如机械油、轻柴油、煤油等）、动植物油（如大豆油、猪油等）和加入油性、极压添加剂的混合油，主要起润滑作用。

水溶性磨削液主要有水溶液和乳化液。水溶液的主要成分为水并加入防锈剂，也可以加入一定量的表面活性剂和油性添加剂。乳化液是由矿物油、乳化剂及其他添加剂配制的乳化油和 95%~98%的水稀释而成的乳白色磨削液。水溶性磨削液有良好的冷却作用和清洗作用。

离子型磨削液是水溶性磨削液中的一种新型磨削液，其母液是由阴离子型、非离子型表面活性剂和无机盐配制而成的。它在水溶液中能离解成各种强度的离子。磨削时，由强烈摩擦所产生的静电荷可由这些离子反应迅速消除，以降低磨削温度，提高加工精度，改善表面质量。

② 磨削液的选用。磨削的特点是温度高、工件易烧伤，同时产生大量的细屑、砂末，会划伤已加工表面，因而磨削时使用的磨削液应具有良好的冷却、清洗作用，并有一定的润滑性能和防锈作用。一般常用乳化液和离子型磨削液。

在磨削加工难加工材料时均处于高温高压边界润滑状态，因此宜选用极压磨削油或极压乳化液。

③ 磨削液的使用方法。普通的使用方法是浇注法，但流速慢、压力低，难于直接渗透到最高温度区，影响使用效果。

喷雾冷却法是以 0.3~0.6MPa 的压缩空气，通过图 4-16 所示的喷雾装置使磨削液雾化，从直径 1.5~3mm 的喷嘴高速喷射到磨削区，高速气流带着雾化成微小液滴的磨削液渗透到磨削区，在高温下迅速汽化，吸收大量的热，从而获得良好的冷却效果。

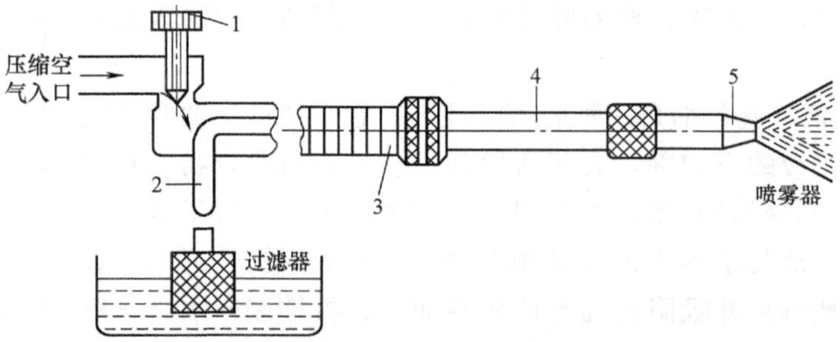

图 4-16　喷雾冷却装置

1—调节螺钉　2—虹吸管　3—软管　4—调节杆　5—喷嘴

3. 精密磨削加工的质量及控制

为了获得尺寸精度、形状精度及表面质量等都十分优良的机械零件，从毛坯开始就进行一系列复杂的机械加工过程。磨削加工一般安排在终加工阶段。如前所述，磨削加工可使金属零件获得 $Ra \leqslant 1.25\mu m$ 的表面粗糙度值和≤IT5 级的尺寸精度。磨削质量可从以下几方面来讨论。

1）加工表面的几何特征，如表面粗糙度、加工表面缺陷。

2）加工表面层材料的性能，如反映表面层的塑性变形与加工硬化、表面层的残余应力及表面层的金相组织变化等方面的力学性能及一些特殊性能。

（1）磨削加工后的表面粗糙度值

1）几何因素的影响。磨削表面是由砂轮上大量的磨粒刻划出的大量极细的沟槽形成的。单纯从几何因素考虑，可以认为在单位面积上刻痕越多，即通过单位面积的磨粒越多，刻痕的等高性越好，则磨削表面的表面粗糙度值越小。

① 磨削用量对表面粗糙度值的影响。砂轮的运动速度越快，单位时间内通过被磨表面的磨粒就越多，因而工件表面的表面粗糙度值就越小；工件运动速度对表面粗糙度值的影响恰好与砂轮运动速度的影响相反，增大工件运动速度时，单位时间内通过被磨表面的磨粒减少，表面粗糙度值将增大；砂轮的纵向进给量减小，工件表面的每个部位被砂轮重复磨削的次数增加，被磨削表面的表面粗糙度值将减小。

② 砂轮粒度对表面粗糙度值的影响。砂轮的粒度不仅表示磨粒的大小，而且还表示磨粒之间的距离，见表 4-3。磨削金属时，参与磨削的每一颗磨粒都会在加工表面上刻出与它的大小和形状相同的一道沟槽。在相同的磨削条件下，砂轮的粒度号越大，参加磨削的磨粒越多，工件表面粗糙度值就越小。

表 4-3　磨粒和磨粒间的距离

砂轮粒度	磨粒的尺寸范围/μm	磨粒间的平均距离/mm
F36	500~600	0.47
F46	355~425	0.369
F60	250~300	0.255
F80	180~212	0.228

③ 砂轮修整对表面粗糙度值的影响。修整砂轮的纵向进给量对磨削表面的表面粗糙度值影响很大。用金刚石修整砂轮时，金刚石在砂轮外缘上打出一道螺旋槽，其螺距等于砂轮转一转时金刚石笔在纵向的移动量，砂轮表面的不平整情况在磨削时将被复印到被加工表面上。修整砂轮时，金刚石笔的纵向进给量越小，砂轮表面磨粒的等高性越好，被磨工件的表面粗糙度值就越小。小表面粗糙度值磨削的实践表明，修整砂轮时，砂轮转一转金刚石笔的纵向进给量如能减少到0.01mm，磨削表面粗糙度值 Ra 就可达0.11~0.2μm。

2）物理因素的影响——表面层金属的塑性变形。砂轮磨削时的速度远比一般切削加工的速度高，且磨粒大多为负前角，磨削比压大，磨削区温度很高，工件表层温度有时可达900℃，工件表层金属容易产生相变而烧伤。因此，磨削过程的塑性变形要比一般切削过程大得多。

由于塑性变形的缘故，被磨表面在力因素和热因素的综合作用下，表层金属的晶粒在横向上被拉长了，有时还产生细微的裂口和局部的金属堆积现象。影响磨削表层金属塑性变形的因素，往往是影响表面粗糙度值的决定因素。

① 磨削用量。砂轮运动速度越快，就越有可能使表层金属塑性变形的传播速度大于切削速度，工件材料来不及变形，致使表层金属的塑性变形减小，磨削表面的表面粗糙度值将明显减小。

工件运动速度增加，塑性变形增加，表面粗糙度值将增大。

磨削深度对表层金属塑性变形的影响很大。增大磨削深度，塑性变形将随之增大，被磨削表面的表面粗糙度值会增大。

② 砂轮。砂轮的粒度、硬度、组织和材料的选择不同，都会对被磨削工件表层金属的塑性变形产生影响，进而影响表面粗糙度值。

单纯从几何因素考虑，砂轮粒度越细，磨削的表面粗糙度值越小。但磨粒太细时，不仅砂轮易被磨屑堵塞，若导热情况不好，还会在加工表面产生烧伤等现象，使表面粗糙度值增大。因此，砂轮粒度常取F46~F60。

砂轮选得太硬，磨粒不易脱落，磨钝了的磨粒不能及时被新磨粒所替代，从而使表面粗糙度值增大；砂轮选得太软，磨粒容易脱落，磨削作用减弱，但会使表面粗糙度值增大。通常选中软砂轮。

紧密组织中的磨粒比气孔小，在成形磨削和精密磨削时，能获得高精度和较小的表面粗糙度值。疏松组织的砂轮不易堵塞，适于磨削软金属、非金属软材料和热敏材料（磁钢、不锈钢、耐热钢等），可获得较小的表面粗糙度值。一般情况下，应选用中等组织的砂轮。

砂轮材料选择适当，可获得满意的表面粗糙度值。氧化物（刚玉）砂轮适用于磨削钢类零件；碳化物（碳化硅、碳化硼）砂轮适于磨削铸铁、硬质合金等材料；用高硬磨料（人造金刚石、立方氮化硼等）砂轮磨削，可获得极小的表面粗糙度值，但加工成本很高。

此外，磨削液的作用十分重要。对于磨削加工来说，由于磨削温度很高，热因素的影响往往占主导地位，因此必须采取切实可行的措施，将磨削液送入磨削区。

（2）磨削加工后的表面层金属力学物理性能　由于受到磨削力和磨削热的作用，表面金属层的力学物理性能会产生很大变化，最主要的变化是表层金属显微硬度的变化、金相组织的变化和在表层金属中产生残余应力。

1）加工表面层的冷作硬化。机械加工过程中产生的塑性变形，使晶格扭曲、畸变，晶粒间产生滑移，晶粒被拉长，这些都会使表面层金属的硬度增加，统称为冷作硬化或强化。

表层金属冷作硬化的结果会增大金属变形的阻力，减小金属的塑性，金属的物理性质（如密度、导电性、导热性等）也有所变化。

金属冷作硬化的结果使金属处于高能位不稳定状态，只要一有条件，金属的冷硬结构便本能地向比较稳定的结构转化，这些现象统称为弱化。机械加工过程中产生的切削热将使金属在塑性变形中产生的冷硬现象得到恢复。由于金属在机械加工过程中同时受到力和热的作用，机械加工后表面层金属的最后性质取决于强化和弱化两个过程的综合。

① 评定冷作硬化的指标有下列三项：

表层金属的显微硬度 HV；

硬化层深度 h（μm）；

硬化程度 N。且有

$$N=\frac{HV-HV_0}{HV_0}\times100\%$$

式中　HV_0——工件内部金属原来的显微硬度。

② 影响磨削加工表面冷作硬化的因素有下列几项。

a. 工件材料性能的影响。分析工件材料对磨削表面冷作硬化的影响，可以从材料的塑性和导热性两个方面着手。磨削高碳工具钢 T8，加工表面冷作硬化程度平均可达 60%～65%，个别可达 100%；而磨削纯铁时，加工表面冷作硬化程度可达 75%～80%，有时可达 140%～150%。其原因是纯铁的塑性好，磨削时的塑性变形大，强化倾向大。此外，纯铁的导热性比高碳工具钢好，热量不容易集中于表面，热化倾向小。

b. 磨削用量的选择。加大磨削深度，磨削力随之增大，磨削过程的塑性变形加剧，表面冷作硬化倾向增大。

加大纵向进给速度，每颗磨粒的切削厚度随之增大，磨削力加大，冷作硬化倾向增大。但提高纵向进给速度，有时又会使磨削区产生较多的热量而使冷作硬化倾向减弱。加工表面的冷作硬化状况要综合考虑上述两种因素的作用。

提高工件转速，会缩短砂轮对工件热作用的时间，使软化倾向减弱，因而表面层的冷作硬化程度增大。

提高磨削速度，每颗磨粒切除的切屑厚度变小，减弱了塑性变形程度，磨削区的温度增高，弱化倾向增大。所以，高速磨削时加工表面的冷作硬化程度总比普通磨削时低。

c. 砂轮粒度的影响。砂轮的粒度越大、每颗磨粒承受的载荷越小，冷作硬化程度也越小。

③ 冷作硬化的测量。冷作硬化的测量主要是指表面层的显微硬度 HV 和硬化层深度 h 的测量。硬化程度 N 可通过公式由表面层的显微硬度 HV 和工件内部金属原来的显微硬度 HV_0 计算求得。

表面层显微硬度 HV 的常用测定方法是用显微硬度计来测量，它的测量原理与维氏硬度计相同，都是采用顶角为 136°的金刚石压头在试件表面上打印痕，根据印痕的大小确定硬度值，所不同的只是显微硬度计所加的载荷很小，一般都在 2N 以内（维氏硬度计所加的载荷为 50～1200N），印痕极小。

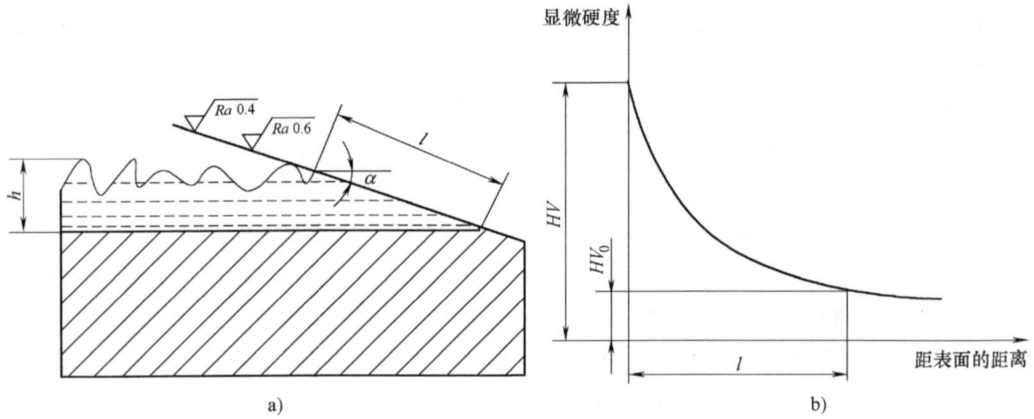

图 4-17　在斜截面上测量显微硬度

加工表面冷作硬化层很薄时，可在斜截面上测量显微硬度。对于平面试件可按图 4-17a 所示磨出斜截面，然后逐点测量其显微硬度，并将测量结果绘制成如图 4-17b 所示的图形。斜切角 α 常取为 0°30′～2°30′。

采用斜截面测量法，不仅可测量显微硬度，还能较准确地测量出硬化层深度 h。由图 4-17a可知

$$h = l\sin\alpha + Rz$$

2）表层金属的金相组织变化。在机械加工过程中，工件的加工区及其邻近的区域温度会急剧升高。当温度升高到超过工件材料金相组织变化的临界点时，就会发生金相组织变化。在磨削加工中，磨削速度特别高，切除金属的功率也很大，加工中所消耗能量的绝大部分要转化为热量。这些热量中的大部分（约 80%）将传给被加工表面，使工件表面具有很高的温度。对于已淬火的钢件，很高的磨削温度往往会使表面层金属的金相组织产生变化，使表层金属硬度下降，工件表面呈现氧化膜颜色，这种现象称为磨削烧伤。磨削加工是一种典型的容易产生加工表面金相组织变化的加工方法，在磨削加工中若出现磨削烧伤现象，将会严重影响零件的使用性能。

磨削淬火钢时，在工件表面层形成的瞬时高温将使表层金属产生以下三种金相组织变化。

① 如果磨削区的温度未超过淬火钢的相变温度（碳钢的相变温度为 720℃），但已超过马氏体的转变温度（中碳钢为 300℃），工件表层金属的马氏体将转化为硬度较低的回火组织（索氏体或托氏体），称为回火烧伤。

② 如果磨削区温度超过了相变温度，再加上磨削液的急冷作用，表层金属会出现二次淬火马氏体组织，硬度比原来的回火马氏体高；在它的下层因冷却较慢，出现了硬度比原来的回火马氏体低的回火组织（索氏体或马氏体），这称为淬火烧伤。

③ 如果磨削区温度超过了相变温度而磨削过程中又没有磨削液，表层金属将产生退火组织，硬度将急剧下降，这称为退火烧伤。

改善磨削烧伤的工艺途径有以下三种。

① 正确选择砂轮。磨削导热性差的材料容易产生烧伤现象，应特别注意合理选择砂轮的硬度、结合剂和组织。硬度太高的砂轮，钝化后不易脱落，容易产生烧伤。为避免产生烧伤，应选择较软的砂轮。选择具有一定弹性的结合剂（如橡胶、树脂结合剂）也有助于避免烧伤现象的产生。此外，为了减少砂轮与工件之间的摩擦热，在砂轮的孔隙内浸入石蜡之类的润滑物质，对降低磨削区的温度，防止工件烧伤也有一定的效果。

② 合理选择磨削用量。现以平面磨削为例来分析磨削用量对烧伤的影响。

磨削深度 a_p对磨削温度影响极大。从减轻烧伤的角度考虑，a_p不宜过大。

加大横向进给量f_t对减轻烧伤有好处，为了减轻烧伤，宜选用较大的f_t。

加大工件的回转速度 v_w，磨削表面的温度升高，但其增长速度与磨削深度 a_p的影响相比小得多，且工件回转速度 v_w越大，热量越不容易传入工件内层，具有减小烧伤层深度的作用。但增大工件回转速度 v_w会使表面粗糙度值增大。为了弥补这一缺陷，可以相应提高砂轮运动速度 v。实践证明，同时提高砂轮运动速度 v 和工件回转速度 v_w，可以避免磨削烧伤。

从减轻烧伤同时又尽可能保持较高的生产率方面考虑，在选择磨削用量时，应选用较大的工件回转速度 v_w 和较小的磨削深度 a_p。

③ 改善冷却条件。磨削时磨削液若能直接进入磨削区，对磨削区进行充分冷却，将有效地防止烧伤现象的产生。因为水的比热容和汽化热都很高，在室温条件下 1mL 水变成 100℃以上的水蒸气至少能带走 2512J 的热量；而磨削区热源每秒的发热量在一般磨削用量下都在 4187J 以下。据此可推测，只要设法保证在每秒内确有 2mL 的冷却水进入磨削区，将大量的热量带走，就可以避免产生烧伤。

3）表面金属的残余应力。机械加工时，在加工表面的金属层内有塑性变形产生，使表层金属的比热容增大。不同的金相组织具有不同的密度，也就会具有不同的比热容。在磨削淬火钢时，因磨削热有可能使表层金属产生回火烧伤，工件表层金属组织将由马氏体转变为接近珠光体的托氏体或索氏体，表层金属密度增大，比热容减小。表层金属由于相变而产生的收缩受到基体金属的阻碍，因而在表层金属产生拉伸残余应力，里层金属则产生与之相平衡的压缩残余应力。如果磨削时表层金属的温度超过相变温度且冷却又很充分，表层金属将因急冷形成淬火马氏体，密度减小、比热容增大，因此使表面金属产生压缩残余应力，而里层金属则产生拉伸残余应力。

磨削加工中，塑性变形严重且热量大，工件表面温度高，热作用和塑性变形对磨削表面残余应力的影响都很大。在一般磨削过程中，若热起主导作用，工件表面将产生拉伸残余应力；若塑性变形起主导作用，工件表面将产生压缩残余应力。

当工件表面温度超过相变温度且又冷却充分时，工件表面出现淬火烧伤，此时金相组织变化因素起主要作用，工件表面将产生拉伸残余应力；在精细磨削时，塑性变形起主导作用，工件表层金属产生压缩残余应力。影响磨削残余应力的工艺因素有以下几点。

① 磨削用量的影响。磨削深度 a_p对表面层残余应力的性质、数值有很大影响。图 4-18 所示为磨削工业纯铁时磨削深度对残余应力的影响。当磨削深度很小时，塑性变形起主要作用，因此磨削表面形成压缩残余应力。继续增大磨削深度，塑性变形加剧，磨削热随之增多，热的作用逐渐占主导地位，在表层产生拉伸残余应力。随着磨削深度的增大，拉伸残余应力的数值将逐渐增大。当 a_p>0. 025mm 时，尽管磨削温度很高，但因工业纯铁中碳的质量

分数极小，不可能出现淬火现象，此时塑性变形因素逐渐起主导作用，表层金属的拉伸残余应力数值逐渐减小。当 a_p取值很大时，表层金属呈现压缩残余应力状态。

提高砂轮运动速度，磨削区温度增高，而每颗磨粒所切除的金属厚度减小，此时热的作用增大，塑性变形的影响减小，因此提高砂轮运动速度将使表面金属产生拉伸残余应力的倾向增大。图 4-18 中给出了高速磨削和普通磨削的实验结果对比。

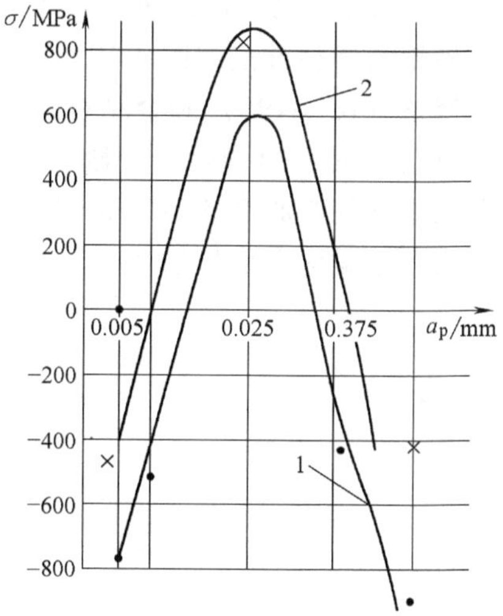

图 4-18 磨削深度对残余应力的影响

1—普通磨削 2—高速磨削

加大工件的回转速度和进给速度，将使砂轮与工件热作用的时间缩短，热的影响将逐渐减小，塑性变形的影响逐渐加大。这样，表层金属中产生拉伸残余应力的趋势逐渐减小，而产生压缩残余应力的趋势逐渐增大。

② 工件材料的影响。一般来说，工件材料的强度越高、导热性越差、塑性越低，在磨削时表面金属产生拉伸残余应力的倾向就越大。碳素工具钢 T8 比工业纯铁强度高，材料的变形阻力大，磨削时发热量也大，且 T8 钢的导热性比工业纯铁差，磨削热容易集中在表面金属层，再加上 T8 钢的塑性低于工业纯铁，因此磨削碳素工具钢 T8 时，热作用比磨削工业纯铁明显，表层金属产生拉伸残余应力的倾向比磨削工业纯铁大。

4. 精密磨削砂轮

（1）精密磨削时砂轮的选择 影响磨削性能的因素主要是砂轮的磨料、粒度和结合剂。精密磨削的砂轮组织见表 4-4。

表 4-4 精密磨削的砂轮组织

<table>
<tr><th colspan="6">砂轮</th><th rowspan="2">被加工材料</th></tr>
<tr><th>磨料</th><th colspan="2">粒度</th><th>结合剂</th><th>组织</th><th>硬度</th></tr>
<tr><td>白刚玉(WA)</td><td rowspan="3">F60~F80</td><td rowspan="3">F240~F800</td><td rowspan="3">树脂(B)
陶瓷(V)
橡胶(R)</td><td rowspan="3">密
分布均匀
气孔窄小</td><td rowspan="3">中软(K、L)
软(H、J)</td><td>淬火钢、15Cr、40Cr、9Mn2V、铸铁</td></tr>
<tr><td>铬刚玉(PA)
棕刚玉(A)</td><td>工具钢、38CrMoAl</td></tr>
<tr><td>绿碳化硅(GC)</td><td>非铁金属材料</td></tr>
</table>

1）砂轮磨料。精密磨削时所用砂轮的磨料以易于产生和保持微刃及其等高性为原则。如磨削钢件及铸铁件，以采用刚玉磨料为宜，因为刚玉磨料韧性较高，能保持微刃性和等高性。而碳化硅磨料韧性差，颗粒呈针片状，修整时难以形成等高性好的微刃，磨削时微刃易产生细微碎裂，不易保持微刃性和等高性，主要应用于非铁金属材料的加工。

2）砂轮粒度。粗粒度砂轮经过精细修整形成微刃，以微切削作用为主；细粒度砂轮经过精细修整形成半钝态微刃，摩擦抛光作用比较显著。

3）砂轮结合剂。粗粒度砂轮可用陶瓷结合剂。金属类、陶瓷类结合剂是目前超精密加工领域中研究的重要方面。

（2）精密磨削加工时砂轮的修整　砂轮的修整是影响精密磨削加工质量的关键因素之一。砂轮的修整方法如图 4-19 所示，有单粒金刚石修整（图 4-19a）、金刚石粉末烧结型修整器修整（图 4-19b）和金刚石超声波修整（图 4-19c）等。金刚石修整时砂轮与修整器的相对位置如图 4-20 所示。金刚石修整器的位置与砂轮磨削时的工件位置相对应，修整器安装在低于砂轮中心 0.5~1.5mm 处，并向右上倾斜 10°~15°，以减小受力。金刚石超声波修整分为点接触法和面接触法。

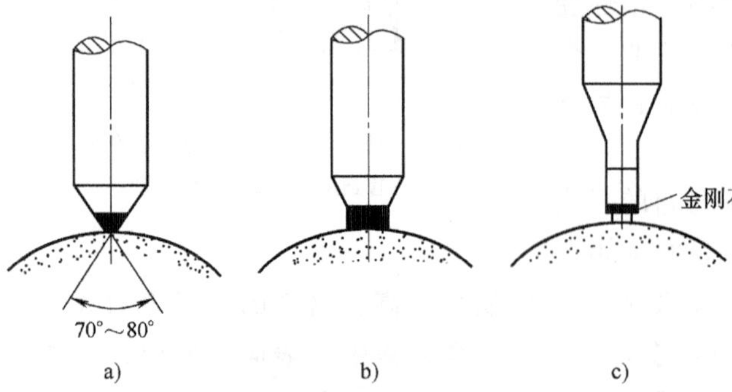

图 4-19　精密磨削加工时砂轮的修整方法

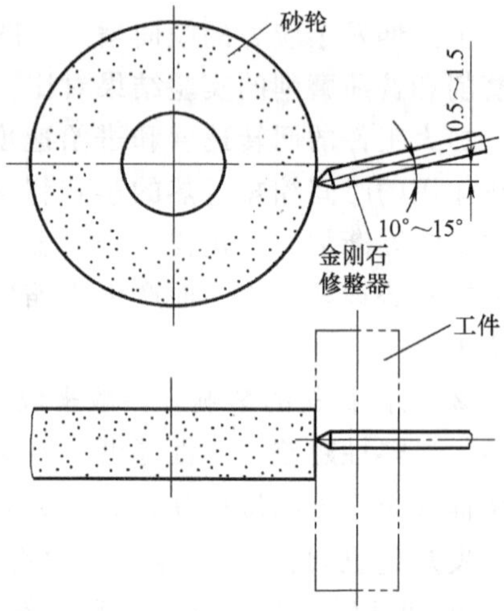

图 4-20　金刚石修整时砂轮与修整器的相对位置

砂轮的修整用量有修整导程、修整深度、修整次数和光修次数。修整导程一般为 10~15mm/min；修整深度为 2.5μm/单行程；修整次数一般分为初修与精修，精修一般为 2~3 次单行程；光修为无修整深度修整，一般为 1 次单行程，主要是为了去除砂轮表面个别突出微刃，使砂轮表面更加平整。

5. 精密磨削加工参数

精密磨削加工时的磨削用量见表 4-5。

表 4-5　精密磨削加工时的磨削用量

砂轮线速度	工件线速度	工件纵向进给量	工件横向进给量	进给次数	光磨
15~30m/s	6~12m/min	0.06~0.5mm/r	0.6~2.5μm（单行程）	2~3 次（单行程）	5~8 次（粒度 F60~F80） 10~25 次（粒度 F230~F800）

砂轮线速度过高，切削作用增强，摩擦抛光作用减弱，对表面质量不利。同时，机床易产生振动，磨削热增加，会烧伤加工表面，产生波纹、螺旋形等缺陷。

工件线速度过高，机床易产生振动，加工表面产生波纹；工件线速度过低，易产生烧伤和螺旋形等缺陷。砂轮线速度与工件线速度的比值取 120~150。

工件纵向进给量过大，会使表面粗糙度值增大，产生烧伤、螺旋形、多角形等缺陷。

工件横向进给量不能超过微刃的高度。

磨削余量一般为 2~5μm。

4.2.2　超精密磨削加工

超精密磨削加工是指加工精度达到亚微米级或纳米级、加工表面粗糙度值 Ra 达到 0.01~0.02μm 的磨削方法。它与被加工材料、砂轮及其修整、超精密磨床、工件的定位夹紧、检测及误差补偿、工作环境、操作水平等有关。超精密磨削加工必须有一个高稳定性的工艺系统（对力、热、振动、材料组织、工作环境的温度和净化等都有稳定性的要求，并有较强的抗击来自系统内外的各种干扰的能力）。

1. 超精密磨削加工机理

超精密磨削加工机理可通过单颗粒的磨削加工过程加以说明。单颗粒磨削的切入模型如图 4-21 所示，设磨粒以切削速度 v、切入角 α 切入平面状工件，理想磨削轨迹是从接触始点开始至接触终点结束。但由于磨削系统存在一定的弹性，实际磨削轨迹与理想磨削轨迹发生了偏离。

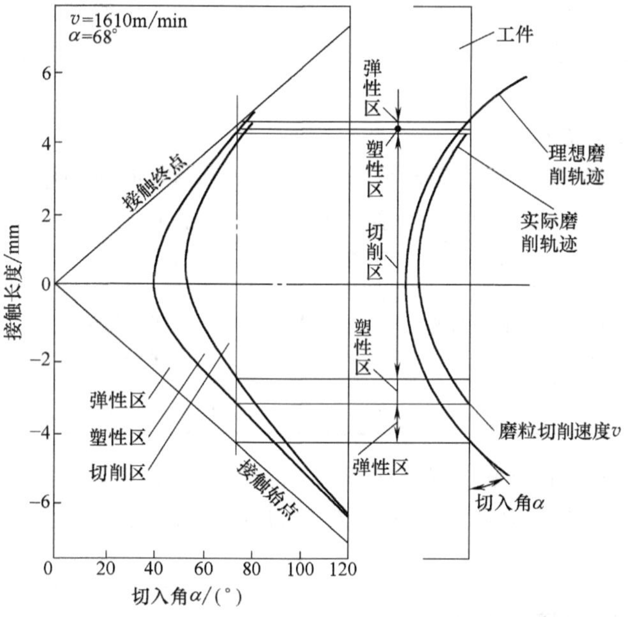

图 4-21　超精密磨削加工时单颗粒磨削的切入模型

该模型说明：

1）可以将磨粒看作一个具有弹性支承的和大负前角切削刃的弹性体，弹性支承为结合剂，如图 4-22 所示。

2）磨粒切削刃的切削深度由零开始逐渐增加，到达最大值后又逐渐减小，直至为零。平面磨削情况下切屑的形状如图 4-23 所示。

3）整个磨粒与工件的接触过程依次为弹性区、塑性区、切削区、塑性区，最后为弹性区，与切屑形状的形成一致。

4）在超精密磨削加工中，微切削作用、塑性流动、弹性破坏作用和滑擦作用依切削条件的变化而顺序出现。当切削刃锋利且在一定磨削深度时，微切削作用较强；如果切削刃不够锋利，或磨削深度太浅，磨粒切削刃不能切入工件，则产生塑性流动、弹性破坏和滑擦。

图 4-22　弹性支承模型

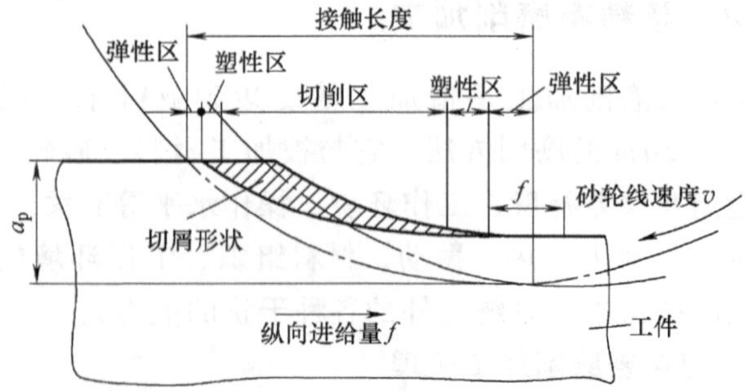

图 4-23　平面磨削情况下的切屑形状

磨削状态与磨削系统的刚度密切相关。工件做连续转动、砂轮做持续切入过程中，首先是磨削系统整个部分都产生弹性变形，磨削切入量（磨削深度）与理论磨削量之间产生误差，该误差即为弹性让刀量；之后磨削切入量逐渐变得与理论磨削量相等，磨削系统处于稳定状态，即磨削切入量达到给定值；最后磨削系统弹性变形逐渐恢复，处于无切深磨削状态（无火花磨削状态）。

2. 超精密磨削加工工艺

超精密磨削加工的砂轮选择、砂轮修整、磨削液选择等问题与精密磨削加工和超硬磨料砂轮磨削加工有关问题类同。超精密磨削加工的磨削用量见表 4-6。

表 4-6　超精密磨削加工的磨削用量

砂轮线速度/(m/min)	工件线速度/(m/min)	纵向进给速度/(mm/min)	磨削深度/μm	横向进给磨削次数/次	无火花磨削次数/次	磨削余量/μm
1860	4~10	50~100	0.5~1	2~4	3~5	2~5

超精密磨削加工的磨削用量不仅与所用机床、被加工材料、砂轮的磨粒和结合剂材料、结构、修整、平衡、工件欲达精度和表面粗糙度值等有关，而且与操作工人的技术水平有关。

4.2.3　超硬磨料砂轮磨削加工

1. 超硬磨料砂轮磨削加工工艺

（1）超硬磨料砂轮磨削加工的磨削用量　（见表 4-7）

表 4-7　超硬磨料砂轮磨削加工的磨削用量

砂轮线速度/(m/s)	工件线速度/(m/min)	磨削深度/μm	纵向进给速度/(mm/min)
10~30	10~20	2~20	0.45~1.5
由磨削方式、砂轮结合剂和冷却情况确定，立方氮化硼砂轮为 45~60m/s	由磨削方式、砂轮结合剂和冷却情况确定，立方氮化硼砂轮可偏大些	过高会使砂轮磨损增加，出现振动和噪声	与普通砂轮磨削加工相近

（2）磨削液　磨削液对超硬磨料砂轮的寿命和磨削表面加工质量影响很大，如树脂结合剂超硬磨料砂轮湿磨可比干磨延长砂轮寿命 40% 左右，因此一般多采用湿磨。由于超硬磨料砂轮组织紧密、气孔少、磨削过程中易被堵塞，故要求磨削液有良好的润滑性、冷却性、清洗性和渗透性。

金刚石砂轮磨削时常用以轻质矿物油为主体的油性液和水溶性液（乳化液、无机盐水溶液）做磨削液，视具体情况而定。树脂结合剂砂轮不宜使用苏打水。立方氮化硼砂轮磨削时一般采用油性液做磨削液，而不用水溶性液，因为在高温条件下立方氮化硼磨粒和水会发生水解作用，加剧砂轮磨损。

2. 超硬磨料砂轮的修整

修整是整形和修锐的总称。整形是使砂轮具有符合一定精度要求的几何形状；修锐是去除磨粒间的结合剂，使磨粒突出结合剂一定高度，形成良好的切削刃和足够的容屑空间。超硬磨料砂轮的整形和修锐分前后两步进行。

超硬磨料砂轮修整的方法归纳为以下几类。

1）车削法。

2）磨削法。

3）滚压挤轧法。

4）喷射法。

5）电加工法。

6）超声波振动修整法。

4.3　精密研磨与抛光

4.3.1　精密研磨与抛光的加工机理

1. 精密研磨的加工机理

精密研磨属于游离磨粒切削加工，是在刚性研具（如铸铁、锡、铝等软金属或硬木、塑料等）上注入磨料，在一定压力下，通过研具与工件的相对运动，借助磨粒的微切削作用，除去微量的工件材料，以达到高几何精度和优良表面质量的加工方法。

（1）硬脆材料的研磨　硬脆材料研磨的加工模型如图 4-24 所示。一部分磨粒在研磨压力的作用下用露出的尖端刻划工件表面进行微切削加工，另一部分磨粒则产生滚轧效果，使工件表面产生脆性崩碎，形成切屑。研磨磨粒尺寸为 1μm 左右，材料为氧化铝和碳化硅等。

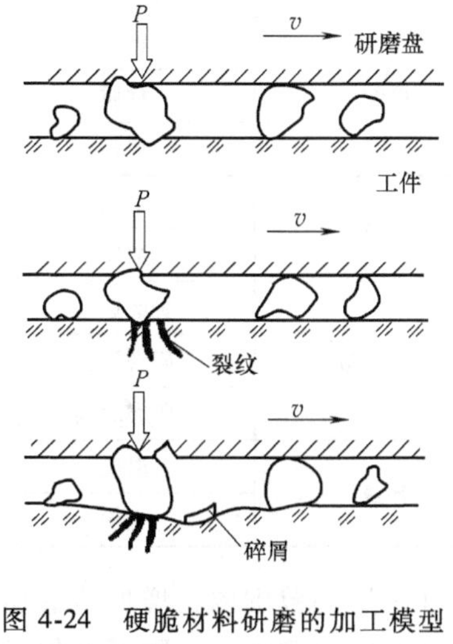

图 4-24　硬脆材料研磨的加工模型

（2）金属材料的研磨　进行金属材料的研磨时，磨粒的研磨作用相当于普通切削和磨削切削深度极小时的状态，没有裂纹产生。由于磨粒处于游离状态，难以形成连续的切屑，磨粒与工件间仅是断续的研磨动作，从而形成磨屑。

2. 抛光的加工机理

抛光是指用低速旋转的软质弹性或黏弹性材料（塑料、沥青、石蜡、锡等）抛光盘，或高速旋转的低弹性材料（棉布、毛毡、人造革等）抛光盘，加抛光剂，具有一定研磨性质地获得光滑表面的加工方法。抛光一般不能提高工件的形状精度和尺寸精度。

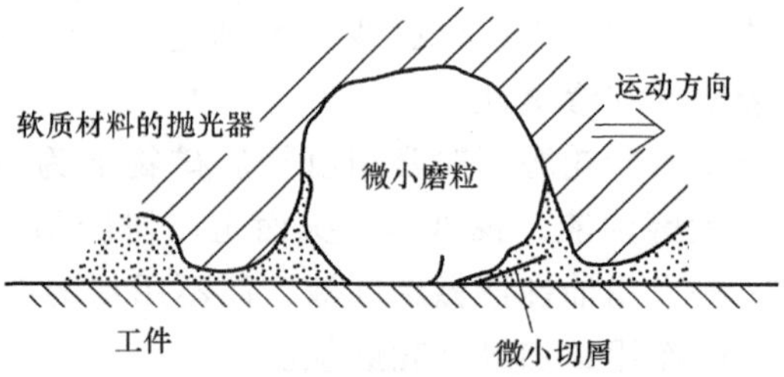

图 4-25　抛光的加工模型

抛光使用的磨粒是 1μm 以下的微细磨粒。

抛光的加工模型如图 4-25 所示。微小磨粒被抛光器弹性地夹持，来研磨工件，因而磨粒对工件的作用力很小，即使抛光脆性材料也不会产生裂纹。

抛光加工是磨粒的微小塑性切削作用和加工液的化学性溶析作用的结合。

4.3.2　精密研磨与抛光的主要工艺因素

精密研磨与抛光的主要工艺因素见表 4-8。

表 4-8　精密研磨与抛光的主要工艺因素

项　　目		内　　容
研磨法	加工方式	单面，双面研磨
	加工运动	旋转，往复，摆动
	驱动方式	手动，机械驱动，强制驱动，从动
研具	材料	硬质，软质（弹性，黏弹性）
	形状	平面，球面，非球面，圆柱面
	表面状态	有孔，有槽，无槽
磨粒	种类	金属氧化物，金属碳化物，氮化物，硼化物
	材质	硬度，韧性
	粒径	几十微米至几十纳米
加工液	水质	酸性，碱性，界面活性剂
	油质	界面活性剂
加工参数	研磨速度	1～100m/min
	研磨压力	$0.1\sim30\mathrm{N/cm^2}$
	研磨时间	10h
环境	温度	室温变化±0.1℃
	尘埃	利用洁净室，净化工作台

在一定的范围内，增加研磨压力可以提高研磨效率。

超精密研磨加工，除了要保证工件加工表面和研具表面上各点均有相同或相近的被切削条件和切削条件外，还对研磨运动轨迹有以下基本要求。

1）工件相对研磨盘做平面平行运动，使工件上各点具有相同或相近的研磨行程。

2）工件上任一点不出现运动轨迹的周期性重复。

3）避免曲率过大的运动转角，保证研磨运动平稳。

4）保证工件走遍整个研磨盘表面，以使研磨盘磨损均匀，进而保证工件表面的平面度。

5）及时变换工件的运动方向，以减小表面粗糙度值并保证表面均匀一致。

4.3.3 研磨盘与抛光盘

1. 研磨盘

研磨盘是涂敷或嵌入磨料的载体，以发挥磨粒的切削作用，同时又是研磨表面的成形工具。研磨对研磨盘加工面的几何精度要求很高。

研磨盘材料硬度要低于工件材料硬度，且组织均匀、致密、无杂质、无异物、无裂纹、无缺陷，并有一定的磨料嵌入性和浸含性。常用的研磨盘材料有铸铁、黄铜、玻璃等。

研磨盘要具有良好的刚性、精度保持性、耐磨性、排屑性和散热性。为了获得良好的研磨表面，常在研磨盘表面上开槽，目的如下：

1）在槽内存储多余的磨粒，以防止磨料堆积而损伤工件表面。

2）加工过程中作为向工件供给磨粒的通道。

3）作为及时排屑的通道，以防止研磨表面被划伤。

固着磨料研磨盘是一种适用于陶瓷、硅片、水晶等脆性材料精密研磨加工的研具，具有表面精度保持性好、研磨效率高的优点。它是将金刚石或立方氮化硼磨料与铸铁粉末混合后，烧结成小薄块，或用电铸法将磨粒固着在金属薄片上，再用环氧树脂将这些小薄块粘贴在研磨盘上而制成的。

2. 抛光盘

抛光盘的平面精度及其精度保持性是实现高精度平面抛光的关键。因此，抛光小面积的高精度平面工件时要使用弹性变形小，并始终能保持平面度的抛光盘，较为理想的是采用特种玻璃或者在平面金属盘上涂一层弹性材料或软金属材料作为抛光盘。

为获得无损伤的平滑表面，当工件材料较软时（如加工光学玻璃），可使用半软质抛光盘（如锡盘、铅盘）和软质抛光盘（如沥青盘、石蜡盘）。使用软质抛光盘的优点是抛光表面加工变质层和表面粗糙度值都很小；缺点是不易保持抛光盘的平面度，因而影响工件的平面度。

4.3.4 对磨粒、研磨剂与抛光剂的要求

1. 对研磨用磨粒的基本要求

1）形状、尺寸均匀一致。

2）能适当地破碎，以使切削刃锋利。

3）熔点高于工件熔点。

4）在研磨液中容易分散。

对于抛光粉用磨粒，除上述要求外，还要考虑与工件材料作用的化学活性。

研磨液的主要作用是冷却、润滑、均布研磨盘表面磨粒及排屑。

2. 对研磨剂与抛光剂的要求

1）有效地散热，以防止研磨盘和工件热变形。

2）黏附小，以保证磨料的流动性。

3）不污染工件。

4）物理、化学性能稳定，不分解变质。

5）能较好地分散磨粒。

4.3.5 非接触抛光

非接触抛光是指在抛光中工件与抛光盘互不接触，依靠抛光剂冲击工件表面，以获得加工表面完美结晶性和精确形状的抛光方法，其材料去除量仅为几个到十几个原子级。非接触抛光主要用于功能晶体材料抛光（注重结晶完整性和物理性能）和光学零件的抛光（注重表面粗糙度及形状精度）。

1. 弹性发射加工

弹性发射加工（Elastic Emission Machining，EEM）是指加工时研具与工件互不接触，通过微粒子冲击工件表面，对物质的原子结合产生弹性破坏，以原子级的加工单位去除工件材料，从而获得无损伤的加工表面。

弹性发射加工的原理是利用水流加速微细磨粒，以尽可能小的入射角（近似水平）冲击工件表面，在接触点处产生瞬时高温、高压而发生固相反应，造成工件表层原子晶格的空位及工件原子和磨粒原子互相扩散，形成与工件表层其他原子结合力较弱的杂质点缺陷，当这些缺陷再次受到磨粒撞击时，杂质点原子与相邻的几个原子被一并移去，同时工件表层凸出的原子也因受到很大的剪切力作用而被切除。

弹性发射加工方法示意图如图 4-26 所示。加工头为聚氨酯球，在微粒子悬浮液中，加工头在回转中向工件表面接近，使悬浮液中的微粒子在工件表面的微小面积（$\phi1\sim\phi2$mm）内产生作用。

对加工头和工作台实施数字控制，可实现曲面加工。弹性发射加工的数控加工装置如图 4-27 所示。

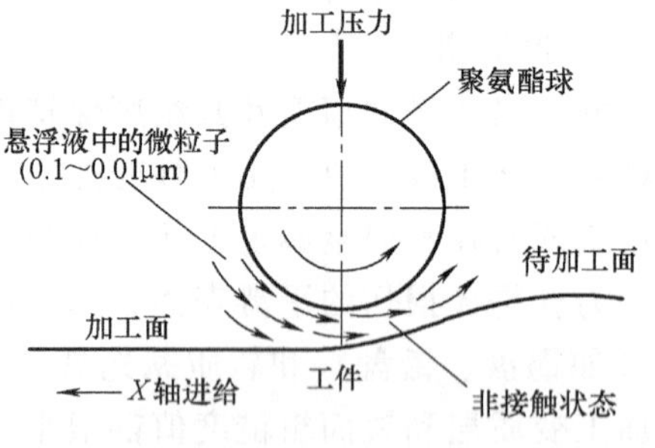

图 4-26 弹性发射加工方法示意图

2. 浮动抛光

浮动抛光（Float Polishing）是一种平面度极高的非接触超精密抛光方法。浮动抛光装置如图 4-28 所示，高回转精度的抛光机采用高平面度平面并带有同心圆或螺旋沟槽的锡抛光盘，抛光液覆盖在整个抛光盘表面上，抛光盘及工件高速回转时，在二者之间的抛光液呈动压流体状态，并形成一层液膜，从而使工件在浮起状态下被抛光。超精密抛光盘的制作是实现浮动抛光加工的关键。

3. 动压浮离抛光

动压浮离抛光（Hydrodynami-type Polishing）是另一种非接触抛光。动压浮离抛光装置如图 4-29 所示。其工作原理是：当沿圆周方向制有若干个倾斜平面的圆盘在液体中转

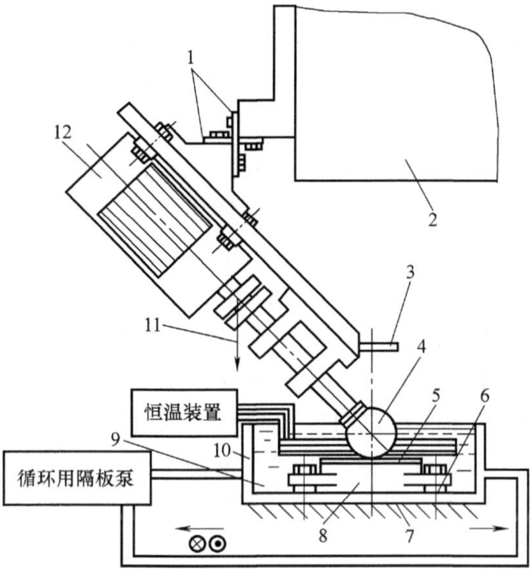

图 4-27 弹性发射加工的数控加工装置

1—十字弹簧 2—数控主轴箱 3—载荷支承杆 4—聚氨酯球 5—工件 6—橡胶垫 7—数字控制工作台 8—工作台 9—悬浮液 10—容器 11—重心 12—无级变速电动机

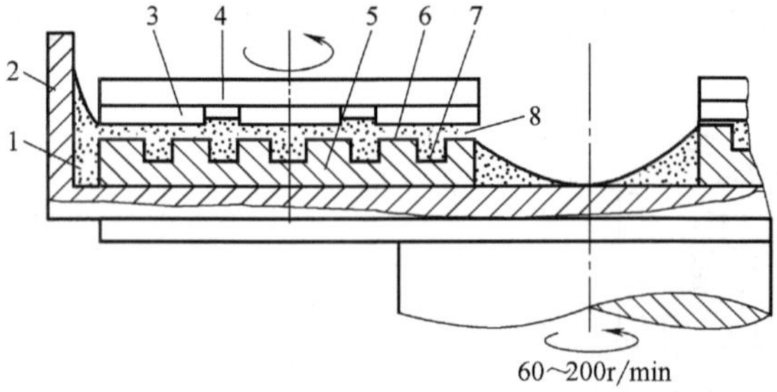

图 4-28 浮动抛光装置示意图

1—抛光液 2—抛光液槽 3—工件 4—工件夹具 5—抛光盘 6—金刚石刀具的切削面 7—沟槽 8—液膜

动时，通过液体楔产生液体动压（动压推力轴承工作原理），使保持环中的工件浮离圆盘表面，由浮动间隙中的粉末颗粒对工件进行抛光。加工过程中无摩擦热和工具磨损，标准平面不会变化，因此可重复获得精密的工件表面。该方法主要用于半导体基片和各种功能陶瓷材料及光学玻璃平晶的抛光，可同时进行多片加工。用这种方法加工直径为 3in（1in = 25.4mm）的硅片可获得 0.3μm 的平面度和 $Ra = 1\text{nm}$ 的表面粗糙度值。

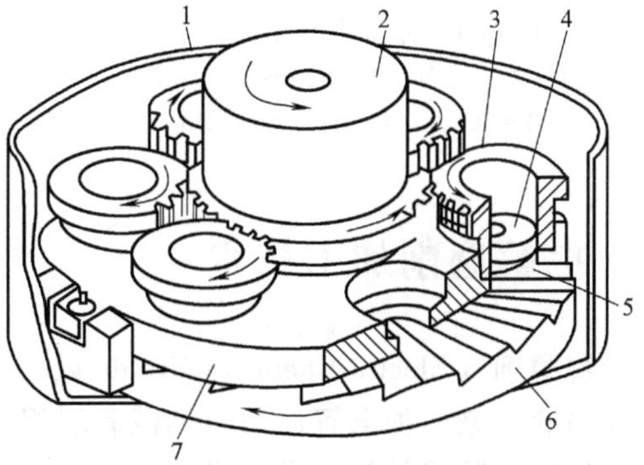

图 4-29 动压浮离抛光装置

1—抛光液容器 2—驱动齿轮 3—保持环 4—工件夹具 5—工件 6—抛光盘 7—载环盘

4. 非接触化学抛光

普通的盘式化学抛光方法，是通过向抛光盘面供给化学抛光液，使其与被加工面做相对滑动，用抛光盘面来去除被加工件表面上产生的化学反应生成物。这种以化学腐蚀作用为主、机械加工作用为辅的加工，又称为化学机械抛光。水面滑行抛光（Hvdroplan Polishing）是一种工件与抛光盘互不接触，不使用磨料的新型化学抛光方法。它借助于流体压力使工件基片从抛光盘面上浮起，利用具有腐蚀作用的液体做加工液完成抛光。水面滑行抛光是为抛光 GaAs 和 InP 等化合物半导体基片而开发的，其抛光装置如图 4-30 所示。将被加工的半导体基片吸附在作为工件夹具的直径为 100mm 的水晶光学平板的底面。水晶平板的边缘呈锥状，并通过带轮与抛光装置相连。基片高度可利用调节螺母进行调节（调节范围在 125μm 以内）。将腐蚀液注到抛光盘中心附近，当抛光盘以 1200r/min 的转速回转时，通过液体摩擦力，使水晶平板以 1800r/min 的转速回转，同时动压力使水晶平板上浮，完成抛光盘对工件表面的非接触化学抛光。水面滑行抛光的加工液为甲醇、甘醇和溴的混合液。甲醇和溴对 GaAs 和 InP 是有效的腐蚀液，甘醇具有调整液体黏度的作用。

5. 切断、开槽及端面抛光

采用非接触端面抛光可对沟槽的壁面、垂直柱状轴断面进行镜面加工，这是传统抛光方法难以做到的。端面非接触镜面抛光装置示意图如图 4-31 所示，工具与工件互不接触，高速旋转的工具驱动微粒冲击工件形成沟槽或完成切断，然后再用同一种工具对同一位置进行数次抛光，即可实现断面的镜面抛光。其加工表面粗糙度值 *Ra* 小于 3nm，而且没有热氧的层叠缺陷。该方法可用于直径 0.1mm 左右的光导纤维线路零件的端面镜面抛光以及精密元件的切断。

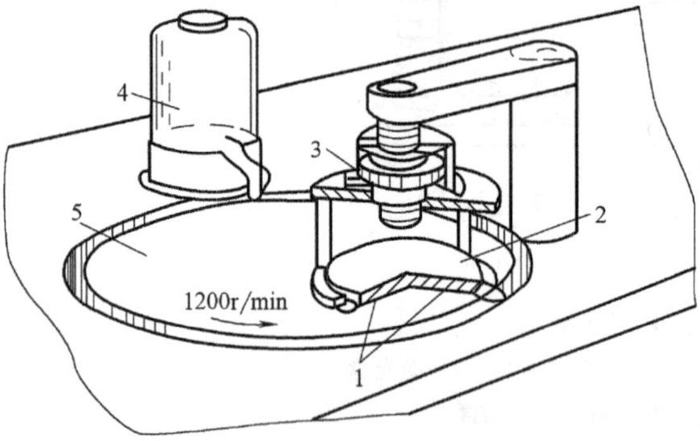

图 4-30 水面滑行抛光装置
1—GaAs 工件 2—水晶平板 3—调节螺母 4—腐蚀液 5—抛光盘

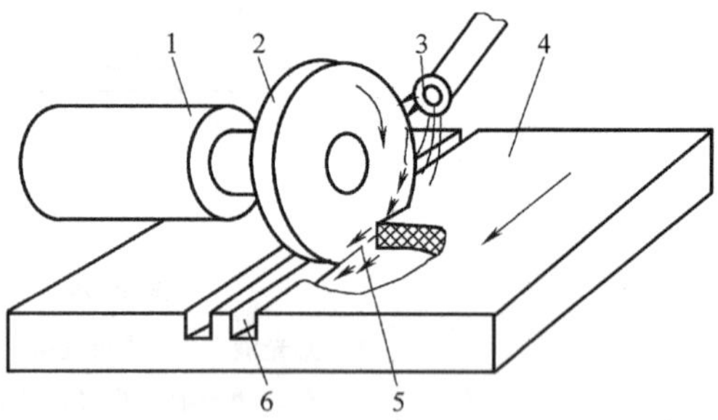

图 4-31 端面非接触镜面抛光装置示意图
1—空气主轴 2—工具 3—工作液 4—工件 5—微粒子 6—抛光出的镜面

4.4 电解磨削加工技术

电解磨削（Electro Chemical Grinding，简称 ECG）加工技术是 20 世纪 50 年代初美国人研究发明的，是一种电解作用与机械磨削相结合的特种加工技术，又称电化学磨削。

近年来，随着科学技术的飞速发展，一些尖端科学部门和新兴领域的许多装备常常在高温、高压、高速以及恶劣环境中工作，因而高硬、难熔及具有特殊物理性能的材料得到广泛应用。材料越来越难以加工，这促进了电解磨削加工技术的发展，使其应用范围日益扩大。

金属镜面电解研磨已在生产中得到应用，其加工的表面粗糙度值 Ra 可达 0.008～0.025μm。齿轮的电解珩磨也已在生产中得到应用，其生产率高于机械珩磨，珩轮磨损量很小。对于普通磨削很难加工的细长杆、薄壁套、成形面、深孔、小孔类零件，电解磨削也能显示出优越性。例如，用金刚石导电砂轮对硬质合金轧辊进行电解成形磨削，型槽形状误差可达 0.2μm，型槽位置误差为±0.01mm，表面粗糙度值 Ra 为 0.2μm。

4.4.1　电解磨削加工的基本原理和特点

电解磨削加工属于电化学加工范畴。电解磨削加工是由电解作用（占 95%～98%）和机械磨削作用（占 2%～5%）相结合而进行加工的，比电解加工的加工精度高、表面粗糙度值小，比机械磨削的生产率高。其装置如图 4-32 所示。

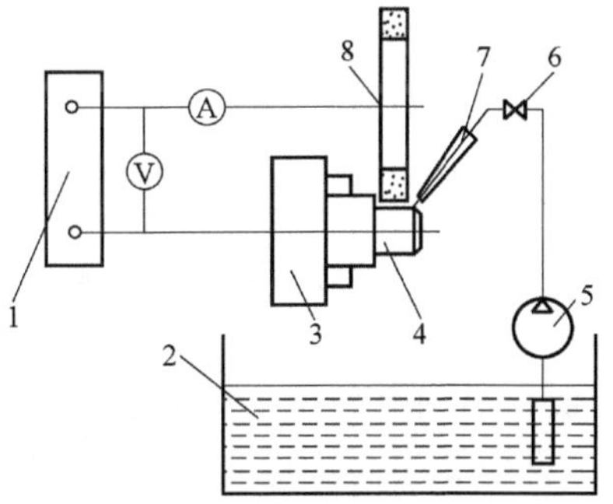

图 4-32　电解磨削加工装置

1—直流电源　2—电解液　3—夹具（阳极）
4—硬质合金工件　5—电解液泵　6—电解液调节阀
7—喷嘴　8—金刚石导电砂轮（阴极）

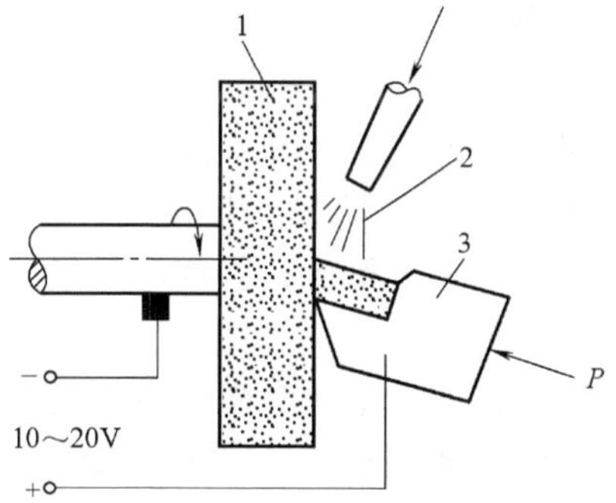

图 4-33　电解磨削加工原理图

1—金刚石导电砂轮（阴极）　2—喷洒的电解液
3—工件（硬质合金车刀）（阳极）

图 4-33 所示为电解磨削加工原理图，金刚石导电砂轮 1 与直流电源的负极相连，被加工工件 3（硬质合金车刀）接正极，它在一定压力下与导电砂轮接触。加工区域中送入电解液 2，在电解与机械磨削的双重作用下，车刀的后面很快就被磨光了。

图 4-34 所示为电解磨削加工过程原理图。磨削时，砂轮与工件之间保持一定的磨削压力，凸出于砂轮表面的非导电性磨粒 1 使工件表面与砂轮导电基体之间形成一定的电解间隙（0.02～0.05mm），同时向间隙中供给电解液。电流从工件 3 通过电解液 5 而流向砂轮，形成通路，于是工件（阳极）表面的金属在电流与电解液的作用下发生电解作用（电化学腐蚀），被氧化成一层极薄的氧化物或氢氧化物薄膜，一般称它为阳极钝化薄膜，简称阳极薄膜。但刚形成的阳极钝化薄膜迅速被导电砂轮中的磨粒刮除，在阳极的工件上又露出新的金属表面并继续被电解。这样，电解作用和刮除薄膜的切削作用交替进行，使工件连续被加工，直至达到一定的尺寸精度和表面粗糙度。

电解磨削过程中，金属主要靠电化学作用被腐蚀下来，砂轮起磨去电解产物阳极钝化薄膜和整平工件表面的作用。

电解磨削与机械磨削比较，具有以下特点。

1）加工范围广，加工精度高。由于电解磨削主要利用电解作用工作，因此只要选择合适的电解液就可以加工任何高硬度与高韧性的金属材料。如磨削硬质合金时，与普通的金刚石砂轮磨削相比，电解磨削的加工效率要高 3～5 倍。

2）可以提高加工精度和表面质量。砂轮的作用并不是要磨削金属，磨削力和磨削热都比较小，不会产生磨削毛刺、裂纹、烧伤现象，一般表面粗糙度值 Ra 可低于 0.16μm。

3）砂轮的磨损量小。例如磨削硬质合金：普通磨削时，碳化硅砂轮的磨损量为硬质合金切除量的 4～6 倍；电解磨削时，砂轮的磨损量不超过硬质合金切除量的 50%～100%。与普通金刚石砂轮磨削相比较，电解磨削用的金刚石砂轮的损耗速度仅为其 1/10～1/5，可显著降低成本。

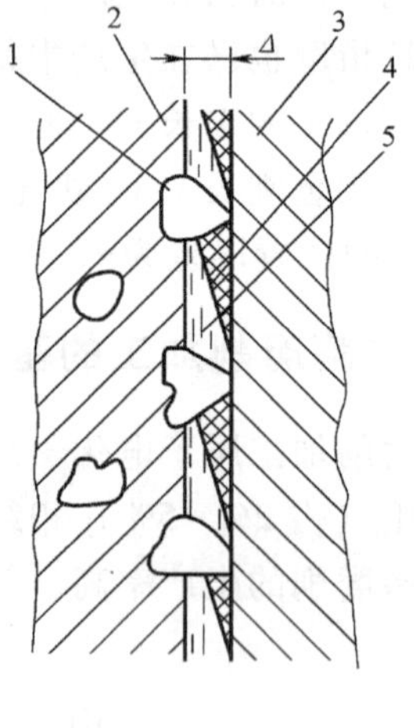

图 4-34　电解磨削加工过程原理图

1—磨粒　2—导电砂轮的结合剂　3—工件　4—阳极钝化薄膜　5—电极间隙处的电解液

与机械磨削相比，电解磨削的不足之处是：加工刀具等的刃口不易磨得非常锋利；机床、夹具等需采取防腐、防锈措施；需增加吸气、排气装置，以及直流电源、电解液过滤、循环装置等附属设备。

电解磨削时，电化学阳极溶解的机理和电解加工相似，不同之处是：电解加工时阳极表面形成的钝化膜是靠活性离子（如氯离子）进行活化，或是靠很高的电流密度去破坏（活化），以不断溶解去除阳极表面金属，加工电流很大，溶解速度很快，电解产物的排除靠高流速的电解液的冲刷作用；电解磨削时阳极表面形成的钝化膜是靠砂轮的磨削作用，即机械的刮削来去除和活化的。因此，电解加工时必须采用压力较高、流量较大的泵，如旋涡泵、多级离心泵等；而电解磨削一般可采用冷却润滑用的小型离心泵。从这个意义上来说，为区别电解磨削，也有把电解加工称为电解液加工的。

电解磨削是靠砂轮磨料来刮除具有一定硬度和黏度的阳极钝化膜的，其形状和尺寸精度主要是由砂轮相对工件的成形运动来控制的，而电解液中可能含有活化能力很强的活性离子（如氯离子等），因此采用腐蚀能力较弱的钝化性电解液，如以硝酸钠、亚硝酸钠等为主的电解液，可以提高电解磨削成形精度，有利于机床的防锈、防蚀。现以用亚硝酸盐为主要成分的电解液加工 WC-Co 系列硬质合金为例，简要说明其电化学反应过程。

1. 阳极反应

电解磨削过程中的电化学阳极反应是钝化与刮除钝化膜不断交替进行的过程。

（1）钴的阳极氧化反应　在电解液中，钴首先被电离，产生的钴离子立即与溶液中的氢氧根离子化合，生成溶解度极小的氢氧化钴，即

$$Co \longrightarrow Co^{2+} + 2e$$

$$Co^{2+} + 2OH^- \longrightarrow Co(OH)_2 \downarrow$$

（2）WC 的阳极氧化反应　WC 的阳极氧化主要是强氧化性作用的结果，其过程是亚硝酸根离子首先在阳极上氧化，并生成四氧化二氮，再氧化 WC（或 TiC）。

$$2NO_2^- \longrightarrow N_2O_4 + 2e$$

$$2WC + 4N_2O_4 \longrightarrow 2WO_3 + 2CO \uparrow + 8NO \uparrow$$

反应中产生的 NO 由于电极上氧或原子氧的作用，立即被氧化成二氧化氮。二氧化氮的一部分释放出来，一部分留在电解液中再生成亚硝酸盐。

溶液中的水分子或氢氧根离子也可能在阳极上放电，生成原子氧。

$$H_2O \longrightarrow [O]+2H^++2e\text{(在中性溶液中)}$$

(3) 钴的钝化反应　按电化学反应理论，钝化是由于在工件表面形成依附的或成相的氧化物层或盐层，而使金属的阳极溶解过程减慢。

$$Co+[O] \longrightarrow Co[O]_{吸附}$$

$$Co+[O] \longrightarrow CoO$$

(4) 钨的钝化反应

$$WC+4[O] \longrightarrow WO_2[O]_{吸附}+CO\uparrow$$

$$WC+4[O] \longrightarrow WO_3+CO\uparrow$$

在碱性溶液中，将进一步发生化学溶解。

$$WO_3+2OH^- \longrightarrow WO_4^-+H_2O$$

或

$$WO_3+2NaOH \longrightarrow Na_2WO_4+H_2O$$

2. 阴极反应

分析和实验表明，阴极电化学反应主要是氢气的析出，即

$$2H_2O+2e \longrightarrow 2OH^-+H_2\uparrow\text{(在中性或碱性溶液中)}$$

但在某些情况下，也可能有其他副反应发生，如金属离子的还原或其氧化物的沉积等。

4.4.2　影响电解磨削加工生产率和加工质量的因素

1. 影响生产率的主要因素

(1) 电化学当量　按照法拉第电解定律，单位电量理论上所能电解蚀除的物质的质量为该物质的电化学当量，如三价铁的电化学当量为 133。电解磨削与电解加工一样，可以依据需要去除的金属量来计算所需的电流和时间。不过由于电解时阳极上还可能有气体被电解析出，多损耗电能，或者由于磨削时还有机械磨削作用在内，节省了电解蚀除金属用的电能，所以电流效率可能小于 1 也可能大于 1。由于工件材料实际上是由多种金属元素组成的，各金属成分以及杂质的电化学当量不一样，所以电解蚀除速度就有差别（尤其在金属晶格边缘），这是造成表面粗糙的原因之一。

(2) 电流密度　提高电流密度能加速阳极溶解。提高电流密度的途径如下：

1) 提高工作电压。

2) 缩小电极间隙。

3) 减小电解液的电阻率。

4) 提高电解液温度等。

(3) 砂轮（阴极）与工件间的导电面积　当电流密度一定时，通过的电量与导电面积成正比。阴极与工件的接触面积越大，通过的电量越多，单位时间内金属的去除率越大。因此，应尽可能增加两极之间的导电面积，以达到提高生产率的目的。当磨削外圆时，工件与砂轮之间的接触面积较小，为此，可采用中极法。

图 4-35 所示即为中极法电解磨削的原理图。由图可见，在普通砂轮之外再附加中间电

极作为阴极，工件接正极，砂轮不导电，电解作用在中间电极和工件之间进行，砂轮只起刮除钝化膜的作用，从而大大增加了导电面积，提高了生产率。如果利用多孔的中间电极向工件表面喷射电解液，则生产率可更高。采用中极法的缺点是在外圆磨削时，加工不同直径的外圆需更换电极。

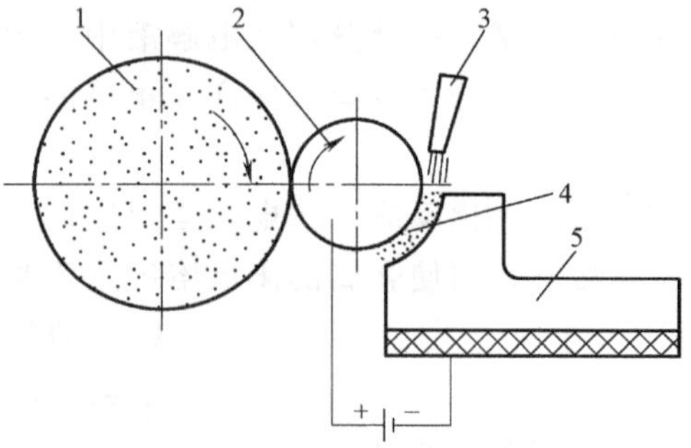

图 4-35　中极法电解磨削的原理图
1—普通砂轮　2—工件　3—电解液喷嘴
4—钝化膜（阳极薄膜）　5—中间电极

（4）磨削压力　磨削压力越大，工作台的运行速度越快，阳极金属被活化的程度就越高，生产率会随之提高。但过高的压力容易使磨料磨损和脱落，减小加工间隙，影响电解液的流入，引起火花放电或发生短路现象，将使生产率下降。通常磨削压力为0.1~0.3MPa。

2. 影响加工精度的因素

（1）电解液　电解液的成分直接影响阳极表面钝化膜的性质。如果所生成的钝化膜结构疏松，对工件表面的保护能力差，加工精度就低。要获得高精度的零件，在加工过程中工件表面应生成一层结构致密、均匀、保护性能良好的低价氧化物薄膜。钝化性电解液形成的阳极钝化膜不易受到破坏，硼酸盐、磷酸盐等弱电解质的含氧酸盐的水溶液都是较好的钝化性电解液。

加工硬质合金时，要适当控制电解液的 pH，因为硬质合金的氧化物易溶于碱性溶液中。要得到较厚的阳极钝化膜，不应采用高 pH 的电解液，一般 pH 取 7~9 为宜。

（2）阴极导电面积和磨粒轨迹　电解磨削平面时，常常采用碗状砂轮以增加阴极面积，但工件往复移动时，阴、阳极上各点的相对运动速度和轨迹的重复程度并不相等，砂轮边缘线速度高，进给方向两侧轨迹的重复程度较大，磨削量较多，磨出的工件往往成中凸的“鱼背”形状。

工件在往复运动磨削过程中，由于两极之间的接触面积逐渐减小或逐渐增加，引起电流密度相应变化，造成表面电解不均匀，也会影响加工成形精度。此外，杂散腐蚀尖端放电常使棱边塌角或侧表面局部变毛糙。

（3）被加工材料的性质　对成分复杂的材料，由于不同金属元素的电极电位不同，使得阳极溶解速度也不同，特别是电解磨削硬质合金和钢料的组合件时，问题更为严重。实践证明，解决多金属材料电解磨削的主要途径是研究适合多种金属、同时均匀溶解的电解液配方。

（4）机械因素　电解磨削过程中，阳极表面的活化主要是机械磨削作用，因此机床的成形运动精度、夹具精度、砂轮精度对加工精度的影响是不可忽略的。其中导电砂轮占有重要地位，它不但直接影响加工精度，而且影响加工间歇的稳定。电解磨削时的加工间隙是由导电砂轮保证的。为此，除了精确修整砂轮外，砂轮的磨料应该选择较硬的、耐磨损的材料。采用中极法磨削时，应保持阴极的形状正确。

3. 影响表面质量的因素

（1）电参数　工作电压是影响表面质量的主要因素。工作电压低，工件表面溶解速度慢，阳极钝化膜不易被穿透，因而溶解作用只在表面凸处进行，有利于提高精度。精加工时应选用较低的工作电压，但不能低于合金中最高分解电压，如加工 WC-Co 系列硬质合金时，工作电压不能低于 3V（因 TiC 的分解电压为 3V）。

工作电压过低，会使电解作用减弱，生产率降低，表面质量变坏；工作电压过高，表面不易整平，甚至引起火花放电或电弧放电，使表面质量恶化。电解磨削较合适的工作电压一般为 5～12V，此外还应与砂轮磨削深度配合。

电流密度过高，电解作用过强，表面质量不好；电流密度过低，机械作用过强，也会使表面质量变坏。因此，电解磨削时电流密度的选择应使电解作用和机械作用配合恰当。

（2）电解液　电解液的成分及其质量分数是影响阳极钝化膜质量和厚度的主要因素，因此为了改善表面质量，常常选用钝化型或半钝化型电解液。为了使电解作用正常进行，间隙中应充满电解液，因此电解液的流量必须充足，而且应予过滤，以保持电解液的清洁度。

（3）工件材料性质　如前所述，对于成分复杂的材料，由于不同金属元素的阳极溶解速度不同，使表面粗糙度值增大，这个问题主要通过研究适合多种金属同时均匀溶解的电解液配方来解决。

（4）机械因素　磨料粒度越细，越能均匀地除去凸起部分的钝化膜，使加工间隙均匀。这些作用都加快了整平速度，有利于改善表面质量。但如果磨料粒度过细，加工间隙过小，则容易引起火花而降低表面质量。一般磨粒在 F40～F100 内选取。

由于去除的是比较软的钝化膜，因此磨料的硬度对表面质量的影响不大。

磨削压力太小，难以去除钝化膜；磨削压力过大，机械切削作用强，磨料磨损加快，使表面质量恶化。

实践证明，电解磨削终了时，切断电源进行短时间（1～3min）的机械修磨，可改善表面质量。

4.4.3　电解磨削加工用电解液及其设备

1. 电解液

电解磨削用电解液的选择，应该考虑以下 5 个方面的要求。

1）能够使金属表面生成结构紧密、黏附力强的钝化膜，以获得良好的尺寸精度和表面质量。

2）导电性好，以获得高生产率。

3）不腐蚀机床及工装夹具。

4）对人体和环境无危害，不会影响身体健康。

5）经济效益好，价格便宜，来源丰富，在加工中不易消耗。

要同时满足上述 5 个方面的要求是困难的。在实际生产中，应针对不同产品的技术要求和工件材料，选用最佳的电解液。实验证明，亚硝酸盐最适于硬质合金的电解磨削。

实际生产中，常常还有硬质合金和钢的组合件，需要同时进行加工，就需要适合“双金属”的电解液。表 4-9 所列为加工硬质合金和钢组合材料的双金属电解液。表 4-10 所列为磨削低碳钢和中碳钢的电解液。

表 4-9　双金属电解液

电解液成分	质量分数	电流效率	电流密度	表面粗糙度值 *Ra*
$NaNO_2$ Na_2HPO_4 KNO_3 $Na_2B_4O_7$ H_2O	5.0% 1.5% 0.3% 0.3% 92.9%	70%	$10A/cm^2$	0.1μm

表 4-10　磨削低碳钢和中碳钢的电解液

电解液成分	质量分数	电流效率	电流密度	表面粗糙度值 *Ra*
$NaNO_2$ Na_2HPO_4 KNO_3 H_2O	2.0% 7% 2.0% 89%	78%	$10A/cm^2$	0.4μm

2. 电解磨削设备

电解磨削设备主要包括直流电源、电解液系统和电解磨床。图 4-36 所示为国内使用的两种电解磨削设备。

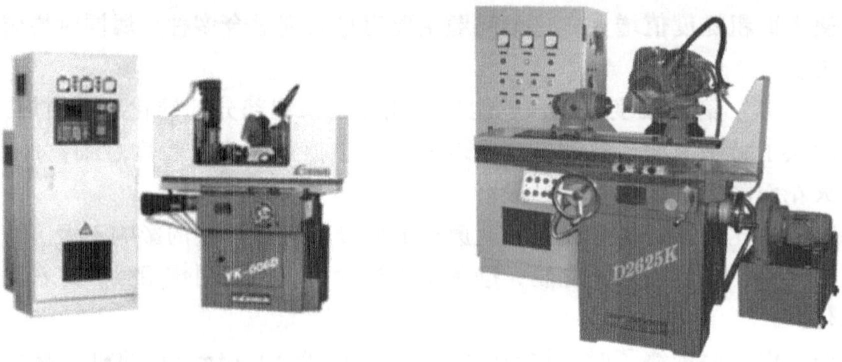

a) YK-006D型数控电解工具磨床　　b) D-2625K型电解万能工具磨床

图 4-36　两种电解磨削设备

（1）直流电源　电解磨削用的直流电源要求有可调的电压（5~20V）和较硬的外特性，最大工作电流视加工面积和所需生产率可为 10~1000A。只要功率许可，它一般可以和电解加工的直流电源设备通用。

（2）电解液系统　供应电解液的循环泵一般用小型离心泵，但最好是耐酸、耐蚀的，还应该有过滤和沉积电解液杂质的装置。在电解过程中有时会产生对人体有害的气体，如一氧化碳等，因此在机床上最好设有强制抽气装置或中和装置，否则至少要在空气流通好的地方操作。

电解液的输送和喷射一般使用管子和喷嘴，喷嘴接到砂轮的上方，向工作区域喷射电解液。

（3）电解磨床　电解磨床与一般磨床相仿，在没有专用磨床时，可以用其他磨床改装，改装工作主要如下：

1）增加电刷导电装置。

2）使砂轮主轴和床身绝缘，不让轴承的摩擦面间通过电流。

3）使工装、夹具和机床绝缘。

4）增加电解液的防溅、防锈装置。

为了减轻和避免机床的腐蚀，机床与电解液接触的部分应选择耐蚀性较好的材料。机床主轴应保证砂轮工作面的振摆量在 0.01~0.02mm 范围内，否则不仅磨削时接触不均匀，而且不能保证合理的电极间隙。

（4）砂轮　电解磨削一般需要专用的导电砂轮，常用的有铜基导电砂轮和石墨导电砂轮两种。铜基导电砂轮的导电性能好，加工间隙可采用反电解法得到，即把电解砂轮接阳极进行电解，此时铜基逐渐被溶解，达到所需的溶解量（即加工间隙值）后，停止反电解，磨粒暴露在铜基之外的尺寸即为所需的加工间隙，所以铜基导电砂轮的加工生产率高。石墨导电砂轮不能进行反电解加工，但磨削时石墨与工件之间会产生火花放电，同时具有电解磨削和电火花磨削的双重作用。在断电后的精磨过程中，石墨具有润滑、抛光的作用，可获得较好的表面质量。

导电砂轮的磨料有烧结刚玉、白刚玉、高强度陶瓷、碳化硅、碳化硼、人造宝石、金刚石等多种，最常用的是金刚石，因为金刚石磨粒具有很高的耐磨性，能比较稳定地保持两极间的距离，使加工间隙稳定，而且可以在断电后对硬质合金一类的高硬度材料进行精磨，可提高精度和改善表面质量。金刚石导电砂轮有铜、镍、钴、铸铁粉末烧结的等多种，可用反电解法修磨砂轮。

4.4.4　电解磨削加工的应用实例

电解磨削主要集中了电解加工和机械磨削的优点，因此在生产中已用来磨削一些高硬度的零件，如各种硬质合金刀具、量具、挤压拉丝模具、轧辊等。对于普通磨削很难加工的小孔、深孔、薄壁筒、细长杆等零件，电解磨削也能显出优越性；对于复杂型面零件，也可采用电解研磨和电解珩磨，因此电解磨削的应用范围正在日益扩大。

1. 硬质合金刀具的电解磨削

实践证明，采用电解磨削工艺不仅比单纯用金刚石砂轮磨削时效率提高2~3倍，而且大大节省了金刚石砂轮，一个金刚石导电砂轮可用5~6年。

用电解磨削轧制钻头，生产率和质量都比普通砂轮磨削时高，砂轮消耗和成本也大为降低。

（1）砂轮　用氧化铝导电砂轮电解磨削硬质合金车刀和铣刀，表面粗糙度值 Ra 可达0.1~0.2μm，刃口半径小于0.02mm，平面度也较普通砂轮磨出的好。

采用金刚石导电砂轮磨削加工精密丝杠的硬质合金成形刀具，表面粗糙度值 Ra 可小于0.016μm，刃口非常锋利，完全达到了精车精密丝杠的要求。

（2）电解液　所用电解液成分（质量分数）为亚硝酸钠（9.6%）、硝酸钠（0.3%）、磷酸氢二钠（0.3%），其余为水。加入少量的丙三醇（甘油），可以改善表面质量。

（3）电参数　电压为6~8V。

2. 硬质合金轧辊的电解磨削

硬质合金轧辊如图4-37所示。采用金刚石导电砂轮进行电解成形磨削，轧辊的形状误差为±0.02mm，形槽位置误差为±0.01mm，表面粗糙度值 Ra 为0.2μm，工件表面不会产生微裂纹，无残余应力，加工效率高，并大大提高了金刚石砂轮的使用寿命，其磨削比为138［磨削量（mm^3）/磨削损耗量（mm^3）］。

（1）砂轮　所采用的导电砂轮为金属（铜粉）结合剂的人造金刚石砂轮，磨料粒度为F80~F100，外圆砂轮直径为 ϕ300mm，磨削型槽的成形砂轮直径为 ϕ260mm。

（2）电解液　电解液成分（质量分数）为亚硝酸钠（9.6%）、硝酸钠（0.3%）、磷酸氢二钠（0.3%）、酒石酸钾钠（0.1%），其余为水。

（3）工艺参数　粗磨的工艺参数为：电压 12V，电流密度 15~25A/cm^2，砂轮转速 2900r/min，工件转速 0.025 r/min，背吃刀量 2.5mm。

精加工的工艺参数为：电压 10V，工件转速 16r/min，工作台移动速度 0.6mm/min。

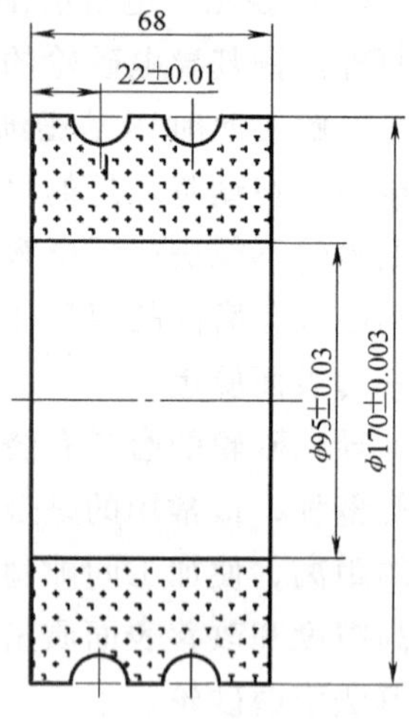

图 4-37　硬质合金轧辊

4.4.5　电解珩磨加工

1. 复合电解珩磨的基本原理和特点

复合电解珩磨（Combined Electrolytic Honing）是指电解与珩磨相结合的复合加工，所用的阴极工具是导电的珩磨条（或轮），可在普通的珩磨机床上进行或对珩磨头稍加改装，增设电解液循环系统和直流电源，以电解液替代珩磨液，工件接电源阳极，珩磨条（或轮）接电源阴极，形成电解加工回路，并构成复合电解珩磨加工系统，如图 4-38 所示。加工时，珩磨头和工件之间的运动关系仍保持原珩磨机上的运动关系，其加工原理同电解磨削。

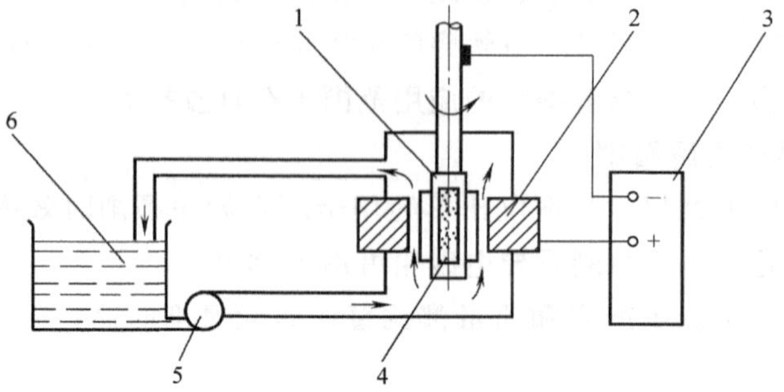

图 4-38　复合电解珩磨加工系统

1—珩磨头（阴极）　2—工件（阳极）　3—直流电源　4—珩磨条　5—泵　6—电解液

复合电解珩磨与普通珩磨相比，具有如下特点。

1）加工效率高。它的加工效率是普通珩磨加工的 3~5 倍。

2）加工精度高，表面粗糙度值 *Ra* 可小于 0.1μm。

3）电参数调节范围大。

4）为获得良好的加工质量，除正确选择电参数外，还应选择电解能力较弱、非线性特性较好、能产生较厚阳极钝化膜的电解液。

5）珩磨头既是磨削工具又是电解加工的工具电极，必须保证导电能力（可制成导电砂条或砂条与金属基体间隔制作）。在珩磨头导电部分与工件之间充满电解液和具有一定极间电压的情况下，保证形成电解加工回路，才能产生电解珩磨的效果。

6）珩磨条损耗小，排屑容易，冷却性能好，热应力小，工件无毛刺。

2. 电解珩磨的应用

电解珩磨主要用于普通珩磨难以加工的高硬度、高强度、高精度的小孔、深孔、薄壁筒、齿轮等零件。图 4-39 所示为电解珩磨加工深孔示意图。

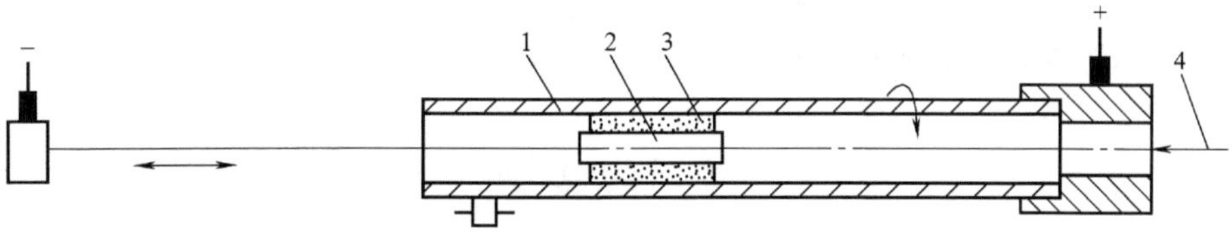

图 4-39　电解珩磨加工深孔示意图

1—工件　2—珩磨头　3—磨条　4—电解液

普通的珩磨机床及珩磨头稍加改装，很容易实现电解珩磨。电解珩磨的电参数可以在很大范围内变化，电压为 3～30V，电流密度为 0.2～1A/cm^2。电解珩磨的生产率比普通珩磨高，工件的表面质量也得到了改善。

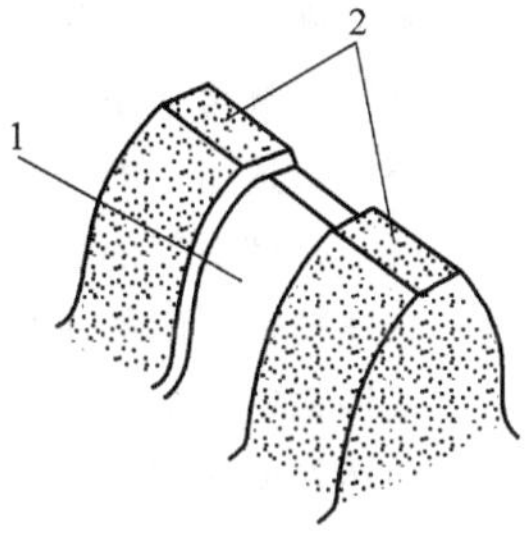

图 4-40　电解珩齿用电解珩轮

1—金属齿片　2—珩轮齿片

齿轮的电解珩磨已在生产中得到应用，它的生产率比机械珩齿高，珩轮的磨损量也小。电解珩轮是由金属齿片和珩轮齿片相间而形成的，如图 4-40 所示，金属齿片的齿形略小于珩轮齿片，从而可保持一定的加工间隙。

电解珩磨的主要工艺参数如下：

电源：电压 3～30V，电流密度 0.2～1A/cm^2。电解液的成分和质量浓度（质量分数）：$NaNO_3$，240g/L（21%）；NaCl，120g/L（11%）。温度：38℃。压力：500～1000kPa。流量：95L/min。间隙：0.076～0.25mm。

4.4.6　电解研磨加工

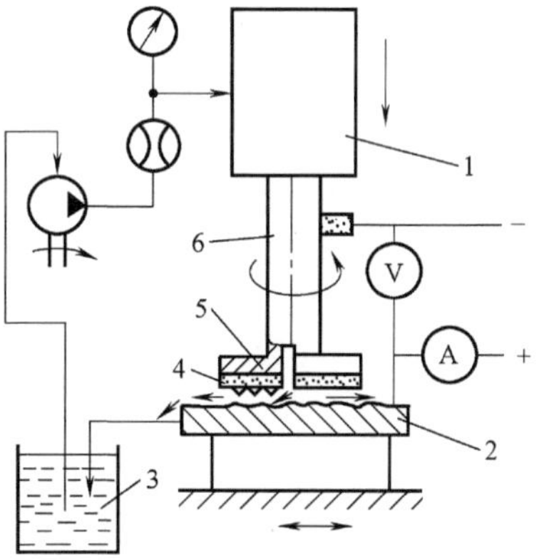

图 4-41　固定磨料方式的电解研磨加工

1—回转装置　2—工件　3—电解液

4—研磨材料　5—工具电极　6—主轴

电解研磨加工（Combined Electrolytic Buffing）在 20 世纪 80 年代已广泛用于三维型面的光整加工，国内将这项技术用于大型轧辊、化工容器型腔等零件的加工。

将电解加工与机械研磨结合在一起，就构成了一种新的加工方法——电解研磨，如图 4-41 所示。电解研磨加工采用钝化型电解液，利用机械研磨能去除表面微观不平的各高点的钝化膜，使其露出基体金属并再次形成新的钝化膜，实现表面的镜面加工。

电解研磨按磨料是否粘固在弹性合成无纺布上可分为固定磨料加工和流动磨料加工两种。固定磨料加工是将磨粒粘在无纺布上之后包覆在工具阴极上，无纺布的厚度即为电解间隙。当工具阴极与工件表面间充满电解液并有相对运动时，工件表面将依次被电解，形成钝化膜，同时受到磨粒的研磨作用，实现复合加工。流动磨料加工时工具阴极只包覆弹性合成无纺布，极细的磨料则悬浮在电解液中，因此磨料研磨时的研磨轨迹就更加杂乱而无规律，这正是获得镜面的主要原因。

利用电解研磨加工可以对碳钢、合金钢、不锈钢零件进行加工，一般电解间隙为1~2mm，电流密度为1~2A/cm²。这种加工方法目前已用于金属冷轧轧辊、大型船用柴油机轴类零件、大型不锈钢化工容器内壁以及不锈钢太阳能电池基板的镜面加工。

复习思考题

1. 什么是精密与超精密磨料加工？它们有哪些特点？

2. 在精密与超精密磨削中，磨料除使用刚玉系和碳化物系外，还大量使用哪些超硬磨料？各有什么特点？如何使用？

3. 固结磨料加工中使用哪些磨具？各有什么结构特征？

4. 涂覆磨具可采用哪些涂覆方法？

5. 分别叙述精密磨削、超精密磨削的磨削过程。

6. 谈谈精密磨削的磨削液。

7. 试述精密磨削的质量及控制方法。

8. 谈谈精密磨削的砂轮及其修整方法。

9. 简述精密研磨与抛光。

10. 什么是非接触抛光？有哪些非接触抛光技术？各有什么特点？

11. 什么是电解磨削加工？它有哪些特点？

12. 谈谈电解磨削加工的原理。

13. 影响电解磨削加工生产率的主要因素有哪些？

14. 影响电解磨削加工质量的主要因素有哪些？

15. 电解磨削加工有哪些应用？谈谈它们的工艺特征。

第5章 精密测量技术

5.1 几何量精密测量基础

5.1.1 几个有关概念

（1）几何量　作为测量对象，它包括尺寸（长度、角度）、几何误差、表面粗糙度等。

（2）计量　以保持量值准确统一和传递为目的的专门测量，习惯上称为计量（检定）。

（3）检验　指判定被测量是否合格的过程，通常不一定要求得到被测量的具体数值。几何量检验即确定零件的实际几何参数是否在规定的极限范围内，以做出合格与否的判断。

（4）测试　指具有试验研究性质的测量。

5.1.2 几何量计量器具分类及其度量指标

1. 计量器具的分类

按被测几何量在测量过程中变换原理的不同，计量器具可以分为以下种类。

（1）机械式计量器具　用机械方法来实现被测量的变换和放大的计量器具，如千分尺、百分表、杠杆比较仪等。

（2）光学式计量器具　用光学方法来实现被测量的变换和放大的计量器具，如光学计、光学分度头、投影仪、干涉仪等。

（3）电动式计量器具　将被测量先变换为电量，然后通过对电量的测量来完成被测几何量测量的计量器具，如电感测微仪、电容测微仪等。

（4）气动式计量器具　将被测几何量变换为气动系统的状态（流量或压力）的变化，检测此状态的变化来实现被测几何量测量的计量器具，如水柱式气动量仪、浮标式气动量仪。

（5）光电计量器具　用光学方法放大或瞄准，通过光电元件将几何量转化为电量进行检测，以实现被测几何量测量的计量器具，如光栅式测量装置、光电显微镜、激光干涉仪等。

2. 计量器具的基本度量指标

（1）刻度间距 C　计量器具标尺或圆刻度盘上两相邻刻线中心之间的距离或圆弧长度（图 5-1）。刻度间距太小，会影响估读精度；刻度间距太大，则会加大读数装置的轮廓尺寸。为适于人眼观察，刻度间距一般为 0.75~2.5mm。

（2）分度值 i（也称刻度值、分辨力） 每个刻度间距所代表的量值或量仪显示的最末一位数字所代表的量值。在长度测量中，常用的分度值有 0.01mm、0.005mm、0.002mm 和 0.001mm 等几种（图 5-1 中分度值为 0.001mm）。对于有些量仪（如数字式量仪），由于非刻度盘指针显示，就不称为分度值，而称分辨力。

（3）灵敏度 S 指针对标尺的移动量 dL 与引起此移动量的被测几何量的变动量 dx 之比，即 $S=\mathrm{d}L/\mathrm{d}x$。灵敏度也称传动比或放大比，它表示计量器具放大微量的能力。

（4）示值范围 指计量器具所能显示或指示的被测量起始值到终止值的范围。图 5-1 所示比较仪的示值范围为±100μm。

（5）测量范围 指计量器具的误差处于规定极限内，所能测量的被测量最小值到最大值的范围，如图 5-1 所示的比较仪，升降悬臂可使测量范围增大到 0~180mm。

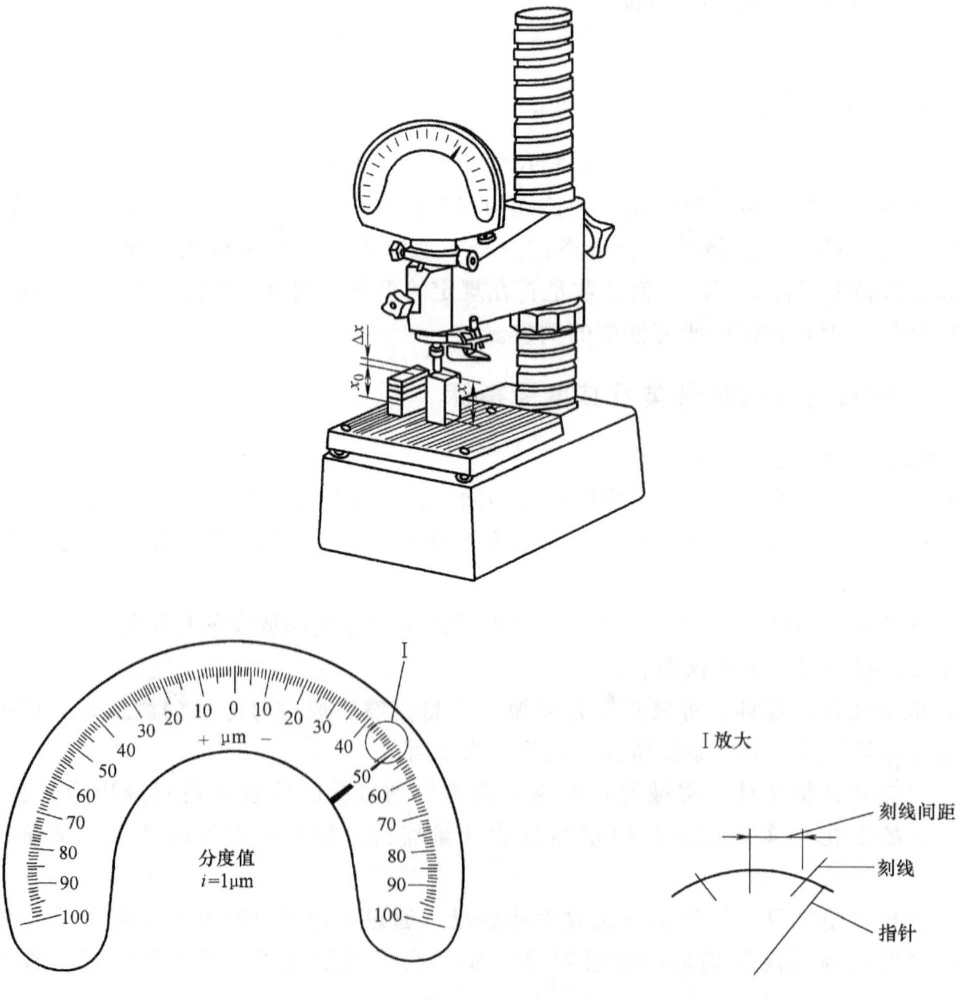

图 5-1 比较仪及其刻度盘

（6）示值误差 示值误差指计量器具显示的数值与被测几何量的真值之差。示值误差是代数值，有正、负之分。一般可用量块作为真值来检定计量器具的示值误差。示值误差越小，计量器具的精度就越高。

（7）示值变动性　在测量条件不做任何改变的情况下，同一被测量进行多次重复测量读数，其结果的最大差异。

（8）回程误差　在相同情况下，计量器具正、反行程在同一点示值上被测量值之差的绝对值。引起回程误差的主要原因是量仪传动元件之间存在间隙。

（9）测量力　接触测量过程中测头与被测物体之间的接触压力。过大的测量力会引起测头和被测物体的变形，从而引起较大的测量误差。较好的计量器具一般均设置有测量力控制装置。

5.2　几何尺寸的精密测量

几何尺寸的精密测量常见于轴、孔直径的精密测量，或是线纹尺、量块的检定。测量、检定时所采用的计量仪器有比较仪、工具显微镜、测长仪、比长仪、激光干涉仪等。

对于高精度的轴径，常用比较仪进行比较测量。比较仪的基本结构如图 5-1 所示，但读数部分可有多种不同装置，有机械式、光学式、电动式，分别称为机械式测微仪、光学计、电动测微仪（又分为电感式、电容式）。图 5-1 所示是机械式比较仪。立式光学计如图 5-2 所示，图 5-2b 所示为其光路图。图 5-3 所示是电感式比较仪。

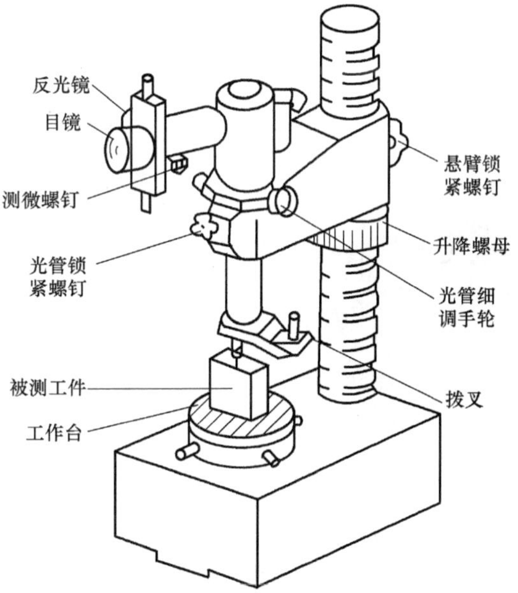

a) 结构组成图

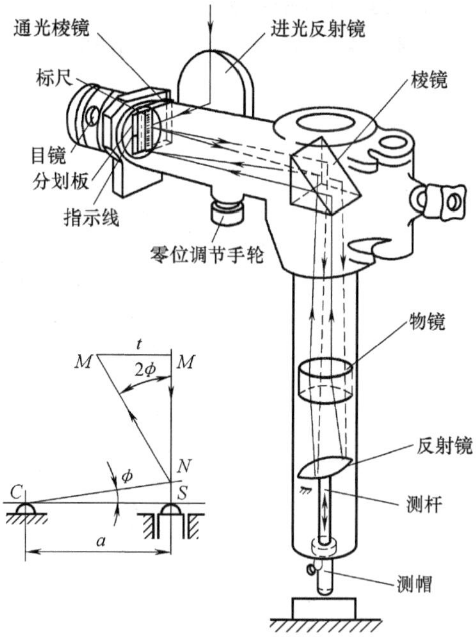

b) 光路图

图 5-2　立式光学计

5.2.1　用比较仪测量轴类零件

用比较仪测量轴类零件尺寸时，先用量块或标准件调好仪器的零位，然后将被测件放在工作台上进行测量，仪器指示值为被测轴径相对于仪器调零时所用基准的偏差值，指示值加上基准值（量块或标准件尺寸）后即为被测轴径的值。仪器调零过程是通过调节仪器悬臂在立柱上的高低位置（粗调）、检测装置在悬臂上的安装位置（细调）以及可动表盘的刻度位置（微调）实现的。机械式比较仪以及指针显示式电感测微仪的指示较容易观察，而光学计则要从目镜中观察。各种测量仪器的特性及精度略有差别，可在仪器说明书中查到。

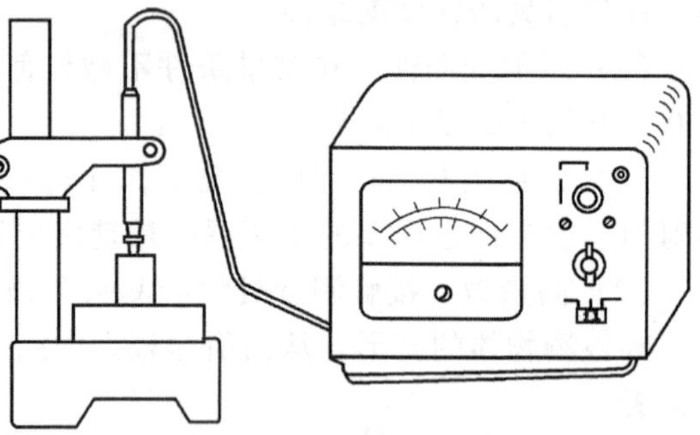

图 5-3　电感式比较仪

当采用比较仪测量圆柱直径时，由于被测面是一个圆弧面，若采用圆弧测头测量，被检圆柱应在工作台面上来回滚动，找出读数的转折点，即读出接触点是轴径的最高点时的读数。因此，它比平面零件的测量要麻烦一些，测量者必须仔细地观察指示装置，以减小由于测头偏离直径处而引起的误差。

5.2.2　用工具显微镜测量工件尺寸

1. 工具显微镜简介

工具显微镜分为小型、大型和万能工具显微镜，万能工具显微镜的基本结构如图 5-4 所示。

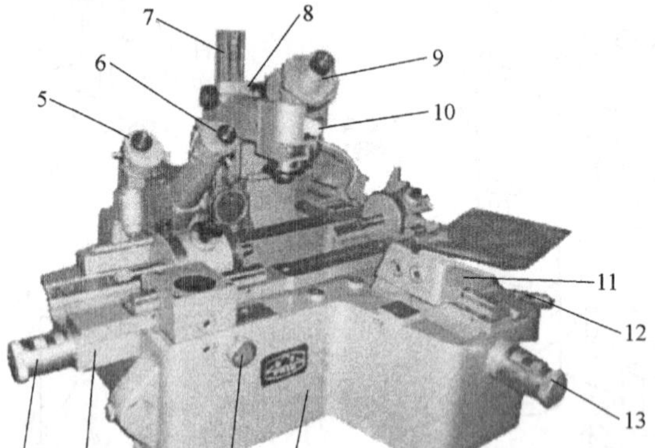

图 5-4　万能工具显微镜的基本结构

1—基座　2—纵向锁紧手轮　3—工作台纵滑板　4—纵向滑动微调　5—纵向读数显微镜
6—横向读数显微镜　7—立柱　8—支臂　9—测角目镜　10—立柱倾斜手轮　11—小平台
12—立柱横向移动及锁紧手轮　13—横向移动微调

工具显微镜的核心是具有纵横 X 、Y 方向的精密导轨，并在两方向均设有精密测量装置，工件在坐标系中位置的变动，可由测量装置读得坐标值，然后可求得被测的尺寸。可左右摆动一定角度的立柱，安装有可升降调焦距的目镜筒。测量过程中，工件的影像被放大投射在目镜上，加装上投影屏附件则可投射在小屏幕上。工件移动的位置是要通过影像在目镜中观察和定位的，有时为减少对线误差，需要借助测量刀或灵敏杠杆等辅助工具。

工具显微镜可以对长度、角度等多种几何参数进行测量，特别是万能工具显微镜具有较大的测量范围和较高的测量精度，是常用的一种计量仪器。

工具显微镜采用光学成像投影原理，以测量被测工件的影像来代替对轴径的接触测量，因而测量中无测量力引起的测量误差。然而应引起重视的是成像失真或变形，将会带来很大的测量误差。

工具显微镜的成像失真主要是因为显微镜光源所发射出的光线不是平行光束，造成物镜中所成影像不但不清晰，而且大小也发生变化。测量时，消除不平行光线的方法是正确地调整仪器后部光源附近的光圈，限制光源光线的散射（应注意：光圈太小易产生绕射）。最佳光圈直径可查工具显微镜说明书，无表可查时，可按下式计算光圈直径 D

$$D = 3.15\sqrt[3]{\frac{1}{d}}$$

式中　d——被测直径（mm）。

为了减小成像误差，最好是按仪器所附的最佳光圈直径表的参数调整光圈，否则会产生较大的测量误差，例如测量直径为 70mm 的轴，光圈从 5mm 变到 25mm 时，此项误差由+6mm变到-72mm ，可见变化范围较大，不注意调好光圈是不行的。同时，还应仔细调整工具显微镜的焦距，使目镜内的成像最清晰。

2. 工具显微镜的测量方法

测量过程中，定位被测目标有以下几种方法。

（1）影像法　当被测件两端有中心孔时，可采用这种非接触式测量法，首先用调焦棒对立柱上的显微镜精确调焦，这时被测件物像最清晰。测量轴径时，由于圆柱面素线会有直线度误差，或有锥形误差，不能采用通常测量长度的压线法，而必须用在素线上压点的方法，即将米字线中心压在轮廓素线的一点上进行坐标读数，然后横向移动工作台，使米字线中心对准相对应的轮廓素线再读数，两次读数之差即为被测轴径。同时，还应在不同的横截面内进行多次测量，最后取平均值作为测量结果。

在工具显微镜上进行影像法测量（不论是压线法还是压点法），都必须按照外形尺寸大小调整光圈，其测量精度会受对准精度、轮廓的表面粗糙度等因素的影响。因此，这种方法看似简单，实则麻烦，测量值的分散性较大，随着被测轴径的加大，其测量误差也加大，因此精密测量中较少采用影像法测量轴径。

（2）测量刀法　在工具显微镜上，还可以用直刃测量刀接触测量轴径。在测量刀上距刃口 0.3mm 处有一条平行于刃口的细刻线，测量时用这条细刻线与目镜中米字中心线平行的第一条虚线压线对准。由于此刻线靠近视场中心，因此处于显微镜的最佳成像部分，有较高的测量精度。测量时必须用 3 倍物镜，并在物镜的滚花圈处装上反射光光源，使用反射光照明。

采用测量刀法测量时，关键的一步是安放测量刀，操作时必须十分仔细，否则会产生接触误差或造成测量刀的损坏。应轻轻使测量刀刃口与被测工件接触并摆动，使测量刀刃口与轮廓线贴紧无光隙，并固紧。

测量刀法的对线误差比影像法小，测量精度较高。然而，测量刀在使用过程中容易磨损，因此应注意对测量刀的保护，除避免由于操作不当而造成不应有的损坏外，安装前还应仔细清洗刻线工作面，使用后应妥善放置，避免磕碰或锈蚀，还应注意定期检定。

(3) 光学灵敏杠杆接触法　在工具显微镜上常用光学灵敏杠杆测量孔径。

在工具显微镜上用目镜米字线以影像法对孔径进行测量时，由于受工件高度的影响，使工件的轮廓投影影像不清晰，瞄准困难，故测量精度不高。为提高测孔精度，常在主物镜上装以光学灵敏杠杆附件，用接触法测量孔径。由于其测量力仅为0.1N，测量力引起的变形很小，故瞄准精度较高，可大大提高测量精度。

光学灵敏杠杆主要用于测量孔径，也可测量沟槽宽度等内尺寸，在特殊情况下，还可用于丝杠螺纹和齿轮的测量。它在测量过程中主要起精确瞄准定位的作用。

光学灵敏杠杆的工作原理如图5-5所示，照明光源4照亮刻有3对双刻线的分划板1，经透镜至反射镜2后，再经物镜组7成像在目镜米字线分划板上。反射镜2与测量杆5连接在一起，当它随测量杆绕其中心点摆动时，3组双刻线在目镜分划板上的像将随之左右移动。当测量杆的中心线与显微镜光轴重合时，双刻线的影像将对称地跨在米字分划板的中央竖线上。若测头3中心偏离光轴，则双刻线的影像将随之偏离视场中心。6为产生测力的弹簧，测力的方向（使测量杆向左或向右）可通过调整帽来改变。

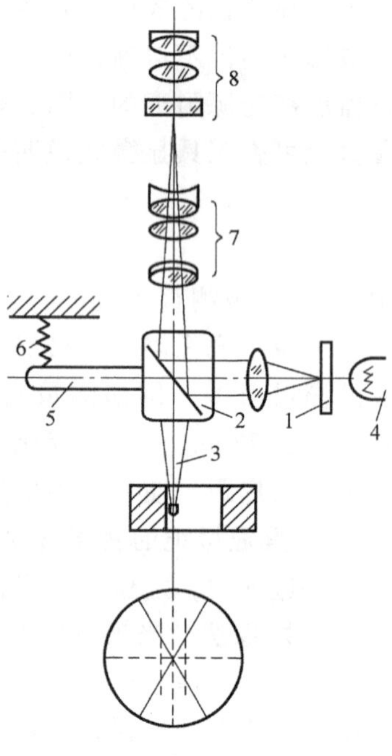

图5-5　光学灵敏杠杆的工作原理
1—分划板　2—反射镜　3—测头　4—光源　5—测量杆　6—弹簧　7—物镜组　8—目镜

测量时，将测量杆深入被测孔内，通过横向（或纵向）移动，找到最大直径的返回点处，并从目镜8中使双刻线组对称地跨在米字线中间虚线的两旁，此时进行第一次读数，读出n_1；旋转调整帽，调整测力弹簧6的方向（由测力方向箭头标记），使测头与被测工件的另一测点接触，双刻线瞄准后读出第二个读数n_2。则被测孔的直径D为

$$D=|n_2-n_1|+d$$

式中　d——测头直径，其数值在测量杆上有标示。

用光学灵敏杠杆测量孔径，其测量误差约为±0.002mm。测量时要注意尽可能保证被测工件的轴线与测量方向垂直，并在三个截面、两个相互垂直的方向做6次测量，以提高测量精度。

5.2.3　用卧式测长仪测量工件尺寸

1. 卧式测长仪简介

进行内孔的测量时，由于测量器具的结构尺寸和活动空间受到一定的限制，给测量中的调整与对准带来许多不便。因此，对中等尺寸的孔和轴，即使公差等级相同，孔的测量也比轴的测量困难，特别是深孔、不通孔、小孔等，测量难度更大。

一般精度的孔径，常用量规或万能量具进行检验。精度较高的孔径，除了可在工具显微镜上用光学灵敏杠杆和在万能测长仪上用电眼装置进行测量之外，还有一种使用卧式测长仪测量的方法。

卧式测长仪的读数装置用的是阿贝测头，可测量内、外尺寸，既可以测量光滑孔、轴，也可测量内、外螺纹，因其配备较多的测量附件，所以又称为万能测长仪。其结构如图 5-6 所示。

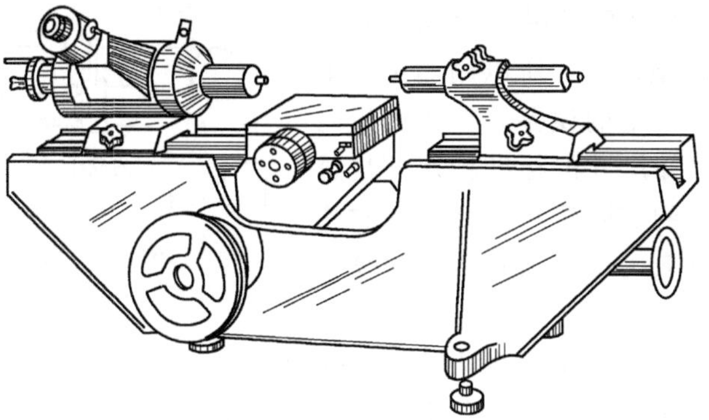

图 5-6　卧式测长仪

卧式测长仪的分度值为 0.001mm，测量范围为 0~100mm，可进行 0~100mm 外尺寸的绝对测量。进行外尺寸比较测量时，不用顶针架测量范围为 0~500mm，用顶针架时测量范围为 0~180mm。用单钩绝对测量内尺寸，测量范围为 0~20mm，用双钩做比较测量，测量范围为 10~200mm，测量力为 1.5~2.5N，示值稳定性为 0.4mm。其测量不确定度：

对于外尺寸测量，为

$$\pm\left(1.5+\frac{L}{100}\right)\mu m$$

对于内尺寸测量，为

$$\pm\left(2.0+\frac{L}{100}\right)\quad\mu m$$

式中　L——被测长度或直径（mm）。

在实际中，若利用与被测孔径相同的高精度的标准环规做比较测量，可使测量误差控制在 0.001 mm 左右。

2. 使用卧式测长仪测量孔径的方法

（1）利用电眼闪耀装置以单钩测量孔径

利用电眼装置可测量 1~20mm 的孔径、小槽宽度、小尺寸的卡板之类的零件。如图 5-7 所示，首先把被测工件 1 安放在仪器工作台 2 上，旋转工作台上的测微鼓轮 3 可使工件前、后、左、右移动，利用电眼指示器 4，以切弦的方法或找内孔最大直径点的方法，使测头处于被测孔的直径位置上，然后微调测量臂 6，使安装在测量臂上的测头先在被测孔的一侧接触（实际上不接触，当间隙很小时由于电容放电原理，电眼即有显示），记下第 1 次读数，然后在另一侧接触，记下第 2 次读数，如两次读数之差为 A，则被测孔的直径 D 为

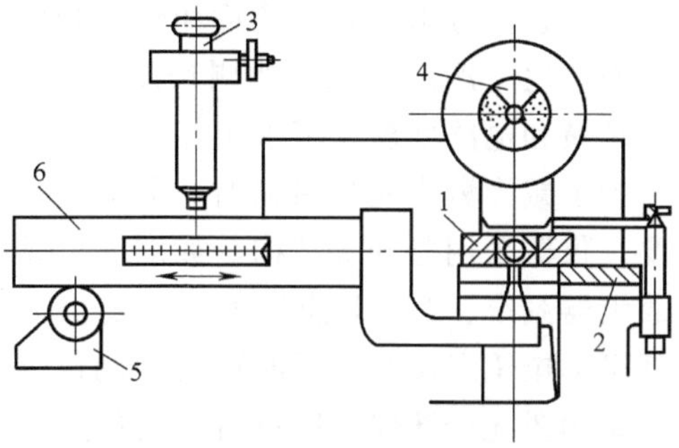

图 5-7　单钩测量孔径

1—工件　2—工作台　3—测微鼓轮　4—电眼指示器　5—支座　6—测量臂

$$D=A+d$$

式中　d——测头工作尺寸。

测头工作尺寸可直接用测量杆上标刻的尺寸，但由于当测头并未与孔壁接触（存在一定间隙）时，电眼就发出闪耀指示，所以用测量杆上标注的尺寸做计算存在一定的误差。精密测量时可以采用比较法，用已知尺寸的标准精密环规进行一次测量，求出测头的实际测得尺寸，以它作为上述计算式中的工作尺寸 d，则其中已包含了放电间隙。

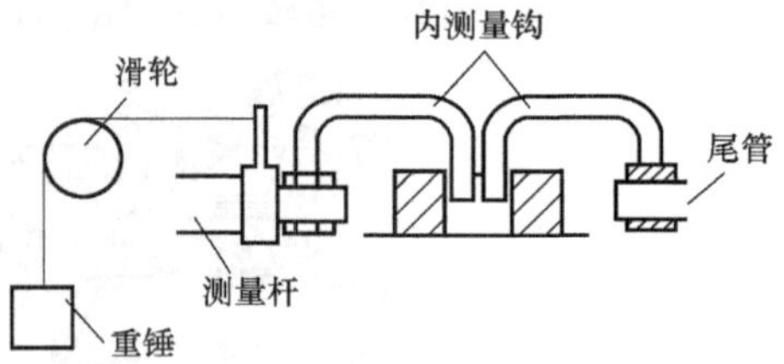

图 5-8　双测量钩测量内孔

电眼闪耀时测头与被测件间的接触间隙一般为 0.7～1.1mm，与测头直径、被测孔径以及仪器电压的大小、电压的稳定性都有关。通常仪器出厂时，在测头上标刻的尺寸已适当进行了修正。

（2）用双测量钩测量孔径　卧式测长仪附有两对内尺寸测量钩，小测量钩可测 10～100mm 的孔径，深度至 15mm，大测量钩能测 50～150mm 的孔径，深度至 50mm。

使用双测量钩测量孔径属于比较测量。如图 5-8 所示，只要用一个标准环规调好零位，就可对被测零件内孔进行比较测量，读得与认定零位的偏离值 A，则被测直径 D 为

$$D=D_1+A$$

式中　D_1——标准环规的实际直径。

5.2.4　用激光干涉仪测量长度

由于激光具有良好的方向性、单色性和相干性等优点，采用激光器作为光源，以激光稳定的波长做基准，利用光波干涉原理实现大尺寸的精密测量是目前大尺寸测量中比较理想的方法。

1. 用单频激光干涉仪测量大尺寸

单频激光干涉仪是将同一激光器发出的光束，经分光镜后分成相同频率的参考光束和测量光束，它们分别经固定棱镜和随被测件移动的可动棱镜（图 5-9）反射，在分光面上重新汇合而产生干涉，相应的被测长度对应于干涉场的干涉条纹信号变化的次数，通过光电接收、转换和电路处理，可求出相应被测长度的数值。

为了减少激光光源热辐射、振动等有害因素对其他部分的影响和满足大尺寸测量的客观需要，仪器采用分开式结构。如图 5-9 所示，1 为激光器，包括激光管光源、光电转换系统和放大器系统；2 为干涉装置，主要由分光学部件和固定棱镜部件组成；3 为反射靶系统，包括可动棱镜以及与它同时运动的测量装置。

单频激光干涉仪一般没有专门的空气折射率测量装置，在进行大尺寸测量时，温度误差将对测量结果有较大的影响，故对测量环境应有一定的要求，必要时应对上述影响进行修正。

2. 用双频激光干涉仪测量长度

（1）多普勒效应　实验证明，当光波接收装置相对光源做相对运动时，单位时间内接收装置所接收到的光波数（即频率 f），将与光源实际发出的光波数（频率 f_0）有所不同，

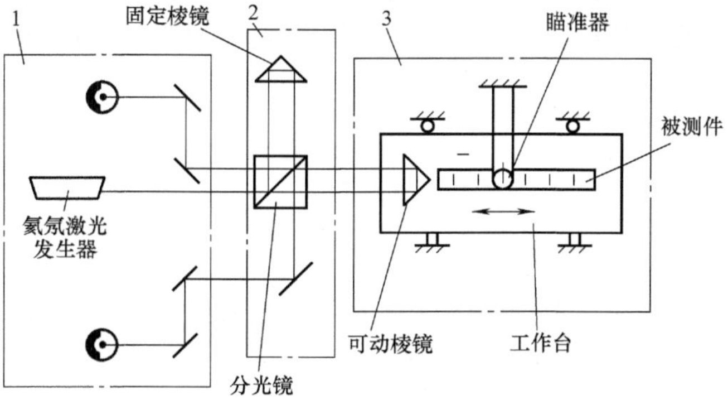

图 5-9 单频激光干涉仪的工作原理

1—激光器 2—干涉装置 3—反射靶系统

这种现象称为光的多普勒效应。

设光源固定不动，波长为 λ，接收装置以速度 v 趋向于光源，即接收装置迎着光波的传播方向移动，相当于光波以 $c+v$ 射向接收装置，c 为光波的传播速度。

因此，单位时间内到达接收装置的光波数（即频率 f）为

$$f=\frac{c+v}{\lambda}=\frac{c+v}{cT}$$

因为

$$\frac{1}{T}=f_0$$

所以

$$f=f_0\left(1+\frac{v}{c}\right)$$

即接收装置的频率等于光源频率的 $\left(1+\frac{v}{c}\right)$ 倍。当接收装置以同样的速度远离光源时，运动的速度 v 规定为负，上式仍然成立。

（2）双频激光干涉仪的工作原理 图 5-10 所示为双频激光干涉仪的光学系统。将氦氖激光器 1 置于一轴向磁场中，由于塞曼效应的作用，使激光谱线分为两个幅值相同，方向相反的左、右旋圆偏振光。又由于频率牵引的作用，使这两支光的频率 f_1 和 f_2 相差不大，一般为 1.5MHz 左右，处在激光的可“拍”频差之内。良好的干涉性能是激光优于普通光源的特点之一。对于激光而言，即使是两支频率有差异的光束也能较好地产生干涉，通常把这种激光独有的特殊干涉现象称为“拍”。这两支频率分别为 f_1、f_2 的圆偏振光，通过 1/4 波片 2 之后，形成两个振动方向互相垂直的线偏振光（设 f_1 平行于纸面，f_2 垂直于纸面）。它们经自准直系统 3 扩束后，在分光镜 4 上被分为两部分：一小部分作为参考光束被反射，经 45° 放置的检偏器产生拍频为（f_1-f_2）的“拍”，该信号由光电管 6 接收并转换为电信号，进入前置放大器 7 后送计算机处理；另一大部分光透过分光镜 4，沿原方向射向偏振分光镜 8，

互相垂直的频率为f_1和f_2的偏振光，在分光面上分别被反射和透射至参考镜9和测量镜10，然后再反射回并在分光面处汇合。其中，由测量镜返回的偏振光由于多普勒效应，频率变为

$$f=f_1+\Delta f$$

其中

$$\Delta f=\frac{2v}{c}f_1$$

式中　v——测量镜的移动速度。

这两支光汇合后，经棱镜11反射到45°放置的检偏器12产生“拍”，信号由光电管13接收，经前置放大器14后，送计算机处理。

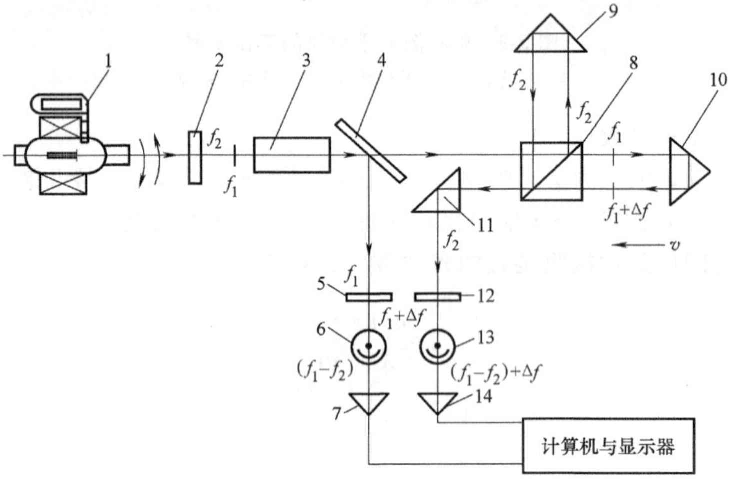

图5-10　双频激光干涉仪的光学系统

1—氦氖激光器　2—1/4波片　3—自准直系统　4—分光镜　5、12—检偏器　6、13—光电管　7、14—前置放大器　8—偏振分光镜　9—参考镜　10—测量镜　11—棱镜

计算机将两路信号进行同步相减，得出多普勒频差Δf。

在时间t内与被测长度对应的多普勒频差为

$$k=\int_0^t \Delta f \mathrm{d}t=\int_0^t \frac{2v}{c}f_1 \mathrm{d}t$$

由于

$$c=\lambda f_1$$

$$v=\frac{\mathrm{d}L}{\mathrm{d}t}$$

则

$$k=\int_0^L \frac{2}{\lambda}\mathrm{d}L=\frac{2L}{\lambda}$$

故被测长度L为

$$L=k\frac{\lambda}{2}$$

双频激光干涉仪以交变信号作为参考信号，可避免零点漂移，有较强的抗干扰能力，可

在现场使用。其测量长度可达 60m 左右，如配以简单的附件，还可对角度、直线度等进行测量。

双频激光干涉仪的最小分辨力为 0.08mm，最大位移速度为 300mm/s，其测量精度已达 $1\times10^{-7}L$（L 为被测量的长度）。

5.3　几何误差的检测

5.3.1　几何误差的检测原则

我国国家标准规定的几何公差项目共有 14 种，评定时要对应测出其误差。不同的误差项目需要采用不同的测量方法，而且在同一项目中，由于零件的精度要求不同，或是功能要求、形状结构、尺寸大小以及生产批量不同，要求采用的测量方法和测量仪器也不同，所以几何误差的测量方法是很多的。但是，若按检测原则来分，则可归纳为 5 种检测原则，这些检测原则的名称及相应的示例见表 5-1。

表 5-1　几何误差的 5 种检测原则

序号	检测原则的名称	说　明	示　例
1	与理想要素比较原则	将被测实际要素与其理想要素相比较，量值由直接法或间接法获得 理想要素用模拟方法获得	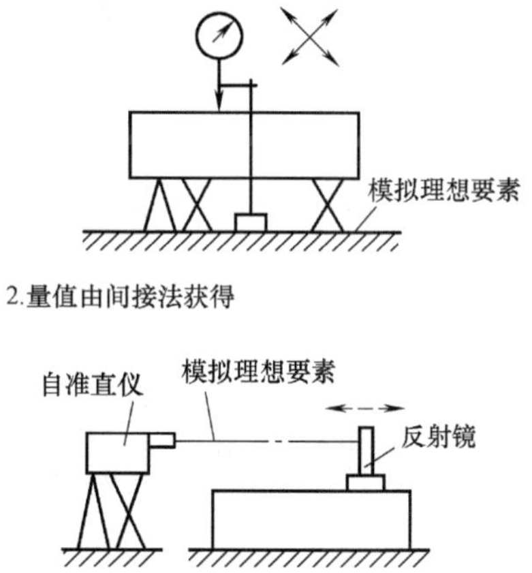
2	测量坐标值原则	测量被测实际要素的坐标值（如直角坐标值、极坐标值、圆柱面坐标值），并经过数据处理获得几何误差值	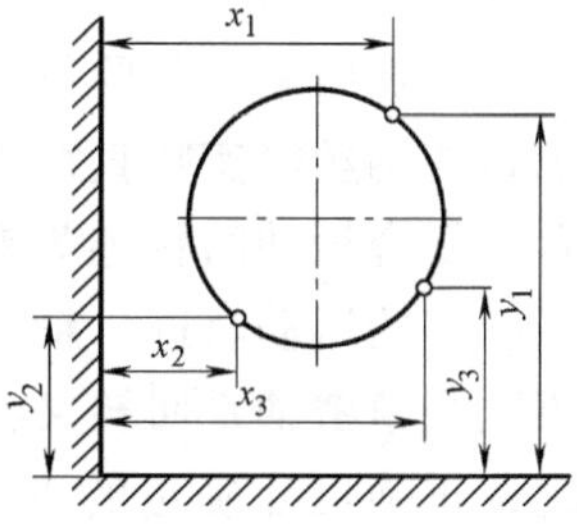

（续）

序号	检测原则的名称	说　　明	示　　例
3	测量特征参数原则	测量被测实际要素上具有代表性的参数（即特征参数）来表示几何误差值	两点法测量圆度特征参数 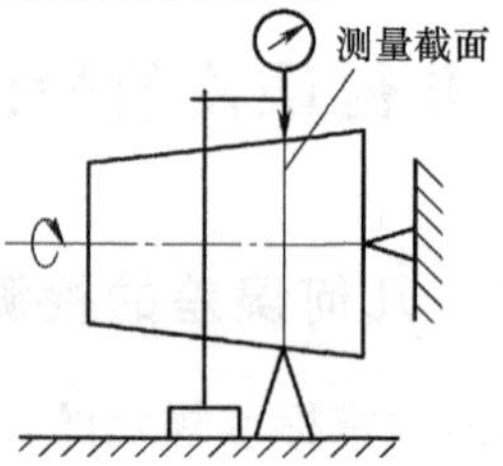
4	测量跳动原则	被测实际要素绕基准轴线回转过程中，沿给定方向测量其对某参考点或线的变动量 变动量是指指示器最大与最小读数之差	测量径向跳动 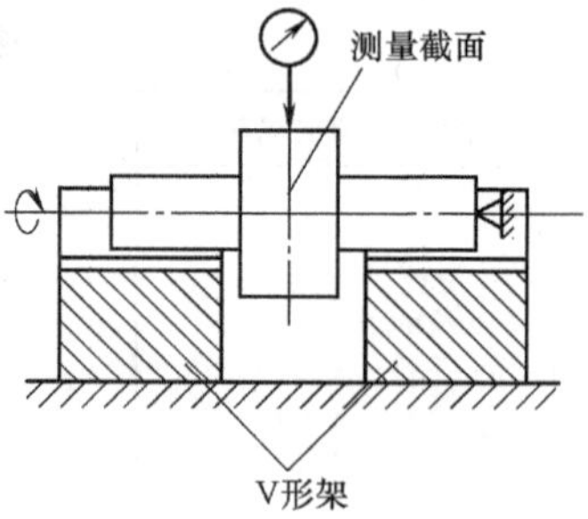
5	控制实效边界原则	检验被测实际要素是否超过实效边界，以判断合格与否	用综合量规检验同轴度误差 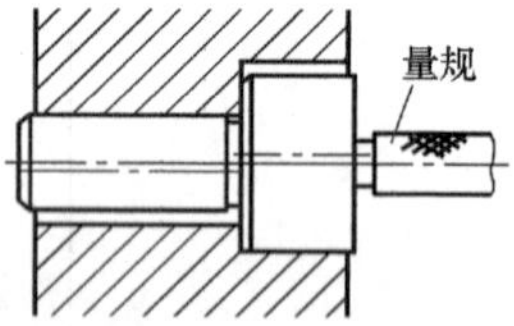

第一种检测原则：与理想要素比较原则。基于此原则的测量首先要得到理想要素，实际中常用实物体现出来。若要得到理想直线，可用刀口尺、平尺、光束、水平线、精密平台、导轨、拉紧的钢丝等实际直线来体现；如要得到理想平面，常用平晶、水平面、扫描光束、精密平台、复合运动的轨迹等来体现；如要得到理想圆，常用仪器精密轴系的回转轨迹、绕指定直线回转的运动轨迹、精密样件的回转表面等来体现；如果想要得到的理想要素为圆柱面，常用既绕精密轴系回转又沿轴向移动的运动轨迹来体现；非圆曲线或曲面，常用标准样板或按理论正确尺寸确定的点的轨迹来体现；如理想要素为点、轴线、中心线、中心平面等，则采用与其相关的外轮廓的间接方法体现。

有的检测需要用到基准，且应是理想基准要素。然而实际基准是经过加工制造得到的，存在着形状误差。在实际检测中，要由实际基准要素求得理想基准要素，或通过模拟获得理想基准要素。按几何误差评定的有关规定，由实际基准要素建立、体现理想基准要素，要遵守最小条件。如以包容实际基准线且距离为最小的两平行直线之一作为理想基准线；以包容实际基准面且距离为最小的两平行平面之一作为理想基准面；以包容实际基准轴线且直径为最小的圆柱轴线作为理想基准轴线。

实际检测中，基准要素可用模拟法、直接法、分析法和目标法得到。

（1）模拟法　通常采用具有足够精确形状的表面来体现基准平面、基准轴线、基准点等，如与基准面紧贴的测量平板、刚好与基准孔相配的心轴等。

（2）直接法　当实际基准要素具有足够的形状精度时，可将实际基准直接作为理想基准进行检测，如图5-11所示。

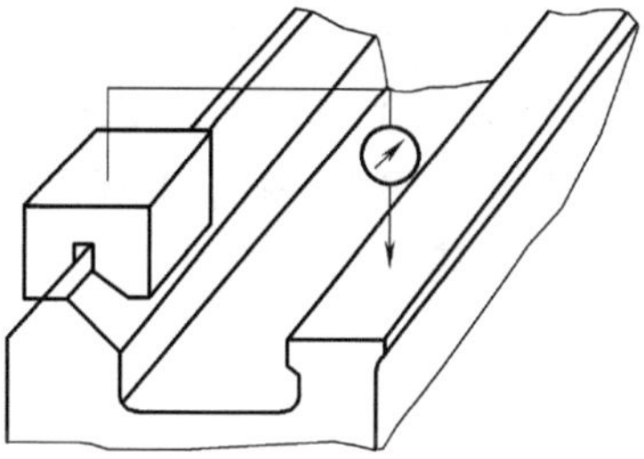

图 5-11　直接基准

（3）分析法　对实际基准要素进行测量，取得数据后用图解或计算法按最小条件确定基准要素，如图 5-12 所示。

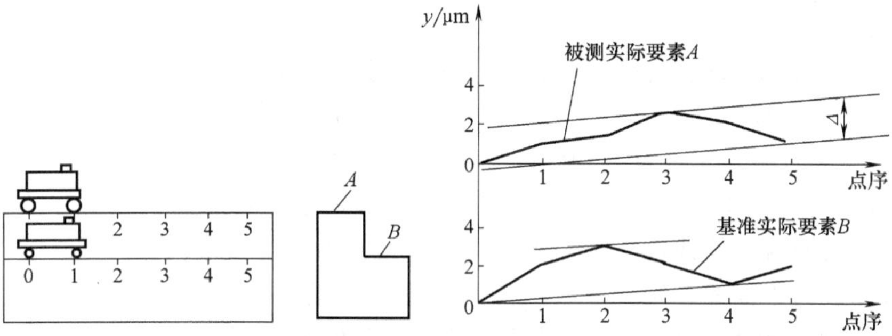

图 5-12　分析法求基准

（4）目标法　由基准目标建立基准，点目标用球端支承体现，线目标用刃口支承或圆棒素线体现，面目标可用具有相应大小的平面支承体现。通过支承得到基准线、基准面，用于位置误差的检测。

5.3.2　直线度误差的检测

直线度误差的检测方法分为线差测量法和角差测量法两大类。

线差测量法的实质是用模拟法建立理想直线，然后将被测实际线与它做比较，测得实际线各点的偏差值，最后通过数据处理求出直线度误差值。线差测量法有干涉法、光轴法、双频激光自准直仪法。

理想直线可用实物、光线或水平面来体现。实物有刀口尺、标准平尺、拉紧的钢丝、光学平晶等。

1. 干涉法

对于小尺寸精密表面的直线度误差，可用干涉法测量。光学平晶工作面的平面度精度很高，其工作面可作为一理想平面，在给定方向上则体现为一条理想直线。测量时，把光学平晶置于被测表面上，在单色光的照射下，两者之间形成等厚干涉条纹，如图 5-13 所示，然后读出干涉条纹的弯曲度 a 及相邻两条纹的间距 b 值，被测表面的直线度误差为$\frac{a}{b}\times\frac{\lambda}{2}$（$\lambda$ 为光波波长）。表面凹凸的判别方法是以光学平晶与被测表面的接触线为准，条纹向外弯，表面是凸的；反之，则表面是凹的。

对于较长的研磨表面，如研磨平尺，当没有长光学平晶时，也可采用圆形光学平晶进行分段测量，即所谓 3 点连环干涉法测量，如图 5-14 所示。若被测研磨平尺长度为 200mm，则可选用 100mm 的光学平晶，将研磨平尺分成 4 段进行测量，每次测量以两端点连线为准，测出中间的偏差。测完一次，光学平晶向前移动 50mm（等于光学平晶的半径）。图 5-14 所示被测研磨平尺只需测量 3 次即可，然后通过数据处理，得出研磨平尺的直线度误差。

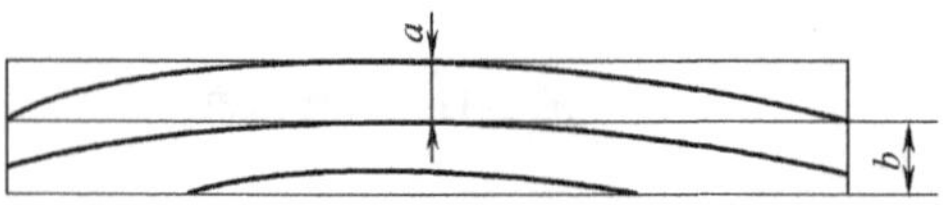

图 5-13　光学平晶下的干涉条纹

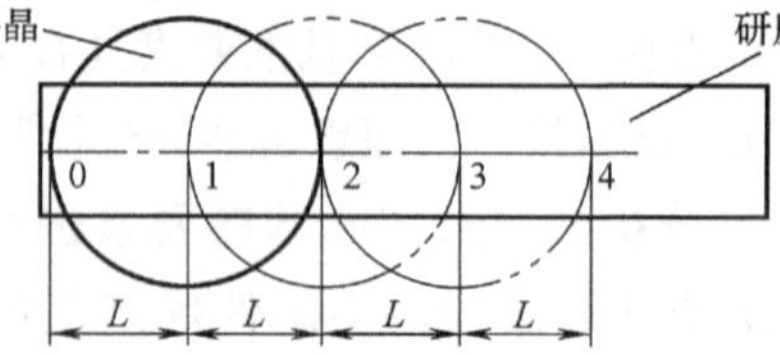

图 5-14　分段测量

2. 光轴法

该法以测微准直望远镜或自准直仪所发出的光线为测量基线（即理想直线），测出被测直线相对于该理想直线的偏差，再经数据处理求出被测线的直线度误差。

该法适用于大、中型工件及孔和轴的轴线直线度误差的测量。

用自准直仪测量直线度误差的测量方法如图 5-15 所示，具体如下。

1）将被测线两端点连线调整到与光轴测量基线大致平行。

2）若被测线为平面线，则 x_i 代表被测线长度方向的坐标值，y_i 为被测线相对于测量基线的偏差值。沿被测线移动瞄准靶，同时记录各点示值 y_i（$i=1$、2、3……），再经数据处理求出直线度误差值。

3. 双频激光自准直仪法

如图 5-16 所示，塞曼激光器 1 发出频率为 f_1 和 f_2 的左、右旋圆偏振光，经固定分光镜 2

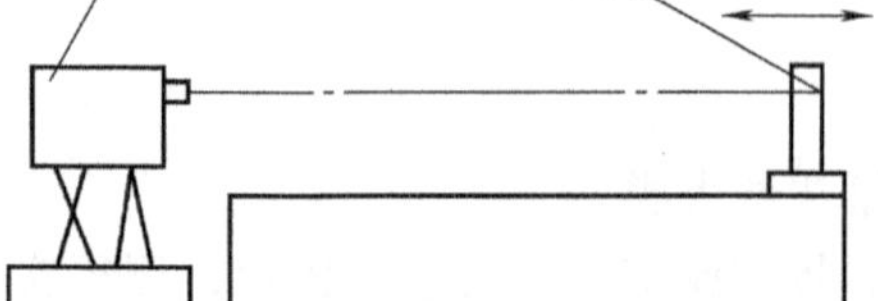

图 5-15　用自准直仪测量直线度误差

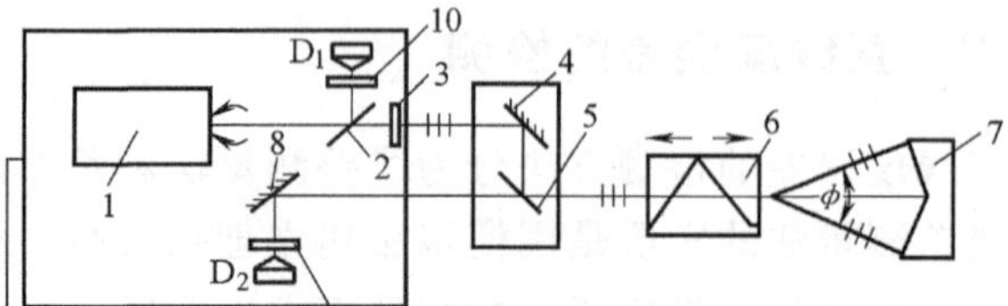

图 5-16　双频激光自准直仪的工作原理

1—塞曼激光器　2—固定分光镜　3—1/4 波片　4、8—反射镜
5—分光镜　6—渥拉斯特棱镜　7—角反射镜　9、10—检偏器

反射一小部分光经检偏器 10 由光电元件 D_1 接收，大部分光经固定分光镜 2 后经 1/4 波片，成为频率分别为 f_1 和 f_2 且偏振方向互相垂直的面偏振光。此面偏振光经反射镜 4、分光镜 5、渥拉斯特棱镜 6 后，分成夹角为 ϕ、频率为 f_1 和 f_2 的两束面偏振光，垂直射向夹角为 $180°-\phi$ 的角反射镜 7，再由角反射镜 7 返回，经渥拉斯特棱镜 6、分光镜 5、反射镜 8、检偏器 9，最后到达光电接收器 D_2。

测量时，若角反射镜 7 沿被测表面安放，则由于被测表面存在形状误差，会使角反射镜 7 在光轴上、下发生偏移，如图 5-17 所示。当角反射镜的顶点在光轴上时，频率为 f_1 的偏振光在 R_1 点反射，频率为 f_2 的偏振光在 R_2 点反射，则汇合光束的两个频率的光程差为零。当角反射镜的位置偏离光轴时（图中虚线，偏离量为 E），频率为 f_1 的偏振光在 R_1' 点反射，频率为 f_2 的偏振光在 R_2' 点反射，则汇合光束的两个频率的光程差 $\Delta L=4\overline{R_1R_1'}$（或 $\overline{R_2R_2'}$）。由图 5-17b 可知

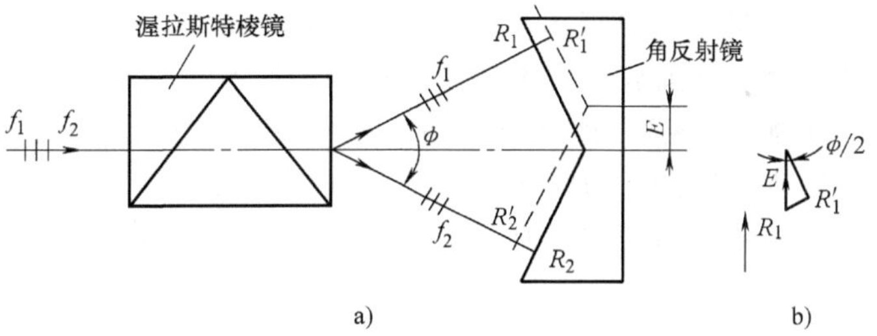

图 5-17 角反射镜的偏移

$$\overline{R_1R_1'}=E\sin\frac{\phi}{2}$$

则

$$E=\frac{\Delta L}{4\sin\dfrac{\phi}{2}}$$

光程差 ΔL 可以用双频激光干涉法做长度测量得到，从而测出角反射镜偏离光轴的偏离量 E，最后获得被测表面相对于激光光轴的偏差。

4. 角差测量法

用自然水平面或一束光线作为测量基准，测量时将被测表面分为若干段，每段长度为 l，用小角度测量仪器采用节距法，逐段测出每段前、后两点连线与测量基准（水平面或光线）之间的微小夹角 θ_i（$i=1$、2、…、n），然后经过数据处理，求出直线度误差值，这种测量法属于角差测量法。常用的小角度测量仪器有水平仪和自准直仪，其中水平仪又有框式水平仪、合像水平仪、电子水平仪几种，测得的读数都是被测直线与水平线的角度差，而自准直仪的读数则是被测直线与自准直仪发出的一束光线的夹角。

机床、仪器导轨或其他窄而长的平面，常要控制直线度误差。由于被测表面存在着直线度误差，把水平仪置于不同的被测部位上时，其倾斜角度就发生相应的变化。节距（相邻两测点的距离）一经确定，这个变化的微小倾角与被测相邻两点的高低差就有了确切的对应关系。逐个测量节距，得出变化的角度，再通过作图、计算，即可求出被测表面的直线度误差值。由于合像水平仪调节、读数方便，测量准确度高，测量范围大（±10mm/m），测量效率高，故在检测工作中得到了广泛的采用。

现以合像水平仪为例，介绍这一直线度误差的测量方法。

合像水平仪的外形如图 5-18 所示，由底板和壳体组成外壳基体，其内部则由杠杆、水

准器、棱镜、调节系统（测微旋钮）以及观察透镜组成。用它采用节距法测量直线度误差可按图 5-19 所示进行，使用时将合像水平仪放于桥板 1 上相对不动，再将桥板放于被测表面 4 上。如果被测表面无直线度误差，并与自然水平面基准平行，此时水准器的气泡则位于两棱镜的中间位置，气泡边缘通过合像棱镜所产生的影像，在观察透镜中将出现图 5-20a 所示的情况。但在实际测量中，由于被测表面安放位置不理想或被测表面本身不平，会导致气泡移动，观察窗所见到的情况将如图 5-20b 所示，即左、右两圆弧错位。此时可转动测微旋钮，使水准器转动一个角度，从而使气泡返回棱镜组的中间位置，则图中两影像的错移量消失，恢复成光滑的半圆头，如图 5-20a 所示。此时便可从合像水平仪测微旋钮的刻度盘上读得所测数值。

图 5-18　合像水平仪

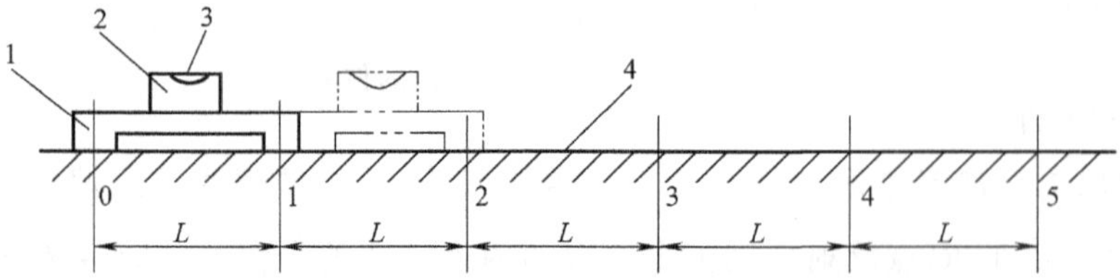

图 5-19　节距法测量直线度误差

1—桥板　2—合像水平仪　3—水准器　4—被测表面

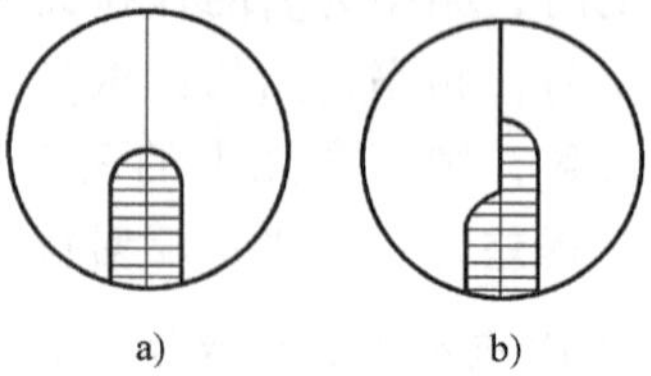

图 5-20　合像水平仪观察窗

整个直线度误差测量的操作步骤如下：

1）量出被测表面总长，确定相邻两测点之间的距离（节距 L），按节距调整桥板两支承腿中心点的距离。

2）将合像水平仪放于桥板上，然后将桥板依次放在各节距位置，每放一个节距后，要旋转测微旋钮，当观察透镜中出现图 5-20a 所示的情况时，即可进行读数。先在合像水平仪一端侧面的读数窗处读出百位的数字，它反映测微旋钮的旋转圈数。合像水平仪测微旋钮上标有“+”“-”旋转方向，旋转一圈为 100 格，它是合像水平仪总读数的十位数以下的读数。如此顺测（从首点至终点）、回测（由终点至首点）各一次，回测时桥板及合像水平仪不能调头，将各测点两次读数的平均值作为该点的测量数据。必须注意，如某测点两次读数相差较大，说明测量情况不正常，应查明原因并加以消除后重测。

3）为了作图方便，最好将各测点计得的较大数字的平均值同减一个相同的数而得到一个小数字的相对差值，这一过程不会改变测量结果。

4）根据各测点的相对差，在坐标纸上取点，画出各段的倾斜情况。由于每一段有前后两点，测量读数时是把前一个点作为零，读得后一个点的高度差，故作图时不要漏掉首点（零点），同时后一测点的坐标位置是以前一点为基准，根据相邻差数取点的。然后连接各点，得出直线度误差折线，如图 5-21 所示，图示为分 7 段测

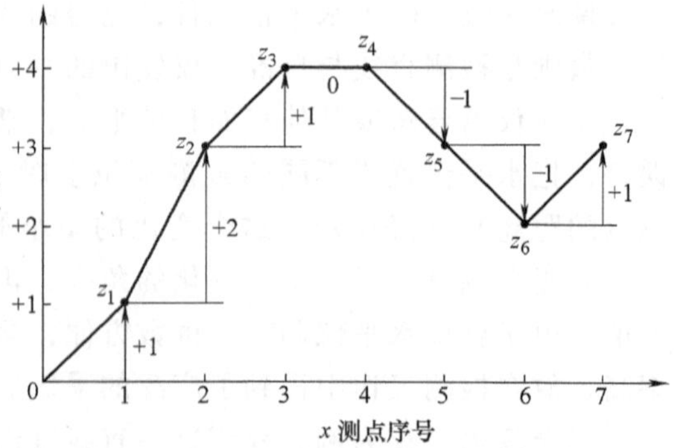

图 5-21　数据作图

量的情况，测得的读数（已简化）为+1、+2、+1、0、−1、−1、+1。

为了作图方便，可以先把各点的相对差值与前面一些点的相对差值累加，得到的是以 x 轴为零点的本测点的绝对高度，即 z 坐标值，为+1、+3、+4、+4、+3、+2、+3。这样作图时可不必以前一点为基础，而是直接按坐标值描点。

测微旋钮旋转量可由刻度盘读出。它以“格”做单位，代表一个比值，表明图 5-22 所示的关系，即读得 1 格读数时，被测直线与水平线成一夹角 θ，若仪器所写的分度值为 1 格＝0.02mm/m，则夹角大小是 4″，即在 1m 远处的高度为 0.02mm。但由于被测量的一段只有桥板的跨距那样长，末点的高度应由前、后两点的距离确定，这样“1 格”倾斜导致水准器的转角 θ，引起的后测点比前测点高 h 则为

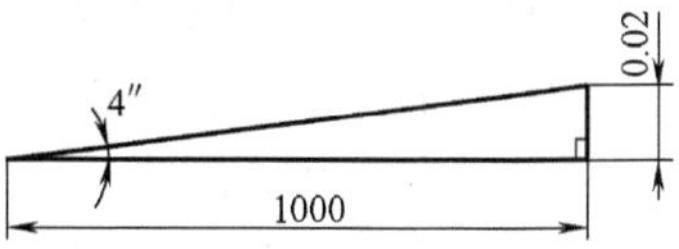

图 5-22　单位格的含义

$$h=\frac{0.02}{1000}L=0.02L$$

式中　0.02——合像水平仪的分度值（mm/m）；

L——桥板节距（mm）。

【例 5-1】　用合像水平仪测量长 1.6m 的窄平面的直线度误差，仪器的分度值为 0.01mm/m，选用的桥板节距 L=200mm，分为 8 段，共 9 个测点，8 段测量的 8 个读数记录见表 5-2。试评定该平面的直线度误差。

表 5-2　读数记录

测量点序号	0	1	2	3	4	5	6	7	8
顺测仪器读数/格	—	298	295	300	301	302	305	299	296
逆测仪器读数/格	—	296	291	298	299	300	305	297	296

按直线度误差测量操作第 2）、3）步计算平均值和简化数据，得到表 5-3 所示数值。

表 5-3　数据初处理

测量点序号	0	1	2	3	4	5	6	7	8
两次读数平均值/格	—	297	293	299	300	301	305	298	296
简化后的相对差 $\Delta a_i=(a_i-a)$/格	0	−1	−5	+1	+2	+3	+7	0	−2
累积值 $\sum\Delta a_i$/格	0	−1	−6	−5	−3	0	+7	+7	+5

其中 a 值可取任意数，但要有利于相对差数字的简化，本例取 a＝298 格。直接按累积值作图，得到图 5-23 所示折线图。它反映实际曲线的弯曲趋向，实际的直线度误差要根据坐标值，按评定方法计算求得。

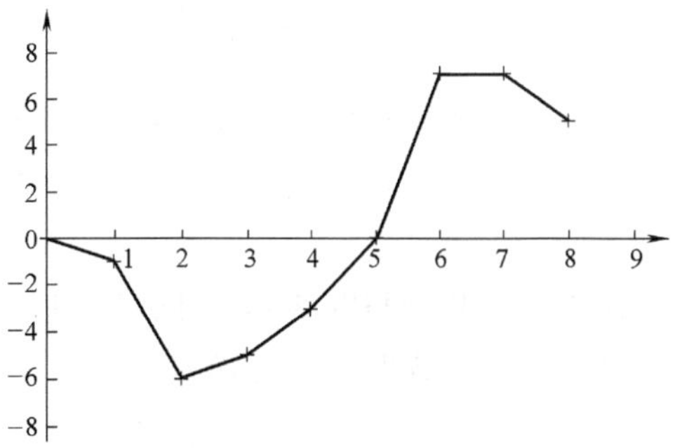

图 5-23　数据的坐标图表示

5.3.3　直线度误差的评定

有了整理后的测量数据，画出误差折线图，即可按一定方法进行直线度误差的评定。按国家

标准规定必须采用符合最小条件的评定方法，即最小包容区域法。生产实际中，为计算方便，也有采用两端点连线法和最小二乘法的，但这两种方法不符合最小条件，评定出的直线度误差值会大于实际值，使用者可以得到更高的保证，但会给制造方造成损失，故除非制造方愿意，否则不能采用。

1. 最小包容区域法的人工处理

用两条平行直线包容误差折线，其中一条直线必须与误差折线两个最高（最低）点相切，在两切点之间，应有一个最低（最高）点与另一条平行直线相切。这两条平行直线之间的区域才是最小包容区域。从平行于纵坐标方向画出这两条平行直线间的距离，此距离就是被测表面的直线度误差值 f（格）。

按例 5-1 所得的折线图如图 5-24 所示，取最小包容区域如图 5-25 所示。包容区域为两平行直线所夹区域，其中一条线过零点和第 6 个数值点（高点），另一条线仅通过第 3 个数值点一个点（低点），且这个低点位于 0 与 6 点之间。

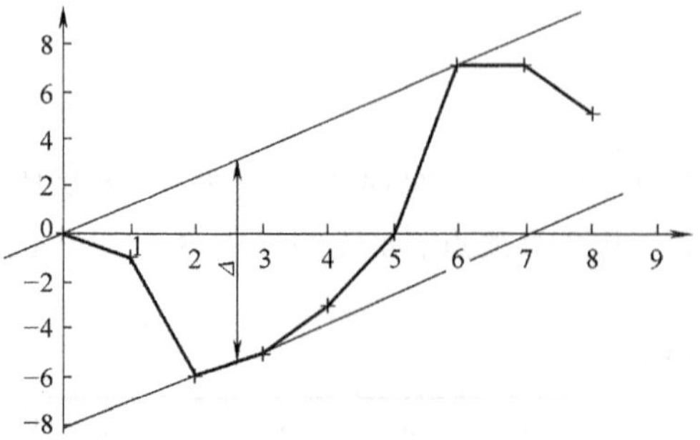

图 5-24　平面内直线的最小包容区域

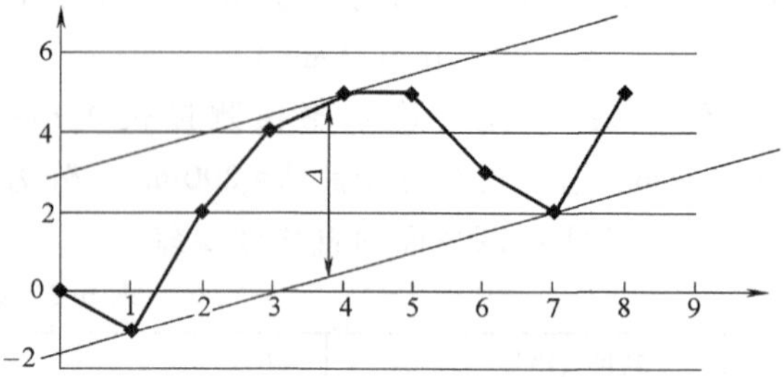

图 5-25　最小包容区域法误差评定

本来两平行线之间的宽度应该是指它们间的垂直距离，但是，由于图中折线是歪曲了的实际曲线，其 x 轴缩小了很多倍，y 轴则放大了很多倍，而只有坐标的数字不会改变，因此包容区域的宽度应该是两平行线的 y 坐标距离，即图 5-24 中的 Δ 值。

按下式计算包容区域的宽度，得到以"格"为单位的直线度误差值

$$f=\Delta=\left|(y_{P2}-y_V)-\frac{n_{P2}-n_V}{n_{P2}-n_{P1}}(y_{P2}-y_{P1})\right|$$

式中，y_{P1}、y_{P2}、y_V 分别为两峰（高）点和一谷（低）点的纵坐标值，n_{P1}、n_{P2}、n_V 分别为两峰（高）点和一谷（低）点的横坐标值（即测点序号）。代入例 5-1 的数值，则

$$f=\Delta=\left|[7-(-5)]-\frac{6-3}{6-0}\times(7-0)\right|=8.5(\text{格})$$

最后，还要进行单位换算，将误差值 f（格）按下式折算成线性值 f_m（μm）

$$\begin{aligned}f_m&=0.01Lf\\&=0.01\times200\times8.5\mu m=17\mu m\end{aligned}$$

对于弯曲趋势与图 5-24 不同的情形，计算公式稍有不同，像图 5-25 所示的包容区域，其 y 坐标方向的宽度计算公式为

$$f=\Delta=\left|(y_P-y_{V2})+\frac{n_{V2}-n_P}{n_{V2}-n_{V1}}(y_{V2}-y_{V1})\right|$$

式中，y_P、y_{V1}、y_{V2}分别为一峰（高）点和两谷（低）点的纵坐标值，n_P、n_{V1}、n_{V2}分别为一峰（高）点和两谷（低）点的横坐标值（即测点序号）。

上述处理方法是利用人工寻找到最小包容区域，并找到相关的点后，才套用公式求得直线度误差值。由于实际中折线的弯曲趋势是多种多样的，人工寻找到的包容区域是否符合最小条件，要进行必要的判别。

要使包容实际轮廓线的两平行直线中的纵向距离为最小，在作包容线时两平行直线之间的距离要由大到小变化，同时，其倾斜的方向也要不断变化，直到不能再缩小和摆动为止，且实际的折线绝对没有跑出包容区域外的点，最后用下列判别准则判别是否符合最小条件。

符合最小条件的包容区域，其两平行线与折线的接触点有以下两种情形。

1）低—高—低相间接触（图 5-26a），即下包容线与折线的两个最低点相切，上包容线与折线的最高点相切，且最高点横坐标在两个最低点之间。

2）高—低—高相间接触（图 5-26b），即上包容线与折线的两个最高点相切，下包容线与折线的最低点相切，且最低点横坐标在两个最高点之间。

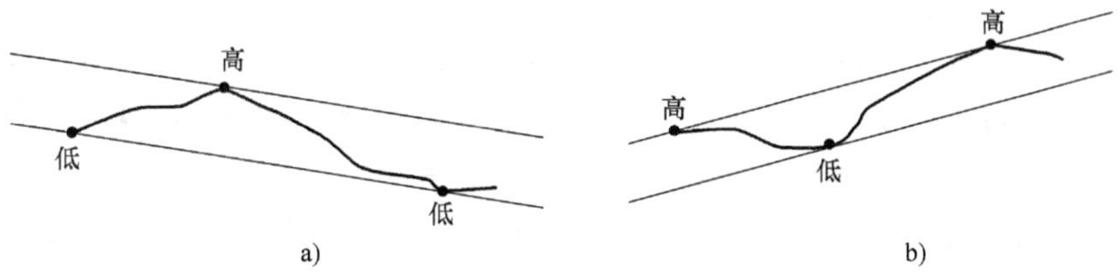

图 5-26　最小包容区域的判别准则

2. 最小包容区域法的计算机处理

利用计算机直接进行直线度误差的数据处理，需要计算机寻找最小包容区域和进行最小包容区域的判断，算法较为复杂。但只要按严密、正确的算法预先编制好处理程序，则可以一劳永逸。

（1）计算机近似评定法——逐步逼近法　随着计算机技术的发展，按最小条件评定直线度误差的计算机算法得到了飞速的发展，在其发展进程中，前期提出的方法多数是一些近似的方法。

计算机近似评定法实质并未寻出最小包容区域，而只是使计算结果尽可能接近按最小条件评定的结果。近似评定的方法有很多，这里只介绍近似评定法中逐步逼近法的基本原理。

逐步逼近法是一般优化计算中常用的方法，通常以允许的评定误差作为优化目标，通过改变某些参数进行尝试、经反复运算比较，最终得到最接近所要结果的值。采用逐步逼近的方法来求得直线度误差值，其评定过程主要有两个步骤，即选定初值和搜索逼近。

1）选定初值。在逼近法中，初值选定是关键一环，直接影响运算速度和处理能否顺利进行，通常希望所选定的初值尽可能接近真值（理想值）。为此，首先根据最小二乘原理，求得各测得点偏差值的一元线性回归方程 $y=kx+b$，并求得以最小二乘直线为评定基线的直线度误差 f_s。一般来说，此时求得的 f_s 值与按最小条件法求得的直线度误差值 f 比较接近。因此，便可以用此时求得的 f_s 值作为逐步逼近法的初值。

2）搜索逼近。初值 f_s 选定后，进行搜索逼近。在直线度误差评定中，目前普遍采用的方法是改变一元线性回归方程中斜率 k 以进行搜索逼近。为此确定搜索步长 Δk，并判别搜索方向。设直线方程斜率向某一方向改变一个步长 Δk，求得以此新直线为评定基线的直线度误差值为 $f_{\Delta k}$。若 $f_{\Delta k}>f_s$，表明此时搜索方向有误，说明直线方程斜率应向反方向改变，即步长 Δk 应改变符号；若 $f_{\Delta k}<f_s$，则表明搜索方向正确，Δk 应沿此方向继续一步步变化。这样，就可求得一系列斜率改变后的直线度误差值——$f_{\Delta k1}$、$f_{\Delta k2}$、$f_{\Delta k3}$、…、$f_{\Delta kn}$，这时有：$f_{\Delta k1}>f_{\Delta k2}>f_{\Delta k3}>\cdots>f_{\Delta kn}$，直到 $f_{\Delta kn}$ 达到某个值 f_m 后，若再变化一个步长 Δk，直线度误差值变得大于 f_m，此时便停止搜索。

由此可见，逐步逼近法最后存在的误差大小与选择的步长大小有关，步长越小，则搜索逼近后残留的误差越小，但此时搜索的时间则增长。为了解决评定精度与搜索时间之间的矛盾，可以采用变步长的方法，即先以较大的步长进行搜索，到较接近后，再改用较小的步长进一步搜索逼近，以减小残留误差。

总之，逐步逼近法是具有原理误差的近似方法，最终逼近求得的直线度误差值与按最小条件法求得的直线度误差值间总存在一定的偏差。因此，用逐步逼近法评定直线度误差是不符合最小条件的，但是当步长 Δk 足够小时，计算所得的直线度误差存在的偏差已小到可以忽略不计的程度，即计算结果已达到足够精确的程度，则此方法完全可以作为最小包容区域法使用。当今，计算机应用已经很普及，普通的计算机运算速度已很高，逐步逼近法可适用于直线度的自动检测及数据处理。当连续采样，采集的数据较多时，虽然计算量大，但算法较为简单，只要计算机速度能胜任，便是一个较好的方法。

（2）计算机精确算法　下面介绍两种可行的直线度误差的计算机精确算法。所谓精确算法是指真正意义上符合最小条件、无原理误差、计算结果具唯一性的最小包容区域评定方法。

其中一种是居于构造包容线的方法，其算法和步骤如下：

1）求最小二乘直线。根据各测得点偏差值（x_i，y_i）计算实际误差线的最小二乘直线

$$y=kx+b$$

其中 y_i 为各测得点相对于 x 轴线的偏差值，$i=1$、2、…、n，n 为测得点数。

2）确定高点和低点。

以最小二乘直线为基线，将各测点分为高点和低点，将在基线上及在其上方的点定为高点，以 P_i 表示（$i=1$、2、…、m_1，m_1 为高点数目），将在基线下方的点定为低点，以 V_i 表示（$i=1$、2、…、m_2，m_2 为低点数目）。

3）构造包容线 L_1 和 L_2。首先任选两高点 P_i 和 P_j 作直线 $L_{1(i,j)}$，其中 $i\neq j$，且 i、$j<m_1$，如果 $L_{1(i,j)}$ 上方无测得点，则确定其为一条上包容线，并过与 $L_{1(i,j)}$ 相距最远的一个测得点，作与 $L_{1(i,j)}$ 平行的线 $L_{2(i,j)}$ 作为相应的一条下包容线。这样，每次任选两个高点确定所有符合上述条件的上、下包容线，并计算出各包容线之间的距离 $h_{1(i,j)}$。

用同样的方法，任选两低点 V_i 和 V_j 作直线 $L_{2(i,j)}$ 其中 $i\neq j$，且 i、$j<m_2$，如果其下方无测得点，则确定其为一条下包容线，并过与 $L_{2(i,j)}$ 相距最远的一个测得点，作与 $L_{2(i,j)}$ 平行的直线 $L_{1(i,j)}$ 作为相应的一条上包容线。同样，每次任选两个低点确定所有符合上述条件的下、上包容线，并计算出各包容线之间的距离 $h_{2(i,j)}$。

4）计算符合最小条件的直线度误差值。上面计算出的所有 $h_{1(i,j)}$ 和 $h_{2(i,j)}$ 中的最小值，即是符合最小条件的直线度误差值。

（3）凸多边形法　还有一种是基于构造凸多边形的方法，其原理及步骤如下：

1）将各测得点的偏差值分为高点和低点。设各测得点的偏差值如图 5-27 所示，以测得的首点 A_1 为坐标原点，连接首尾两点 A_1、A_{11}。以两端点连线 A_1A_{11} 为基线，将各测得点分为高点和低点，位于基线上方的点为高点，位于基线下方的点为低点；得到高点 A_2、A_6、A_7、A_8、A_9、A_{10}，低点 A_3、A_4、A_5。

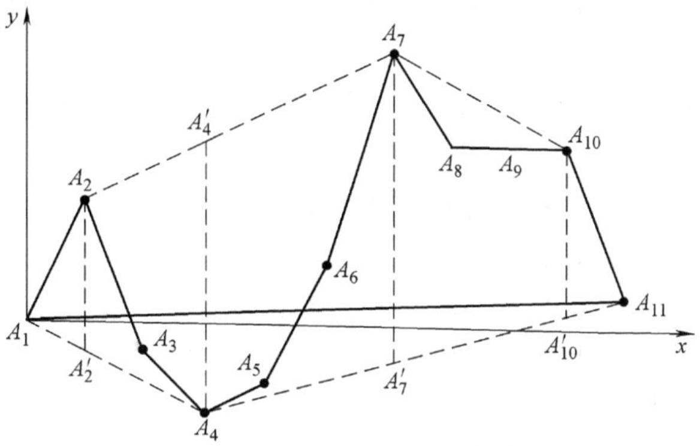

图 5-27　凸多边形

2）构造两端点与高点的凸多边形。由原点 A_1 向各高点 A_2、A_6、A_7、A_8、A_9、A_{10}及尾点 A_{11} 连线，判别各直线中斜率最大者，图中为 A_1A_2线，把该直线定为以高点所作凸多边形的第一边；然后以第一边的终点（即 A_2点）为起点，向序号在该点之后的各高点（A_6、A_7、A_8、A_9、A_{10}）及尾点 A_{11}作连线，判别各直线中斜率最大者，图中为 A_2A_7线，将该直线定为高点凸多边形的第二边；之后再以第二边的终点（即 A_7点）为起点，再向序号在该点之后的各高点（A_8、A_9、A_{10}）及尾点 A_{11}作连线，判别各直线中斜率最大者，图中为 A_7A_{10}线，将该直线定为高点凸多边形的第三边；如此往下判别，形成高点与首尾两端点连成的凸多边形 $A_1A_2A_7A_{10}A_{11}A_1$。

3）构造两端点与低点的凸多边形。方法与 2）相同，只是当由首点 A_1向各低点及尾点引连线后，判别的是直线中的斜率最小者（若斜率为负，则绝对值为最大者），该直线即为以低点连成的凸多边形的第一边，如图中的 A_1A_4。如此往下判别，形成低点与首尾两端点构成的凸多边形 $A_1A_4A_{11}A_1$。

4）构造整体封闭凸多边形。将高点凸多边形及低点凸多边形合并，构成整体凸多边形，如图 5-27 中 $A_1A_2A_7A_{10}A_{11}A_4A_1$。

5）计算符合最小条件的直线度误差值。求整体封闭凸多边形各顶点到对应边的纵坐标距离 A_2A_2'、A_4A_4'、A_7A_7'、$A_{10}A_{10}'$，其中的最大值即为符合最小条件的直线度误差值（图 5-27 中为 A_7A_7'）。

此方法在算法上较为复杂，测点数较少时可用。

3. 其他近似计算方法

（1）两端点连线法

当画出误差折线图后，以首尾两点的连线作为评定直线度误差的基线，如图 5-28 所示。根据图中三种可能出现的情形，求出相关点到首尾两点连线的纵坐标距离，然后求得被测对象的直线度误差值 f。

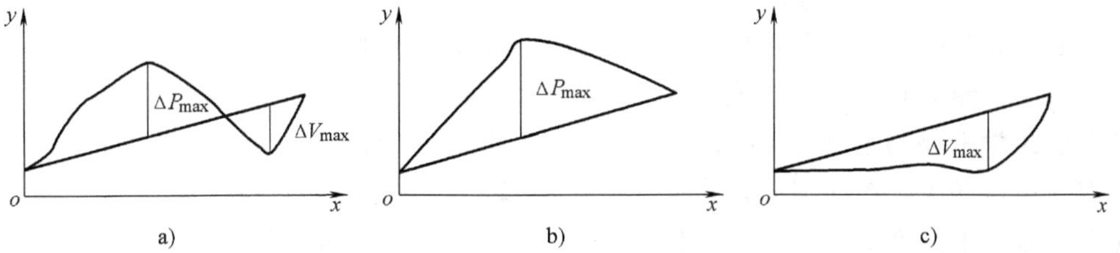

图 5-28　两端点连线法

当测量数据分布于评定基线的两侧，即如图 5-28a 所示情形时，f 的计算公式为

$$f=\Delta P_{max}+\Delta V_{max}$$

式中　ΔP_{max}——位于评定基线上方且距离基线最远的点至该基线的纵坐标距离；

ΔV_{max}——位于评定基线下方且距离基线最远的点至该基线的纵坐标距离（绝对值）。

当各测得点偏差值对两端点连线呈两侧分布时，两端点连线法的评定结果大于最小包容区域法的结果。

当出现图 5-28b、c 所示情形时，两端点的连线已经是最小包容区域的其中一条包容线，可同样按上述公式计算，只是式中的其中一项为零而已，求出的直线度误差已经是最小包容区域法的结果。

按两端点连线法求直线度误差值，可用作图和手工计算的方法，也可用计算机按一定的算法编程计算，方法较为简单，编程也不复杂，在此不再赘述。

（2）最小二乘法　最小二乘法是以各测得点偏差值的最小二乘直线为评定基线，其他与两端点连线法相同，求得两侧距评定基线最远的点至该基线的纵坐标距离 ΔP_{max} 及 ΔV_{max}（取绝对值），然后以其之和作为被测件的直线度误差值，即

$$f=|\Delta P_{max}|+|\Delta V_{max}|$$

这一方法由于手工计算不及两端点连线法简便，计算方法不符合国家标准的规定，计算结果比按最小包容区域法计算的结果偏大，故在实际中很少应用。

5.3.4　平面度误差的测量与评定

平面度误差的测量通常是先用某种测量方法测量出被测实际面的原始数据，然后进行数据处理，以求得被测实际面的平面度误差。

1. 平面度误差的测量

平面度误差的测量通常是通过实物（如精密平板、光学平晶、水平面等）建立一基准平面，然后将被测实际平面与该基准平面相比较，以确定被测实际平面的平面度误差。

精密小平面（如量具的测量平面）的平面度误差，可用光波干涉法测量。该方法是以光学平晶表面为基准平面，使它与被测平面接触，在单色平行光照射下，形成等厚干涉。调整光学平晶与被测表面间的相对位置，使之产生明显的干涉条纹，然后根据环形的干涉条纹数来评定平面度误差（图 5-29）。当条纹不是环形时，则根据条纹的弯曲程度来评定平面度误差。

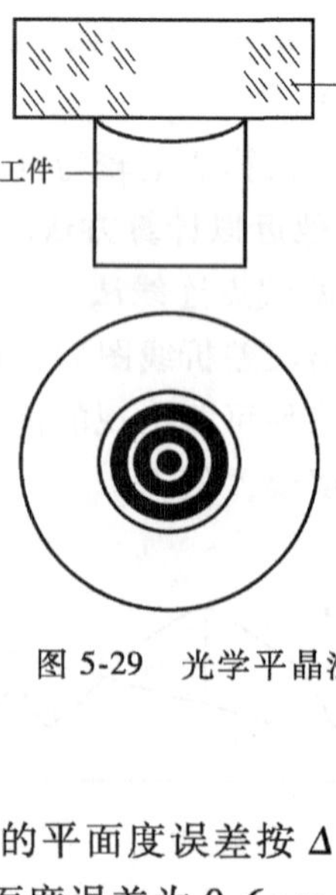

图 5-29　光学平晶法测量

若测量平整平面，当光学平晶与被测表面之间有一微小斜角时，则会出现光波干涉，得到一组等间距的直干涉条纹，如图 5-30a 所示；平整平面与光学平晶表面紧密贴合，则无干涉条纹，如图 5-30b 所示；若平面有平面度误差，则会出现弯曲的干涉条纹。测量时，如果形成图 5-31a 所示的环形干涉条纹，则调整光学平晶与被测表面的相对位置，使出现的干涉条纹条数 n 尽可能少。图 5-31a 所示的条纹数 $n=2$。

光波干涉法平面度误差的评定比较简单，图 5-31a 所示平面的平面度误差按 $\Delta=n\lambda/2$ 计算，它与光波波长 λ 有关。当以白光照明时，$\lambda=0.6\mu m$，故平面度误差为 $0.6\mu m$。

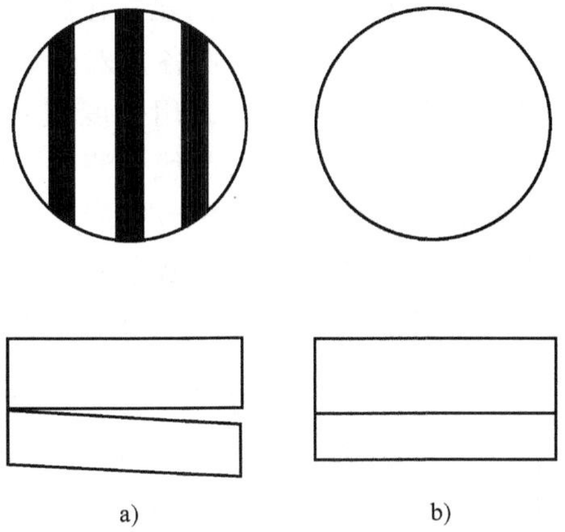

图 5-30 干涉原理

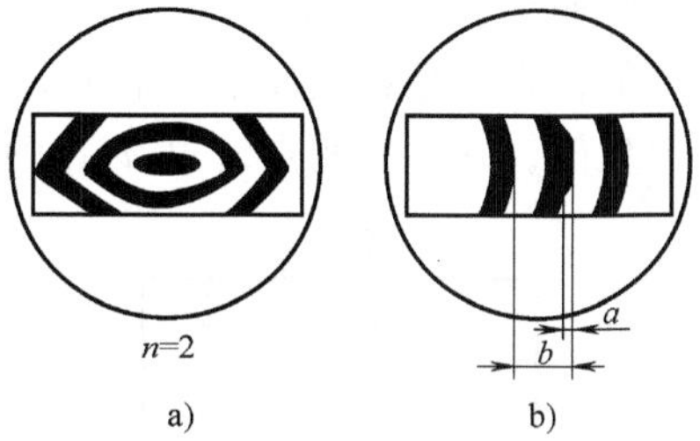

图 5-31 干涉条纹形状

如果测量时形成如图 5-31b 所示鳞状的干涉条纹，则要根据干涉条纹的弯曲程度与干涉条纹的间距的比例关系计算出平面度误差，其平面度误差 $\Delta=(a/b)\times(\lambda/2)\mu m$。

判别被测表面是凸是凹的方法是观察条纹的弯曲方向，光学平晶和被测面贴得较紧的一侧是接触点，如图 5-32 所示。若干涉条纹往远离接触点的方向弯曲，则该被测表面是凸面，反之便是凹面。

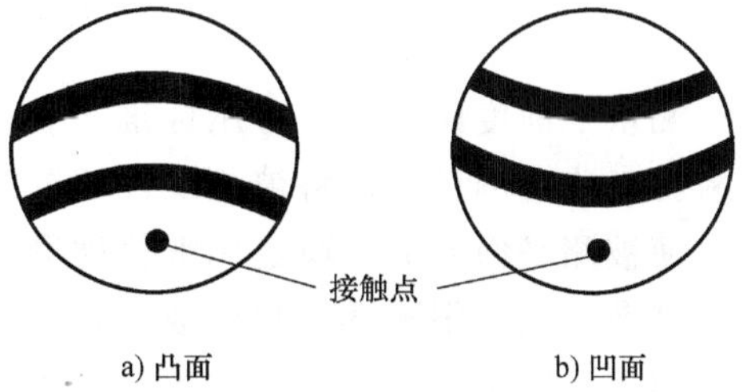

图 5-32 表面凹凸的判断

大平面的平面度误差通常只用测量平面上有限的点的高度的差异进行评定，例如，400mm×400mm 的平板可测 9 点，大一些的平面可测 25 点或 49 点。大多数情况是把被测量表面划分成若干测量截面，以测量各截面的直线度误差为基础，通过数据处理得到平面度误差。因此，测量大平面平面度误差所用的测量仪器常与测量直线度误差所用仪器相同，也常用水平仪进行测量。测量时，首先要对被测平面按一定的跨距确定行与列，布置测量点及测量线路。图 5-33 所示为测 9 点的方形网格布线，其中图 5-33a 所示线路是不封闭的，检测 a_1a_3、b_1b_3、c_1c_3、a_1c_1 四个截面；图 5-33b 所示线路是封闭的，除检测 a_1a_3、b_1b_3、c_1c_3、a_1c_1 四个截面外，还要检测 a_3c_3 截面，重复检定的点要求重合度要好，相差过大时要重返测量。

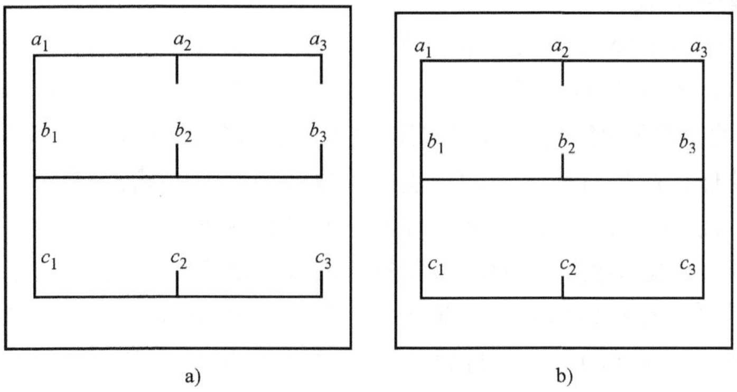

图 5-33 方形网格布线

测量时，用水平仪按节距法测出各截面跨距前、后两点的高度差。基准面建立在高度在被测表面某一角上点（如 a_1点）的水平面上，把各段上的读数值累加，可得各点对起始点（a_1点）平面的高度差，通过基面旋转可求出被测平面的平面度误差。例如，用分度值 c 为 0.01mm/m 的合像水平仪测量 400mm×400mm 的平板时，按图 5-33a 所示的测线、测点，测得读数如图 5-34a 所示。图 5-34b 所示为按照合像水平仪的单位换算方法转换为长度单位得到数值，它仍是各线段前、后两点的高度差。图 5-34c 所示为按 a_1点为原点，数值累加后得到的数值，它是各测点对过 a_1点的水平面的高度值，它才是反映平面实际形貌的测量结果。

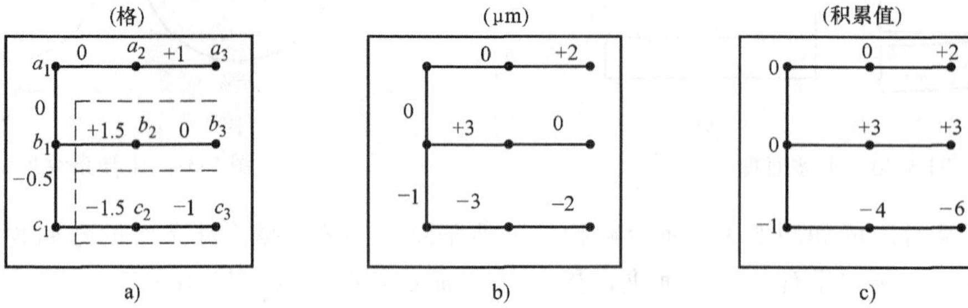

图 5-34　测点读数及处理

测量平面度误差时还有用标准平板、扫描的光线作为测量基准的。图 5-35 所示为标准平板打表法，测量时，将被测工件放置在尺寸足够大的标准平板上，用三个可调支承支承工件，使被测平面向上，通过调整使被测平面的两对角线与标准平板平面平行，然后以标准平板为基准平面，用测微仪测出被测表面上各测量点的相对高度差，这时各测点的读数值无需再做累加，便是各测点的偏差值，反映平面的实际形貌。图 5-36 所示为光线扫描法，结果得到的是一个基准平面，只要能测得各测点对光线的高度差，数值便可反映实际形貌。

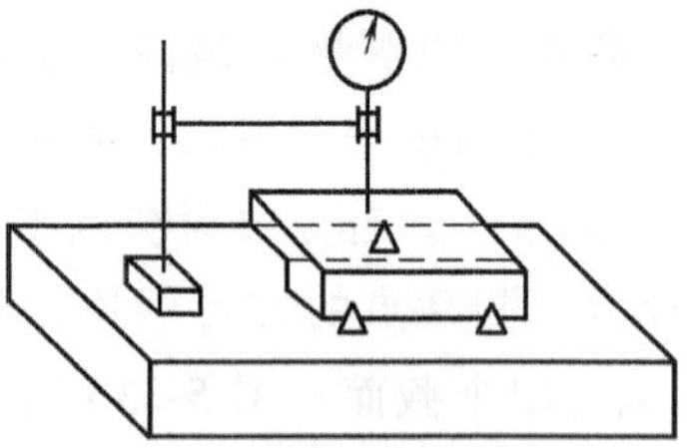

图 5-35　标准平板打表法

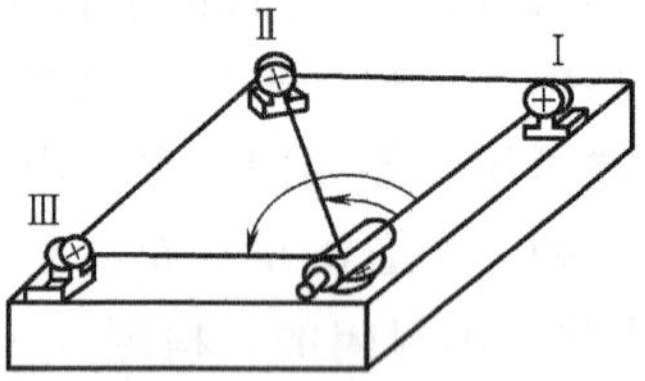

图 5-36　光线扫描法

2. 平面度误差的评定

通过测量获得被测平面的反映实际形貌的参数后，更重要的是要评定计算出其平面度误差的数值。误差的评定方法还是用最小包容区域法，只要通过运算得到最小包容区域的宽度（即两平行平面间的距离）值，便是其平面度误差。包容区域何时才达到最小，是有判别准则的。实际数据处理往往是对反映实际形貌的参数做增量的加减，其实质是使实际表面相对某一轴线的旋转，使一些最高点或最低点等高。通过旋转若能得到如下三种情形之一，则已得到最小包容区域，评定得到的平面度误差符合国家标准规定的最小条件。

1）得到三个等值最高（或最低）点与一个最低（或最高）点，且最低（或最高）点投影位于三个最高（或最低）点组成的三角形之内，如图 5-37a 所示，常称此为三角形准则。

2）得到两个等值最高点与两个等值最低点，且两最高点投影位于两最低点连线之两侧，如图 5-37b 所示，常称此为交叉准则。

3）得到两个等值最高（或最低）点与一个最低（或最高）点，且最低（或最高）点的投影位于两最高（或最低）点的连线之上，如图 5-37c 所示，常称此为直线准则。

此时，过最高点和最低点的两平行平面之间的区域便是包容实际表面的最小包容区域，它们之间的距离便是该被测平面的平面度误差，图 5-37a、b、c 所示的平面度误差分别为 21μm、8μm、15μm。

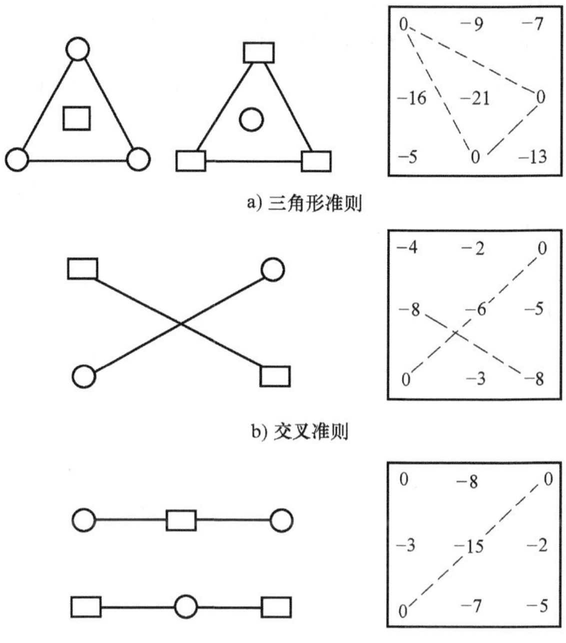

图 5-37　判别准则（单位：μm）

平面旋转的方法如图 5-38 所示，通过第一次的坐标变换，平面绕一条对角线旋转，由图 5-38a 变换到图 5-38b 中的数值，初步得到了两个−40μm 的等值最低点。若要得到第三个−40μm 的点，可以以两个−40μm 点的连线为轴线做第二次旋转，把原来−10μm 的点转至−40μm，其他点的数值按比例进行加减，得到图 5-38c 中的数值。最后可过三个−40μm 点（最低点）作平面，则为包容区域的下包容面，过 60μm 点作平行于下包容面的上包容平面，两包容面上的测点分布符合最小条件判别的三角形准则，故可判定这两平行平面之间的区域是包容被测实际表面的最小包容区域，它们之间的距离可直观地求得，故该被测平面的平面度误差为 100μm。

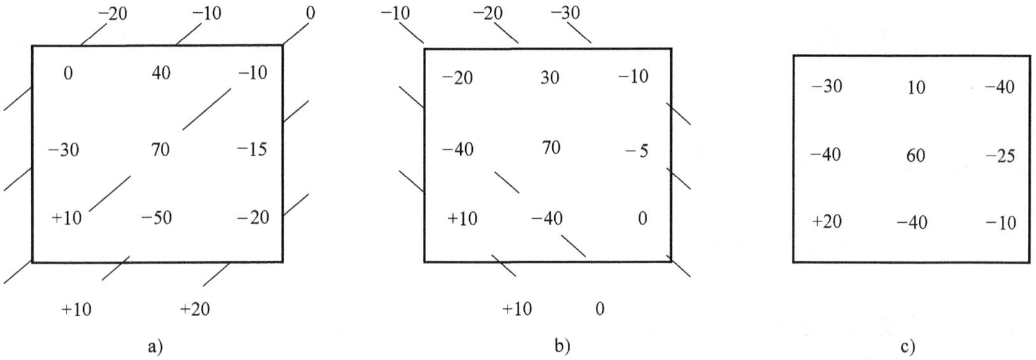

图 5-38　数据处理过程（单位：μm）

随着计算机应用的普及，平面度误差的测量和评定已常采用计算机来辅助，代替繁琐的人工数据处理，从而大大提高了效率。

按最小条件法用计算机进行数据处理，求平面度误差可用下列方法和步骤：先设定初始评定基面是对角线平面，即该平面通过一条对角线 M_1M_2，并且平行于另一条对角线 M_3M_4。

已知四个角点坐标 M_1（X_1，Y_1，Z_1）、M_2（X_2，Y_2，Z_2）、M_3（X_3，Y_3，Z_3）、M_4（X_4，Y_4，Z_4），这时该平面的方程为

$$\begin{vmatrix} X-X_1 & Y-Y_1 & Z-Z_1 \\ X_2-X_1 & Y_2-Y_1 & Z_2-Z_1 \\ X_4-X_3 & Y_4-Y_3 & Z_4-Z_3 \end{vmatrix}=0$$

展开得

$$Z=aX+bY+c$$

式中

$$a=\frac{\begin{vmatrix} Y_2-Y_1 & Z_2-Z_1 \\ Y_4-Y_3 & Z_4-Z_3 \end{vmatrix}}{\begin{vmatrix} X_2-X_1 & Y_2-Y_1 \\ X_4-X_3 & Y_4-Y_3 \end{vmatrix}}$$

$$b=\frac{\begin{vmatrix} X_2-X_1 & Z_2-Z_1 \\ X_4-X_3 & Z_4-Z_3 \end{vmatrix}}{\begin{vmatrix} X_2-X_1 & Y_2-Y_1 \\ X_4-X_3 & Y_4-Y_3 \end{vmatrix}}$$

$$c=\frac{X_1\begin{vmatrix} Y_2-Y_1 & Z_2-Z_1 \\ Y_4-Y_3 & Z_4-Z_3 \end{vmatrix}-Y_1\begin{vmatrix} X_2-X_1 & Z_2-Z_1 \\ X_4-X_3 & Z_4-Z_3 \end{vmatrix}}{\begin{vmatrix} X_2-X_1 & Y_2-Y_1 \\ X_4-X_3 & Y_4-Y_3 \end{vmatrix}}$$

计算平面度误差按如下步骤进行：

1）计算系数 a、b、c。将 M_1、M_2、M_3、M_4的实际坐标值代入求系数公式，求系数 a、b、c。

2）计算被测平面上各点对初始评定基面的偏差 Δ_{ij}。设 Z'_{ij}为被测面 Z_{ij}点在对角线平面上的投影点，有

$$Z'_{ij}=aX_i+bY_j+c$$

则 Z_{ij}点对初始评定基面的偏差 Δ_{ij}为

$$\Delta_{ij}=Z_{ij}-Z'_{ij}=Z_{ij}-(aX_i+bY_j+c)$$

3）Δ_{ij}最大值 Δ_{max}与最小值 Δ_{min}之差为

$$f_i=\Delta_{max}-\Delta_{min}$$

4）按一定优化方法改变 a、b 值，重复 2)、3）步骤，计算 f_i。

5）按 4）得到一个 f_i，就比较一次，把小的 f_i留下，直到无法找到比它小的为止，这一最小值 f_i即为被测平面的平面度误差。

5.3.5 圆度误差的测量与评定

1. 圆度误差的测量方法

圆度误差的测量方法有多种，最合理的、用得最广泛的是半径法，即圆度仪测量法。目

前所用的圆度仪有转台式和转轴式两种，前者适用于测量小型工件，如图 5-39a 所示，后者适用于测量大型工件，如图 5-39b 所示。

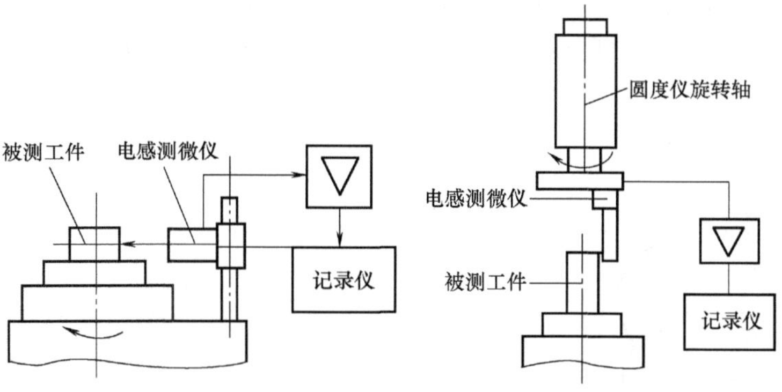

a) 转台式　　b) 转轴式

图 5-39　圆度仪

转轴式圆度仪是将电感传感器安装在仪器精密回转轴系上。测量时，工件不动，传感器测头绕主轴轴线做旋转运动，测头在空间的运动轨迹形成一理想圆。工件实际轮廓与此理想圆连续进行比较，其半径变化由传感器测出，经电路处理后，由记录器描绘出被测实际轮廓的图形，或由计算机算出测量结果。转台式圆度仪的运动方式与之相反，为工件回转而测头架不动。

用圆度仪测量圆度误差时，应避免下列几个方面的误差。

1）主轴回转误差。一般圆度仪主轴的回转精度很高，可满足要求。

2）工件安装偏心所引起的误差。用圆度仪测量圆度误差时，传感器获得的信号是半径的变化量。为了得到较高的灵敏度，传感器得到的信号被大幅度地放大，但在记录图上工件的半径值又不能按上述比例放大，因而引起了图形的变化。当工件安装有偏心时，记录图形产生径向畸变，将会影响误差评定结果。当工件在圆度仪上安装无偏心时，虽然图形畸变，也不影响误差评定结果。

3）工件安装倾斜所引起的误差。当被测工件轴线相对于仪器主轴轴线倾斜时，使实际为圆的轮廓变成椭圆形，从而引起误差。

4）测头的方向偏离被测工件轴线引起的误差。

5）表面粗糙度值的影响。

2. 圆度误差的评定方法

根据形状误差评定时的最小条件，评定圆度误差时要找到包容实际被测圆的半径差为最小的两同心圆，其半径差就是圆度误差。

圆度仪测量法有两种数据处理方法：一种是把测得的偏差值放大后，用圆形记录纸以极坐标形式记录被测轮廓，用图测法进行圆度误差的评定；另一种方法是用计算机直接计算，用计算法评定出圆度误差。

（1）图测法　图测法是针对记录纸上的轮廓进行人工评定的。由于传感器测得的偏差值经过较大幅度的放大，图样上的形状已经不是被测圆的实际形状，故称它为显示轮廓。

评定过程是用透明的同心圆模板，模板上刻有一组间距为 2 mm 的同心圆，把模板放在显示轮廓图形上，通过移动寻找最小包容区域，目的是找到两个半径不同的同心圆，要求其所夹的环形区域能包容显示轮廓，并且达到包容区域为最小，如图 5-40 所示。包容区域是否达到最小的判别方法是：显示轮廓要与两同心圆最少有 4 个点接触，且是与内、外圆成相间的接触，则这两个同心圆之间的区域就是显示轮廓圆的最小包容区域，如图 5-41 所示。

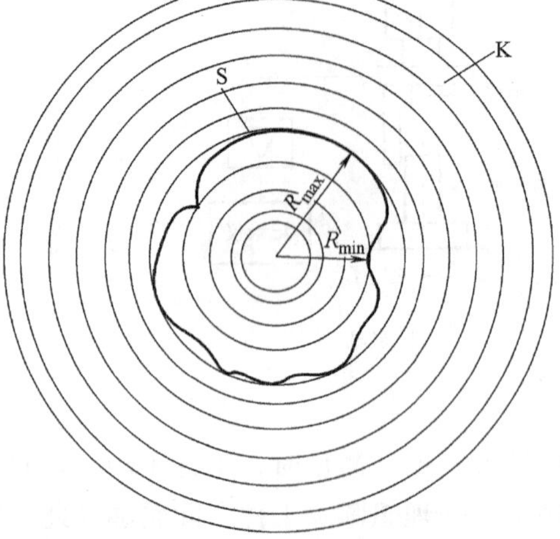

图 5-40　用同心圆模板评定圆度

S—轮廓图形　K—同心圆模板

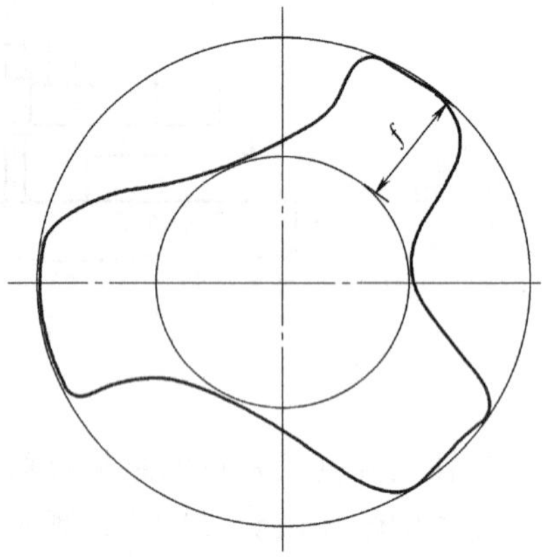

图 5-41　最小包容区域

（2）计算法　按符合最小条件的最小包容区域法，计算求解被测圆的圆度误差是比较困难的，运算量较大，一般要用计算机来辅助，而且要求计算机的运算速度足够高。在计算机水平还较低的年代，出现了许多圆度误差评定的简化、近似算法，如最小二乘法、最小外接圆法、最大内接圆法等，这些都是不符合形状误差评定准则的。如今，计算机技术水平大为提高，普通的个人计算机运算速度就很高，完全可以胜任圆度误差的评定计算，所以一般都直接按最小包容区域法处理。

按最小包容区域法评定圆度误差，其算法如下：

根据圆度仪的测量过程，按一定的时间间隔利用计算机进行采样，测得一系列的数据，以极坐标形式表达，可得到图 5-42 所示图形，图中 O 为回转架旋转中心，P_i（i=1、2、…、n）为传感器从起始点开始转过了 α_i角度时的测得点，测量得到的数值往往是图中的 Δr_i。为得到 r_i要加上参考圆半径 r_0，以回转架旋转中心为极点，以采样起始点所在半径为极轴建立极坐标系，则 P_i点的极坐标为（r_i，α_i）。由于测量中心一般情况下不会是最小包容区域两同心圆的圆心，故设最小包容区域两同心圆的圆心是 O_{jk}点，它与 O 点的距离为 r_j。设 r_j与极轴的夹角为 α_k，则 O_{jk}点的极坐标为（r_j，α_k），j、k=1、2、…、n。为了寻找最小包容区域两同心圆的圆心，按一定的步距沿着极轴改变距离 r_j，并且在选定距离 r_j后，按一定的步距改变圆周方向的角度 α_k，得到一系列的 O_{jk}点，以每一个点作为候选点，计算测得点 P_i到该点的距离为

$$R_i=\sqrt{r_i^2+r_j^2-2r_ir_j\cos(\alpha_i-\alpha_k)}$$

找到最大值 R_{max}和最小值 R_{min}并求差值

$$\Delta R=R_{max}-R_{min}$$

由各候选 O_{jk} 点的不同极坐标参数，可求得一系列的 $\Delta R_{(j,k)}$，通过比较可找到其最小值。此时，相应的圆心 O_{jk} 点便是最小包容区域两同心圆的圆心，$\Delta R_{\min}$ 便是所求的圆度误差值。

上述这种圆度误差的计算处理方法，也是采用的逐步逼近运算方法，步距的大小直接影响评定结果的精度和运算处理速度。由于圆度误差与测量圆半径比较只是一个非常微小的量，因此 O_{jk} 点将非常接近点 O，即 r_j 值是很小的，故径向和圆周方向的步距都可取得较小，以满足评定精度的需要，而运算量也不会增加太多。

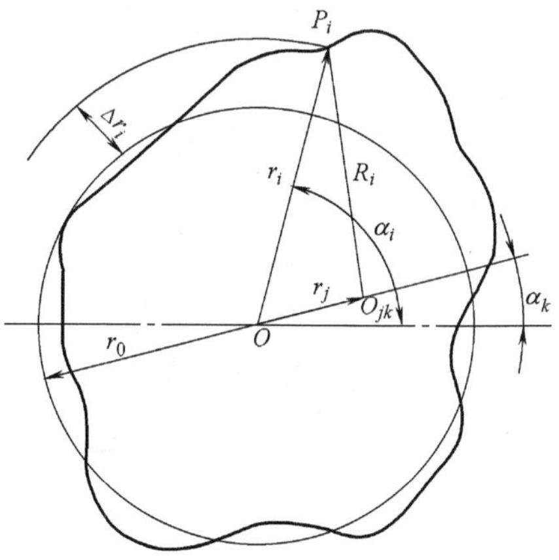

图 5-42　测点与圆心关系

5.4　表面粗糙度的测量

机械加工中表面微观形貌误差评价常用的参数是表面粗糙度。表面粗糙度的评定参数很多，其中最常用的是 *Ra*、*Rz*、*Ry*、*Rq* 等，它们代表的意义如下：

Ra 为轮廓算术平均偏差：在取样长度内被测轮廓偏距绝对值之和的算术平均值。

Rz 为微观不平度 10 点高度：在取样长度内 5 个最大的轮廓峰高与 5 个最大的轮廓谷深的平均值之和。

Ry 为轮廓最大高度：在取样长度内轮廓峰顶线与轮廓谷底线的最大距离。

Rq 为轮廓均方根偏差：在取样长度内轮廓偏距的均方根值。

5.4.1　表面粗糙度的常用测量方法

表面粗糙度反映的是机械零件表面的微观几何误差。对它的评价有定性和定量两种方法，定性评价是将待测表面与已知表面粗糙度级别的标准样板相比较，通过直接目测或借助于显微镜观察，由人主观判别其级别，称为表面粗糙度标准样板比较法。表面粗糙度标准样板一般要求尽可能用与工件相同的材料、加工方法及制造工艺制造，这样才便于比较以及减少误差。这一方法带有人的主观性，其判断的准确性较差，有争议时改用定量评价方法。定量评价是应用仪器进行测量评定的方法，通过数据处理得出待测表面的表面粗糙度参数值。目前，应用较广的表面粗糙度测量方法主要有光切法、干涉法和针描法等。

1. 光切法与光切显微镜

光切法是利用光切原理来测量表面粗糙度的方法。它是将一束平行光带以一定角度投射到被测表面上，光带与表面轮廓相交的曲线影像即是被测表面截面轮廓曲线的反映。其原理如图 5-43 所示，由光源发出的光线经狭缝后形成一束光带，此光带以 45°方向射向被测表面，与被测表面相交。若零件表面轮廓为图 5-43a 所示的阶梯面，则在反射方向上，通过显微镜就可以看到图 5-43b 所示的图像。只要用测微读数装置测出 h'' 和 S' 的刻度值，就可以根据下列公式算出表面不平的实际高度 h 和实际横向距离 S 的实际值。

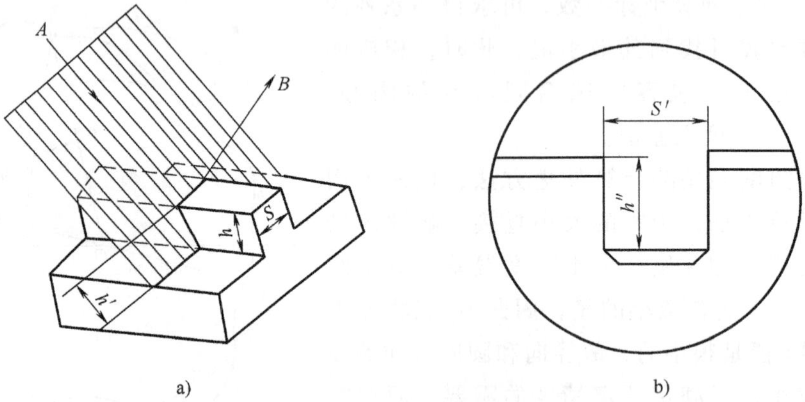

图 5-43　光切原理

$$h = h'\cos 45° = \frac{h''}{\beta}\cos 45°$$

$$S = \frac{S'}{\beta}$$

式中　h''、S'——读数值；

β——仪器所选物镜的放大倍数。

实现这种测量的仪器叫作光切显微镜（又称双管显微镜），就是根据“光切原理”设计的，图 5-44 所示为它的外形图。这种显微镜有光源管和观察管，两管轴线成 90°，光源管射出光带，以 45°角的方向投射在工件表面上，形成一狭细光带，光带边缘的形状即为光束与工件表面相交的曲线，也就是工件在 45°截面上的表面形状。通过观察管目镜，可见到图 5-45 所示的视场图像；通过调节读数装置的旋钮，可移动视场中的十字分划线。图 5-45a、b 所示分别是十字分划线调至与峰、谷影像相切的情况，此时可在目镜测微鼓轮上读数，每次与一个峰、谷相切就可读一次数，对所测得的读数按评定参数的定义进行相应的运算，即可评定工件的表面粗糙度。

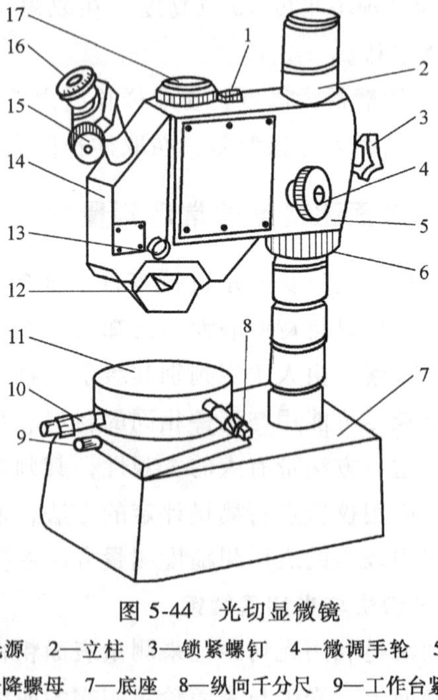

图 5-44　光切显微镜

1—光源　2—立柱　3—锁紧螺钉　4—微调手轮　5—横臂　6—升降螺母　7—底座　8—纵向千分尺　9—工作台紧固螺钉　10—横向千分尺　11—工作台　12—物镜组　13—手柄　14—壳体　15—测微鼓轮　16—目镜　17—照相机安装孔

光切显微镜适用于测量 Rz、Ry 参数，但只适于表面粗糙度参数 Rz 在 1～80μm 范围内的表面的测量，另外也可用于规则表面，如车、铣、刨等加工表面粗糙度间距参数 S 和 S_m 的测量。

为测量和计算方便，测微目镜中十字线的移动方向（即图 5-45 中的读数刻度方向）和被测量光带成45°斜角，故目镜测微器套筒上的读数值（格数 H）与表面不平度影像高度方向的高度读数值（格数 h''）的关系为

$$h''=H\cos 45°$$

实际形貌高度

$$h=\frac{h''}{\beta}\cos 45°=\frac{H}{\beta}\cos^2 45°=\frac{H}{2\beta}$$

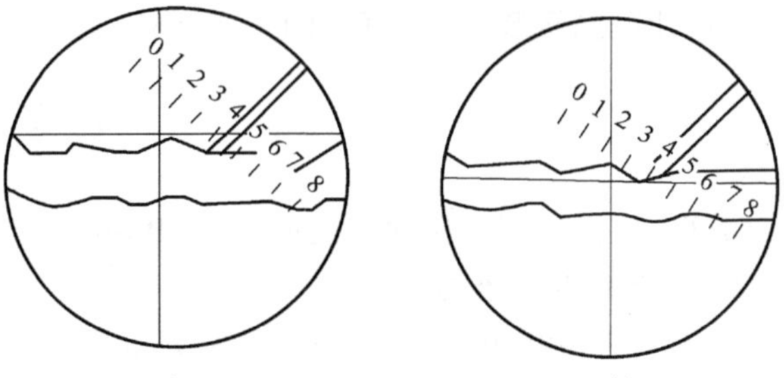

a)　　b)

图 5-45　视场图像

令

$$C=\frac{1}{2\beta}$$

则

$$h=CH$$

式中的 C 便是仪器读数鼓轮刻度的分度值，由仪器说明书给定，与仪器选装的物镜放大倍数有关，可查技术参数表得到。

光切显微镜的技术参数列于表 5-4。

表 5-4　光切显微镜的技术参数

物镜放大倍数 β	总放大倍数	系数 C/（μm/格）	视场直径/mm	物镜工作距离/mm	测量范围 Rz/μm
7×	60×	1.28	2.5	17.8	10~80
14×	120×	0.63	1.3	6.8	3.2~10
30×	260×	0.29	0.6	1.6	1.6~6.3
60×	520×	0.16	0.3	0.65	0.8~3.2

目镜上测微器分度值 C 的校正方法如下：

由前述可知，目镜测微器套筒上每一格刻度间距所代表的实际表面不平度的数值（分度值）与物镜放大倍率有关。由于仪器生产过程中的加工和装配误差，以及仪器使用过程中可能产生的误差，会使物镜的实际倍率与表 5-4 所列的公称值之间有某些差异。因此，在仪器投入使用时以及经过较长时间的使用之后，或者在调修重新安装之后，需要用玻璃标准刻度尺来确定分度值 C，即确定每一格刻度间距所代表的不平度的实际数值。确定方法如下：

1）将玻璃标准刻度尺置于工作台上，调节显微镜的焦距，并移动标准刻度尺，使在目镜视场内能看到清晰的刻度尺刻线。

2）松开目镜锁紧螺钉，转动目镜测微器，使十字线交点移动方向与刻度尺影像平行，然后固紧目镜锁紧螺钉。

3）按表 5-5 选定标准刻度尺刻线格数 Z，将十字线交点移至与某条刻线重合，在目镜测微器上读出第一次读数 n_1，然后将十字线交点移动 Z 格，读出第二次读数 n_2，两次读数差为

$$A=|n_2-n_1|$$

表 5-5　标准刻度尺刻线格数

物镜放大倍数 β	7×	14×	30×	60×
标准刻度尺刻线格数 Z	100	50	30	20

4）计算测微鼓轮刻度套筒上一格刻度间距所代表的实际被测值（即分度值）C，为

$$C=\frac{TZ}{2A}$$

式中　T——标准刻度尺的刻度间距（10μm）。

2. 干涉法和干涉显微镜

干涉法是指利用光学干涉原理来测量表面粗糙度的一种方法。

干涉显微镜是根据光学干涉原理设计的，其外形结构如图 5-46 所示。

图 5-46　干涉显微镜的外形结构

图 5-47 所示为其光学系统示意图，由光源 1 发出的光线经聚光镜 2、反射镜 3 投射到孔径光阑 4 的平面上，照亮位于照明物镜 6 前的视场光阑 5，光线通过照明物镜 6 后成平行光线，射向半透半反射的分光镜 7 后分成两束。一束反射光线经滤光片、再通过物镜组 8 射向基准平面反射镜 P_1，被 P_1 反射回到分光镜 7，光线通过分光镜 7 射向目镜 14；从分光镜透射的另一束光线通过补偿镜 9、物镜 10 射向工件表面 P_2，反射回的光线最后也射向目镜 14。由于两路光线有光程差，相遇时产生干涉现象，在目镜分划板 13 上产生明暗相间的干涉条纹。

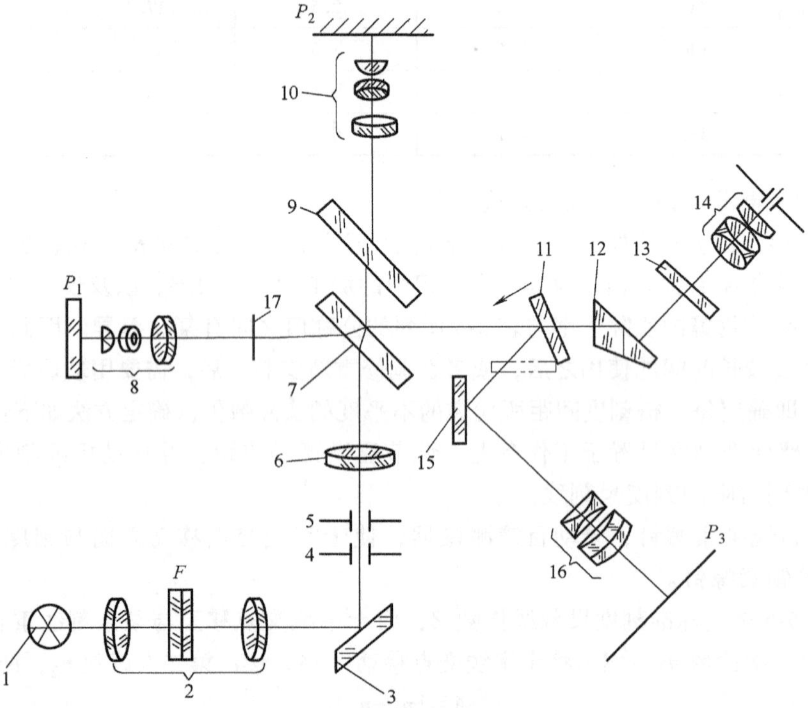

图 5-47　干涉显微镜光学系统

1—光源　2—聚光镜　3—反射镜　4—孔径光阑　5—视场光阑　6—照明物镜　7—分光镜　8—物镜组　9—补偿镜　10—物镜　11、15—反射镜　12—转向棱镜　13—目镜分划板　14—目镜　16—照相物镜　17—滤光片　P_1—基准平面反射镜　P_2—工件表面　P_3—照相窗口

若被测表面粗糙不平，干涉条纹即成弯曲形状，如图 5-48 所示。由测微目镜可读出相邻两干涉带距离 a 及干涉带弯曲高度 b。由于光程差每增加半个波长即形成一条干涉带，故被测表面微观不平度的实际高度为

$$H=\frac{b\lambda}{2a}$$

式中　λ——光波波长。

在取样长度内，测算 5 个最大的 H 并加以平均即得出 Rz 值，也可以测量评定 Ry 值。

干涉显微镜一般用于测量表面粗糙度参数较小的光亮表面，即微观不平度十点高度 Rz 值为 0.025~0.8mm 的表面。

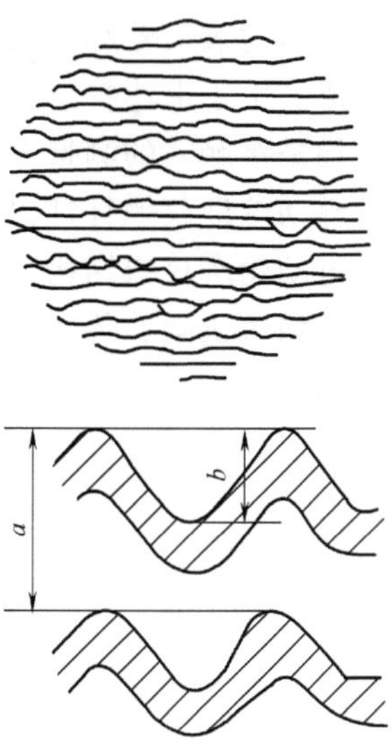

图 5-48　干涉条纹

3. 针描法

（1）针描法的测量原理　针描法又称触针法，是一种接触式测量方法，是利用仪器的触针与被测表面相接触，并使触针沿其表面轻轻划过，感触到表面的实际形貌，通过数据采集处理得到被测量表面粗糙度参数的一种测量法。

图 5-49 所示为针描法的测量原理，是将一个很尖的触针（半径可以做到微米量级的金刚石针尖）垂直安置在被测表面上做横向移动，由于工作表面粗糙不平，因而触针将随着被测表面轮廓形状做垂直起伏运动。将这种微小位移通过电路转换成电信号并加以放大和运算处理，即可得到工件表面粗糙度参数值。也可通过记录器描绘出表面轮廓图形，再进行数据处理，进而得出表面粗糙度参数值。这类仪器垂直方向的分辨力最高可达几纳米。

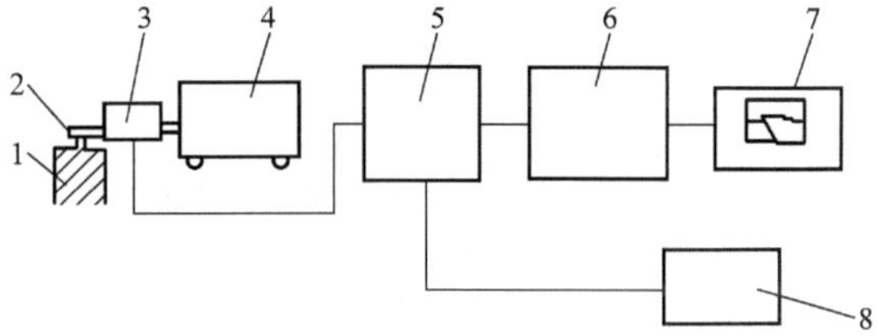

图 5-49　针描法的测量原理

1—被测工件　2—触针　3—传感器　4—驱动箱　5—测微放大器　6—信号分离及运算　7—指示表　8—记录器

这种测量方法所测出的表面轮廓是否有失真，是否能测到表面轮廓的微细的变化，与触针的曲率半径有关，也与测量力有关。触针的曲率半径直接限制了仪器所能检测的表面粗糙度的最小参数。

（2）电动轮廓仪　电动轮廓仪采用针描法原理工作。传感器与驱动箱连接后可通过铰链自由下垂，装入传感器前端的滑块使传感器支承在被测工件表面上。当驱动箱带动传感器沿被测表面以某一恒定的速度滑行时，传感器的触针就随着工件表面微观不平而上下运动。这时触针的运动由传感器转换成电信号，并经测微放大电路放大，被输入到记录器后绘出被测表面轮廓曲线放大图形，或者使该信号通过适当的分离和运算电路处理后，由显示器显示出某种表征参数，如 Ra、Rz。

与光学机械式表面粗糙度测量仪器相比，电动轮廓仪的主要特点是：显示直观；能测量多种形状的工件表面，如轴件、孔件、锥体、球体、沟槽等；测量时间短，得出参数快；操作方便，便携式的电动轮廓仪能适用于现场测量；带有记录器的台式电动轮廓仪，还可以描

绘出实际的表面轮廓曲线；带有微处理机的电动轮廓仪，更可以通过屏幕显示被测表面的外貌图形。由于上述特点，电动轮廓仪广泛应用在工业生产、科学研究等领域。但由于电动轮廓仪均是接触式的测量方式，所以对质地较软工件的被测部位有可能引起不同程度的划伤。由于电动轮廓仪触针针尖曲率半径的限制，使得其测量范围一般为 *Ra* 值为 0.02~50μm。

电动轮廓仪依结构形式可分为台式和便携式。不同型号的台式电动轮廓仪总体构成是相同的，均由机架、传感器、驱动箱和记录器等组成。较传统的电动轮廓仪的结构组成如图 5-50 所示。

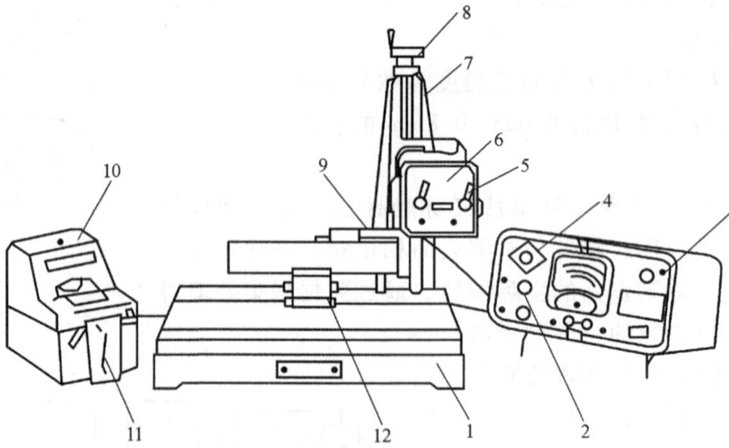

图 5-50　较传统的电动轮廓仪的结构组成

1—底座　2—截止开关　3—电器箱　4—倍率开关　5—变速手柄　6—驱动箱　7—立柱　8—升降手轮　9—传感器　10—记录器　11—记录纸　12—V 形架

1）机架。仪器的机架由底座 1 和带有丝杠的立柱 7 两大部分组成。放置被测工件的 V 形架 12 镶装在底座 1 的 T 形槽内。驱动箱 6 通过连接块安装在立柱 7 的前面，升降手轮 8 可使驱动箱上下移动，使装在驱动箱左下方的传感器触针与被测工件的表面接触。

2）驱动箱。驱动箱 6 是驱使传感器触针沿被测工件表面滑行的动力部件，它有快速和慢速两种状态。快速用于只做读数观察情形，慢速用于记录器记录曲线的场合。快、慢速度的变换靠转动变速手柄 5 实现。

3）传感器。传感器 9 安装在驱动箱 6 的左下方。它把机械量转化成电量，产生一个大小正比于触针位移量的电动势，通过放大器及运算电路，使指示表的指针偏转，可以直接读出 *Ra* 值。

4）电器箱。电器箱 3 包括测微放大器、信号分离与运算器、指示表等。在测量中，电器箱利用倍率开关 4 进行量程分档，利用截止开关 2 限制取样长度，利用指示表指示测量结果。

5）记录器。当测量信号输入到记录器 10 时，同步电动机则带动记录纸 11 等速移动，记录笔则按一定的放大比例将被测工件表面微观起伏不平画在记录纸上，因而可以直观地了解被测工件表面的表面粗糙度。

一般电动轮廓仪附有记录器，既可测量 *Ra* 值，也可通过记录图形（已知垂直和水平放大率）来计算 *Rsm*（轮廓平均间距）、*Rz*（轮廓最大高度）和 *Rmr*（*C*）（轮廓支撑长度率）的值。

（3）其他电动轮廓仪

1）TR100、TR110 袖珍式表面粗糙度仪。TR100、TR110 袖珍式表面粗糙度仪用于测量被加工零件表面粗糙度。该仪器集微处理器技术和传感器技术于一体，优选高度集成化的电路设计，构成超小型的体系结构，完成表面粗糙度参数的采集、处理和显示工作。其操作简便，适用平面形表面，可用于大型工件及生产流水线的现场检验。其传感器采用压电原理，测量结果用液晶显示。图 5-51 所示为 TR100 袖珍式表面粗糙度仪的外形图；图 5-52 所示为用 TR110 袖珍式表面粗糙度仪测量活塞表面粗糙度。

图 5-51　TR100 袖珍式表面粗糙度仪的外形

图 5-52　用 TR110 袖珍式表面粗糙度仪测量活塞表面粗糙度

TR100 袖珍式表面粗糙度仪的主要技术参数见表 5-6。

表 5-6　TR100 袖珍式表面粗糙度仪的主要技术参数

测量参数	Ra、Rz
测量范围/μm	Ra：0.05～10
	Rz：0.1～50
取样长度/mm	0.25、0.8、2.5
评定长度/mm	1.25、4、5
扫描长度/mm	6
示值误差	≤±15%
示值变动性	＜12%
传感器类型	压电晶体
电源	3.6V×2 镉镍电池
工作温度/℃	0～40
质量/g	200
外形尺寸/(mm×mm×mm)	125×73×26

2）TR200 手持式表面粗糙度仪。TR200 手持式表面粗糙度仪采用电感式传感器，测量精度高，测试范围宽，操作简便，广泛适用于各种金属、非金属加工表面的检测。它新增设了一系列测量参数，可快速、准确地计算、显示各种表面粗糙度参数及轮廓图形。其本机内置串行接口驱动功能遵守 RS232 标准，可与计算机连接。其外形如图 5-53 所示。

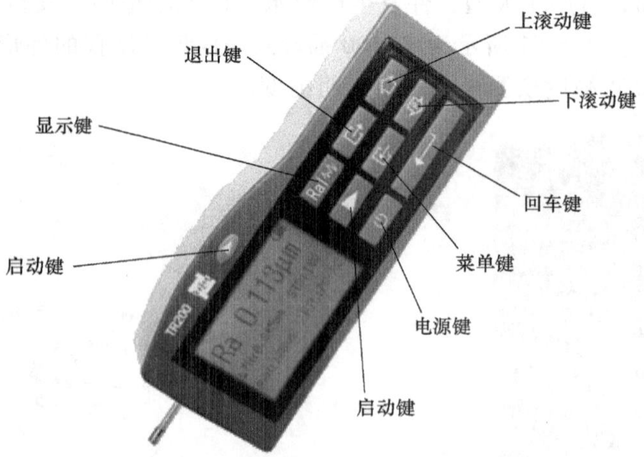

图 5-53　TR200 手持式表面粗糙度仪的外形

TR200 手持式表面粗糙度仪的主要技术参数见表 5-7。

表 5-7　TR200 手持式表面粗糙度仪的主要技术参数

测量参数	*Ra*、*Rz*、*Ry*、*Rq*、*Rt*、*Rp*、*Rv*、*Rmax*、*R3z*、*RSk*、*RS*、*RSm*、*Rmr*
测量范围	*Ra*：0.025～12.5μm
显示范围	*Ra*、*Rq*：0.005～16μm
	Rz、*Ry*、*Rt*、*Rp*、*Rv*、*Rmax*、*R3z*：0.02～160μm
	RS、*RSm*：1mm；*Rmr*：0～100%；*RSk*：0～100%
量程范围	±20μm、±40μm、±80μm
最高显示分辨力	0.001μm
滤波方式	RC、PC-RC、GAUSS、D-P
取样长度	0.25mm、0.8mm、2.5mm、自动
评定长度	（1～5）*L*（可选），*L* 为取样长度
测量行程长度	（3～7）*L*（可选）
最大驱动行程长度	17.5mm
最小驱动行程长度	1.3mm
示值误差	≤±10%
示值变动性	≤6%
针尖角度	90°
显示方式	128×64 点阵液晶（带背光）
工作环境	温度：0～40℃；相对湿度：＜90%
质量	440g
外形尺寸	140mm×52mm×48mm

TR200 手持式表面粗糙度仪也可以安装固定在测量平台上使用，如图 5-54 所示，配上曲面传感器可测工件凸凹曲面上的表面粗糙度。

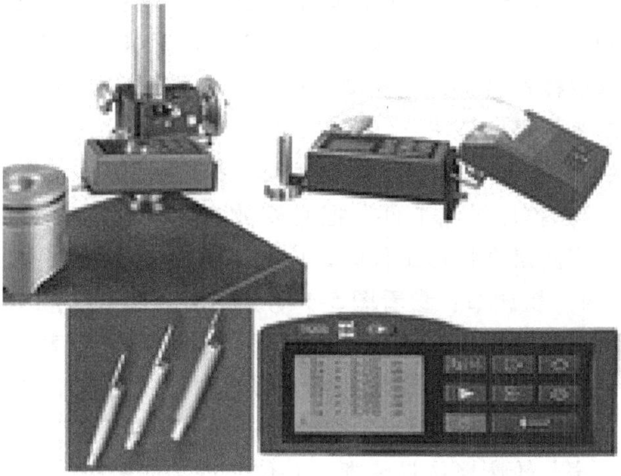

图 5-54 在测量平台上使用 TR200 手持式表面粗糙度仪

5.4.2 表面粗糙度的其他测量方法

1. 印模法

一些零件的内表面难以使用仪器直接进行测量，此时可用印模法来间接测量。印模法的做法是，利用某些塑性材料做印模，适当用力把它贴合在被测表面上，然后小心取下，在印模上即留下了被测表面的轮廓形状，然后对印模的表面进行测量，得出零件的表面粗糙度。目前，常用的印模材料有川蜡、石蜡、赛璐珞和低熔点合金等。这些材料的强度和硬度都不高，故一般都不用针描法测量。

由于印模材料不可能填满谷底，且取下印模时往往峰尖会缺损，所以测得印模的 Rz 值比实际值略有缩小，一般应进行修正。印模法适于测量 Rz 为 0.8~330μm 的表面，若用川蜡可测 Rz 为 0.4~0.8μm 的表面。

2. 表面轮廓的非接触测量法

用触针去接触并扫描工件的实际表面，这种测量方法测量结果可靠，加上电子技术的快速发展，内部数据处理功能强、速度快，可立刻获得测量结果，故这类表面粗糙度测量仪器得到了最广泛的应用。但是，由于它是用触针直接与工件表面接触，有可能划伤被测表面，特别是对一些质地较软的表面（例如光盘、硅片等），更不可采用触针式测量方法。因此，非接触式表面轮廓探测技术受到了重视并得到了发展。

现在已有光学探针可取代机械触针，它用透镜聚焦的微小光点取代金刚石针尖，表面轮廓高度的变化通过检测焦点误差来发现。只要能感触到被测表面的实际变化，并得到相应的电信号，就可以像用机械触针一样，用它来扫描被测表面，但与被测表面不存在刚性接触，不会划伤被测表面。其数据的采集、处理以及结果的显示，都可以通过与前面介绍的触针式测量仪器相同的形式得以实现。

5.4.3 表面粗糙度参数的测量操作

1. 用光切显微镜测量表面粗糙度的 *Rz* 和 *S* 值

（1）微观不平度十点高度 Rz 的测量　微观不平度十点高度 Rz 是在取样长度 L 内，从平行于轮廓中线 m 的任意一条线算起，到被测轮廓的 5 个最高点（峰）和 5 个最低点（谷）之间的平均距离，即

$$Rz=\frac{(h_1+h_3+h_5+h_7+h_9)-(h_2+h_4+h_6+h_8+h_{10})}{5}$$

其测量操作步骤如下：

1）按图样要求或根据对被测工件表面粗糙度的估计数值，由国家标准 GB/T 1031—2009《产品几何技术规范（GPS） 表面结构 轮廓法 表面粗糙度参数及其数值》的规定选取取样长度和评定长度。按表 5-4 选择适当放大倍数的物镜组，并将其安装于图 5-44 所示的光切显微镜中。

2）接通电源，可调节灯光亮度。

3）擦净被测工件，把它安放在工作台上，并使被测表面的切削痕迹的方向与光带垂直。当测量圆柱形工件时，应将工件置于 V 形架上。

4）粗调节：参看图 5-44，用手托住横臂，松开锁紧螺钉，缓慢旋转横臂升降螺母，使横臂上下移动，直到目镜中观察到绿色光带和表面轮廓不平度的影像，然后将锁紧螺钉固紧。要注意防止物镜与工件表面相碰，以免损坏物镜组。

5）细调节：缓慢地往复转动微调手轮，调节目镜调焦环和工件位置，使目镜中的光带最狭窄，轮廓影像最清晰，并位于视场的中央。

6）松开目镜锁紧螺钉，转动目镜测微器，使目镜中十字线的一条线与光带轮廓中心线大致平行（此线即为平行于轮廓中线的直线），然后将目镜锁紧螺钉固紧。

7）旋转目镜处测微鼓轮的刻度套筒，使目镜中十字线的一条线与光带轮廓一边边沿的峰（或谷）相切，如图 5-55 所示，并从测微器读出被测表面的峰（或谷）的数值。按此方法，在取样长度范围内分别测出 5 个最高点（峰）和 5 个最低点（谷）的数值，然后计算出 *Rz* 的数值。

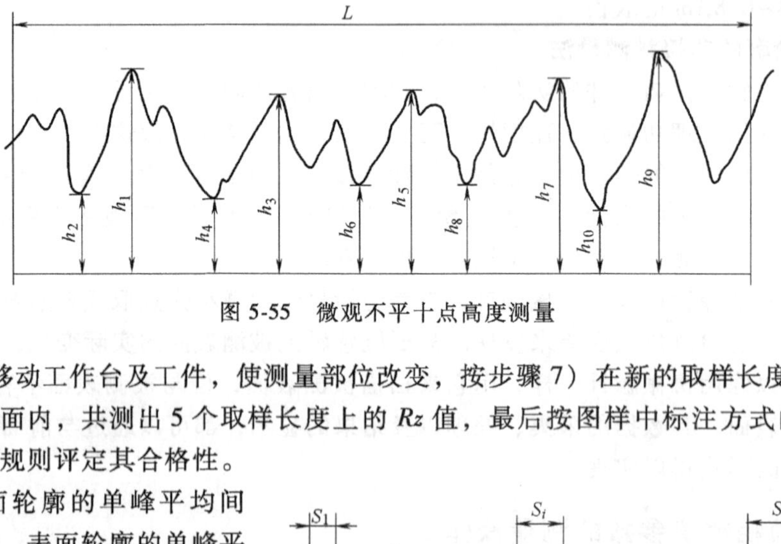

图 5-55 微观不平十点高度测量

8）纵向移动工作台及工件，使测量部位改变，按步骤 7）在新的取样长度内进行测量。在被测工件表面内，共测出 5 个取样长度上的 *Rz* 值，最后按图样中标注方式的不同，按标准规定的评定规则评定其合格性。

（2）表面轮廓的单峰平均间距 *S* 值的测量 表面轮廓的单峰平均间距 *S* 值的测量，轮廓的影像与上述调节过程相同，只是应该按图 5-56 所示测量沿光带方向的距离。用测微目镜中的垂直线对准光带轮廓的第一个峰，从工作台的纵向移动千分尺，读取第一个读数 X_1。纵向移动工作台，在取样长度范围内，用垂直线对准光带轮廓的第 *n* 个单峰，从纵向千分尺上读出第（*n*+1）个单峰的读数 X_{n+1}。

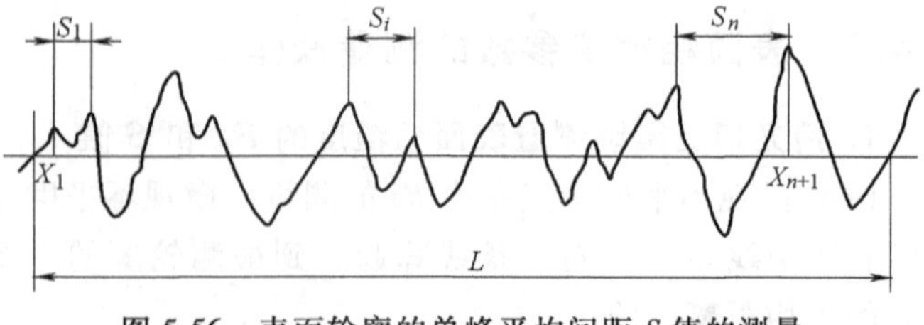

图 5-56 表面轮廓的单峰平均间距 *S* 值的测量

轮廓单峰平均间距 S 的计算公式为

$$S = \frac{1}{n}\sum_{i=1}^{n} S_i = \frac{|X_{n+1} - X_1|}{n}$$

根据上述计算结果，判断被测表面 S 值的合格性。

2. 用 6JA 型干涉显微镜测量表面粗糙度 *Rz* 值和 *Ry* 值。

（1）仪器的调整　测量之前，首先要做仪器调整，过程如下：

1）如图 5-57 所示，接通电源，使光源 7 处灯泡亮；转动手轮 3，连通至目镜的光路（另一通路是至照相机）；转动手轮 15，使光路中的遮光板从光路中移开，此时从目镜 1 中可看到明亮的视场。如果视场亮度不均匀，可转动螺钉 6，调节灯泡的位置，使视场亮度均匀。

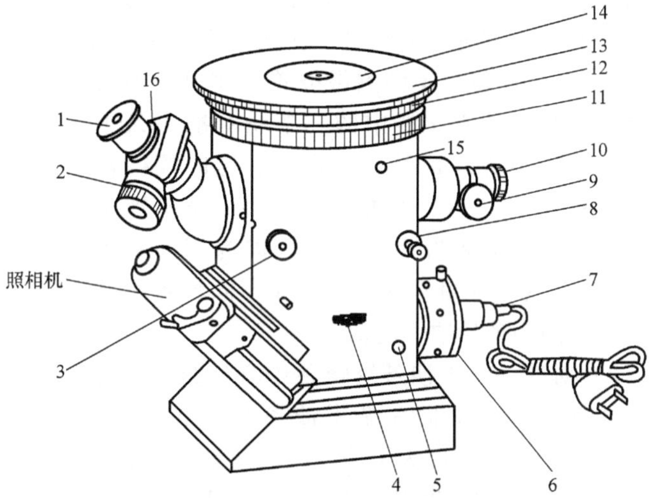

图 5-57　6JA 型干涉显微镜

1—目镜　2—测微鼓轮　3、4、8、9、10、15—手轮　5—手柄　6—螺钉　7—光源　11、12、13—滚花轮　14—工作台　16—锁紧螺钉

2）转动手轮 9，使目镜视场中弓形直边清晰，如图 5-58 所示。

3）松开锁紧螺钉 16，取下目镜 1，直接从目镜管中观察，可以看到两个灯丝像。转动手轮 4，使孔径光阑开至最大，转动手轮 8，使两个灯丝像完全重合，同时调节螺钉 6，使灯丝像位于孔径光阑中央，如图 5-59 所示，然后装上测微目镜，旋紧锁紧螺钉 16。

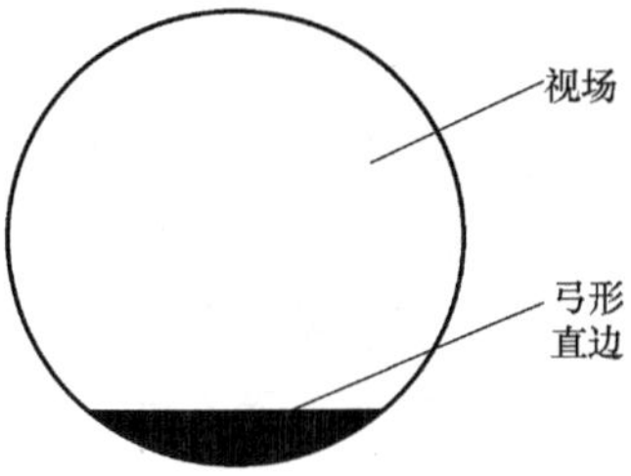

图 5-58　调整焦距

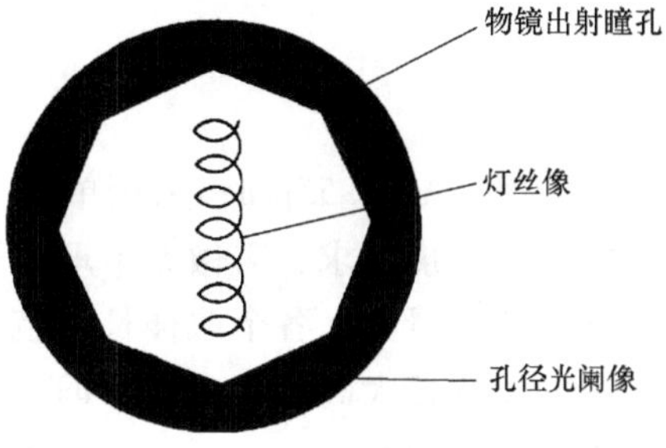

图 5-59　调整光源

4）在工作台 14 上放置好洗干净的被测工件，被测表面向下，对准物镜。转动手轮 15，使遮光板遮去光路中的参考标准镜。转动滚花轮 13，使工作台在任意方向移动，确定测量面位置，转动滚花轮 11，使工作台升降，直到目镜视场中观察到清晰的工件表面影像为止，再转动手轮 15，使遮光板从光路中移开。

5）在精密测量中，通常采用光波波长稳定的单色光（本仪器用的是绿光），此时应将手柄 5 向左推到底，使滤色片插入光路。当被测表面粗糙度值较大而加工痕迹又不很规则时，干涉条纹将呈现急剧的弯曲和断裂现象，这时则向右推动手柄，采用白光，因为白光干涉成彩色条纹，其中零次干涉条纹可清晰地显示出条纹的弯曲情况，便于观察和测量。如在目镜中看不到干涉条纹，可慢慢转动手轮 10，直到出现清晰的干涉条纹为止。

6）转动手轮 8、9 以及滚花轮 11，可以得到所需的干涉条纹亮度和宽度。

7）转动滚花轮 12，转动工作台，使加工痕迹的方向与干涉条纹垂直。

8）松开锁紧螺钉 16，转动目镜 1，使视场中十字刻线之一与干涉条纹平行，然后拧紧锁紧螺钉 16，此时即可进行具体的测量工作。

（2）表面粗糙度的测量　在 6JA 型干涉显微镜上，可以用以下方法测量表面粗糙度。

1）转动测微目镜的测微鼓轮，使视场中与干涉条纹平行的十字线中的一条线对准一条干涉条纹峰顶中心，如图 5-60 所示，这时测微器上的读数为 N_1；然后对准相邻的另一条干涉条纹峰顶中心，读数为 N_2；N_1-N_2 即为干涉条纹间距 b。为提高测量精度，最好在不同位置测量多个条纹间距值后取平均值。

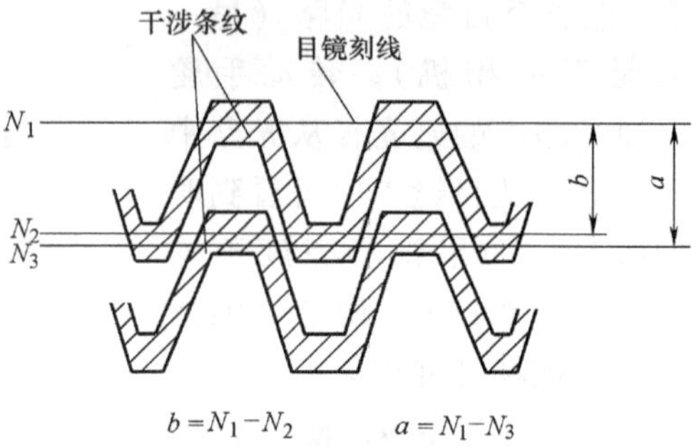

图 5-60　表面粗糙度的测量

2）对准一条干涉条纹峰顶中心读数 N_1 后，移动十字线，对准同一条干涉条纹谷底中心，读数为 N_3；N_1-N_3 即为干涉条纹弯曲量 a。按微观不平度十点高度 Rz 的定义，在取样长度范围内测量同一条干涉条纹的 5 个最高峰和 5 个最低谷，这个干涉条纹弯曲量的平均值 a_{av} 为

$$a_{av}=\frac{\left|\sum_{i=1}^{5}N_{1i}-\sum_{i=1}^{5}N_{3i}\right|}{5}$$

被测表面的微观不平度十点高度 Rz 为

$$Rz=\frac{a_{av}\lambda}{2b}$$

采用白光时，$\lambda=0.55\mu m$；采用单色光时，则按仪器所附滤光片检定书载明的波长取值。

按评定长度要求，需做 5 个取样长度的 Rz 值测量，才能评定表面粗糙度的合格性。

在上述测量中，各个取样长度范围内的最大峰值读数和最小谷值读数之差，为各个取样长度内的轮廓最大高度 Ry 值，即选取其中最大峰值和最小谷值的差值 a_{max}，按下式计算轮廓最大高度 Ry 值

$$Ry=\frac{a_{max}\lambda}{2b}$$

3. 用电动轮廓仪测量表面粗糙度的 *Ra* 值

电动轮廓仪的测量操作过程如下：

1）接通仪器电源，预热 3min。参阅图 5-50，松开立柱上的锁紧轮，右旋升降手轮，首先把驱动箱升至一定高度，按所需测量方位安放好工件。

2）粗略估计被测表面的表面粗糙度范围，按仪器提供的选择表规定，设定电器箱上选

择旋钮的位置，确定垂直放大倍数和取样长度。

3）向左拨动驱动箱上的启动拨杆，使其处在左边位置，左旋升降手轮，缓缓将驱动箱放下，让传感器导头及触针与被测表面接触，使电器箱上的指示表指针处在零的近处，拧紧立柱上的锁紧轮，固紧驱动箱。

4）向右拨动驱动箱上的启动拨杆，使其处在右边位置，此时传感器触针会在被测面上移动，电器箱上的主读数表指针随着摆动，直到运行结束，读数表上指针所指读数即为所测表面的 *Ra* 值。

若测得的 *Ra* 值所对应的放大倍数及取样长度与初选不符，则需要重新设置。设置好后，只需用手轻托传感器，使触针离开测量面，把启动拨杆拨至左边，把传感器触针重新置于表面，启动重测即可。

4. 用智能小型表面粗糙度仪测量表面粗糙度的各种参数值

此类仪器操作简便，只要按仪器说明按动相应按键（TR200 有菜单式显示），选择测量参数项目、取样长度、评定长度、标准、量程等，安置好测量位置即可启动测量，在显示屏上直接显示被测参数值。

要经常对电动轮廓仪及智能小型表面粗糙度仪的示值进行校准。此类仪器都附有标准样件，供测量比对，发现差异要及时按仪器的调校方法调准。

5.5　精密测量技术在企业生产中的应用实例

在企业生产实际中，精密测量技术主要用在对生产中使用的工装、量具的检验上。本节主要介绍中国长江动力集团股份有限公司利用测长仪对螺纹环规中径的检验。

1. 检验工作所使用的设备

检验工作所使用的设备为 Dantsin-TRIMOS 公司 H 系列新型测长仪，如图 5-61 所示。

图 5-61　H 系列新型测长仪

该设备用于现场快速检定和校准各种工装校准杆、量具、量规，如校准杆、环规、塞规、卡规、螺纹规、花键规、表类、尺类等，还可以检测各种精密内外尺寸，如齿轮、花键、校对棒、非标量规及线性传感器等，图 5-62 所示为它的典型应用。

2. 螺纹环规中径的检验

螺纹环规及附件在检验台上的安装如图 5-63 所示。

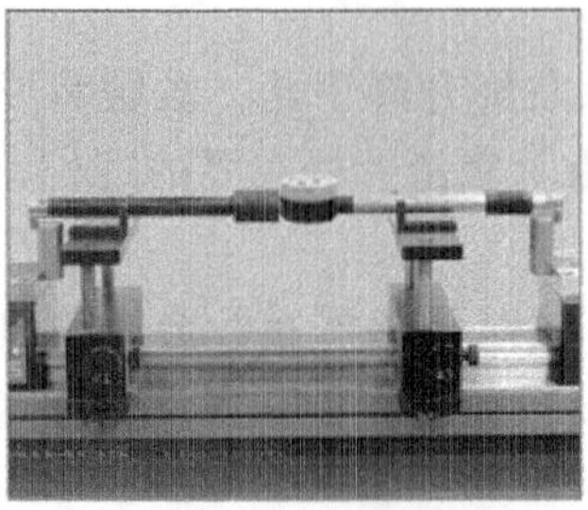

a) 标定2点式外径千分尺 TEL5/TELMA7/TELMN7.2

b) 标定2点式内径表 TEL5/TA-SU-301

c) 检测卡尺 TEL5.10

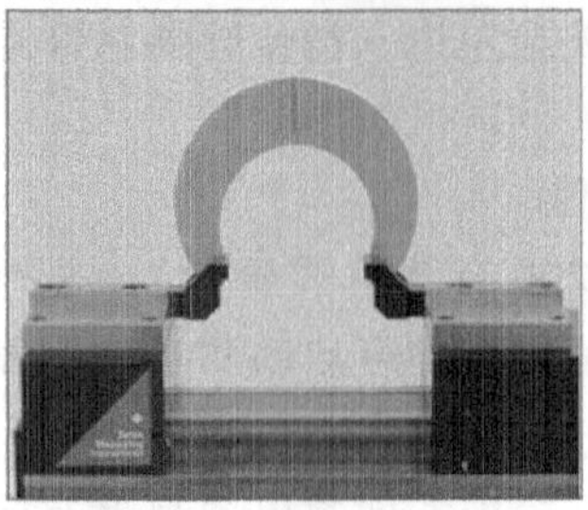

d) 检测卡规 TELMA8

e) 检测内环直径 TEL9/H5

f) 检测深度尺 TULM19/TEL5

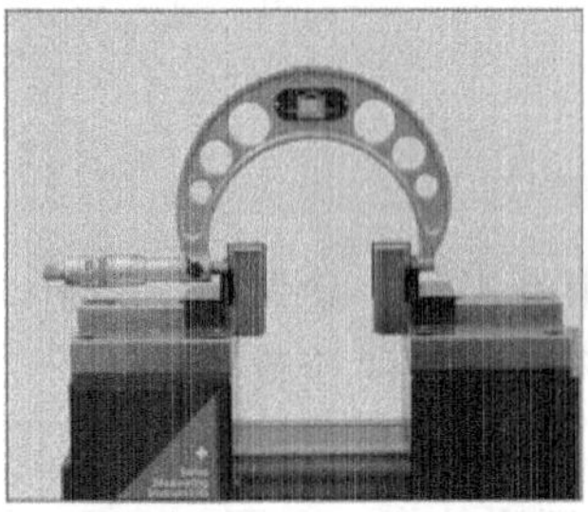

g) 检测外径千分尺 TEL5/TEL11

h) 检测千分/百分表 TEL5CN

i) 标定2点式内径千分尺 TEL5/TELMA7/TELMN7.2

图 5-62 H 系列新型测长仪的典型应用

a) 安装

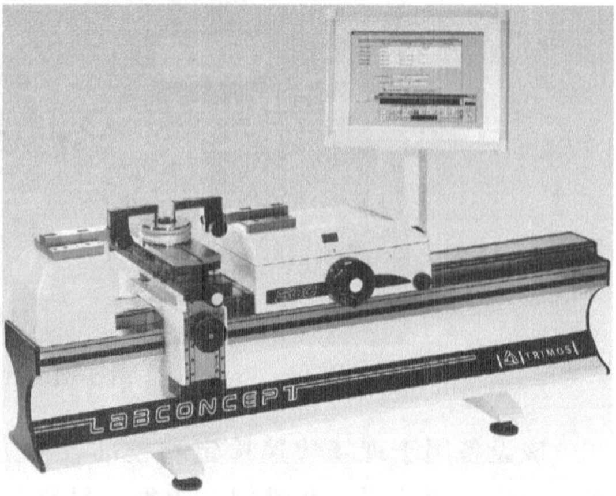

b) 检测记录

图 5-63 螺纹环规及附件在检验台上的安装

螺纹环规的检验操作规程如图 5-64 所示。

螺纹环规检验操作规程					
文件编号	JL-026	设备/编号	万能测长仪/14-05	日期	2017.7.20
螺纹环规中径测量 1. 温度的影响：长度计量理想的温度条件是环境温度 20℃±2℃，被测工件和仪器在同一环境中充分等温，工件和仪器温度相等，环境温度偏离 20℃±2℃以及工件与仪器不等温，都将引起测量误差 2. 计量两侧块之间所垫块规尺寸 E 3. 组合标准件，将块规与侧块放入块规夹夹紧（注：侧块下端球面应与块规夹定位面靠紧），将组合好的标准件与被测件一同置于平板上恒温 4. 调整仪器：安装好圆形工作台、内测钩及螺纹测头，装上被测件并用弹簧压板压紧，将测头移至工作孔口附近，此时工作台应有足够的浮动余地，头架、尾座位置确定后即锁紧之 5. 校对标准件：取下工件，将标准件放在工作台上，将测钩勾入标准件的 V 形槽内，此时工作台应具有足够的浮动余地，否则应调整标准件在工作台上的位置。扳动工作台微倾手柄并观察读数示值，找到示值最小的转折点，锁紧微倾手柄，在显示屏保存数值 L_1 6. 测量：取下标准件，安装被测件，并用弹簧压板压紧，注意安装的位置应使工作台在测量时有浮动的余地。操纵工作台和测量主轴，使两测钩进入被测螺纹，并彼此相差半个螺距。升降工作台并观察读数，找到示值最大的转折点，在显示屏保存数值 L_2 7. 归零：取下工件，放上标准，重复操作 5，检查 L_1 是否变化，则软件系统自动计算两次平均值为 L_1 终值 8. 将测量数据打印装入螺纹环规盒内，并填写量具检验卡 9. 工作结束后，关闭电源开关					
批准		审核		编制	

图 5-64 螺纹环规的检验操作规程

3. 其他测量

测长仪可用于现场快速检定和校准各种工装校准杆、量具、量规等，如图 5-62 所示。图 5-65 所示为量棒的检验。

图 5-65 量棒的检验

复习思考题

1. 计量器具是如何分类的？
2. 计量器具的基本度量指标有哪些？
3. 如何用比较仪测量轴类零件尺寸？
4. 简介工具显微镜。

5. 工具显微镜有哪些测量方法？
6. 简介卧式测长仪。
7. 用卧式测长仪测量孔径有哪些测量方法？
8. 如何用单频激光干涉仪测量大尺寸？
9. 如何用双频激光干涉仪测量长度？
10. 几何误差检测有哪些原则？
11. 如何对小尺寸精密表面的直线度误差进行测量？
12. 如何测量大、中型工件及孔和轴轴线的直线度误差？
13. 介绍双频激光自准直仪的特点。
14. 谈谈角差测量法。
15. 人工如何确定最小包容区域？
16. 使用计算机如何确定最小包容区域？
17. 什么是两点连线法？怎样使用最小二乘法？
18. 怎样测量平面度误差？怎样评定？
19. 怎样测量圆度误差？怎样评定？
20. 表面粗糙度的常用测量方法有哪些？
21. 如何进行表面粗糙度参数的测量操作？

第6章

在线检测技术

自美国伊利诺斯技术学院研究所（IIT）1974 年发起和召开第一届国际自动化检测及产品控制会议以来，在线检测技术得到了迅猛的发展。当前，工业生产中已经面临对产品实行 100%的检验并在生产过程中消灭废品的挑战要求。这就要求生产过程中的设备必须始终处于最佳状态，这只有依靠在线检测技术建立自适应系统才可能完成。

6.1 在线检测技术概述

在线检测技术是一种集计算机技术、微位移技术、传感器技术、信号检测以及处理技术、精密制造技术、预报与控制技术于一体的高新技术。它能够连续检测工件加工过程中各种参数的变化，反映加工的实际情况，通过对误差信号的采集、处理、输出并与误差补偿控制系统连接，实现对生产过程的控制。

6.1.1 在线检测技术简介

每当一批零件开始加工时，就有大量的检测工作需要完成，包括零件的装夹、找正，零件编程原点的测定，首件零件的检测，工序间检测及加工完毕检测等。

1. 产品质量检测方法

目前，产品质量检测方法主要有以下三种。

（1）手工检测　机床操作者利用游标卡尺、千分表等手持式检测器具对零件进行质量检测。这类检测主要用于简单型面加工尺寸的检测，可以是在线检测，也可以是离线检测。

（2）离线检测　先将加工后的零件从数控机床上取下，然后放到特定的检测设备（如三坐标测量机）上进行检测。这类检测主要用于复杂型面的加工质量或专项检测。因为企业实际使用三坐标测量机进行检测的较多，因此也称其为三坐标测量机检测。

（3）在线检测　在数控机床上安装在线检测系统，利用系统提供的宏程序，对加工中的零件进行实时检测，并依据检测的结果做出相应的处理，因此也称其为实时检测。这类检测可用于各种型面加工质量的检测。

手工检测和离线检测统称为传统检测方法或常规检测方法。

2. 传统检测方法的不足

手工检测的检测结果在很大程度上取决于检测者操作的熟练程度和技术水平，而对于型面复杂的零件，手工检测根本无法完成。

离线检测必须先将加工完毕的零件从机床上取下，然后放到三坐标测量机上进行检测，所以需要重新定位。由于重新定位很难保证零件加工坐标系和三坐标测量机测量坐标系的一致，所以很容易产生精度损失。而对于不具备特征形状的复杂型面零件来说，一旦从数控机床上取下，其基准就很难被再次精确地捕捉到，因而无法满足零件加工坐标系与三坐标测量机测量坐标系一致性的要求，会严重影响测量结果的准确性。同时，由于离线检测是在零件加工完成后进行的检测，因此在零件的加工过程中很难做出阶段性的决策。零件装夹在数控机床上，加工过程中的每道工序，从粗加工到精加工，是连贯进行的，无中间检测过程。一旦在加工完成后才发现加工出的零件是一个废品，这时所发生的经济损失是无法挽回的。退一步说，即使加工出的零件不是废品，还可以重新将零件放回机床进行再加工以修正误差，但在进行重新加工之前必须重新定位零件。这种重新装夹定位对于任何零件的加工者来说，一是费时费力（尤其是对于大型、重型零件，重新装夹定位甚至可能需要几个小时或更长时间），二是重新装夹定位过程中存在二次定位误差。所以，效益和效率低下是离线检测的最大不足。

3. 在线检测技术的优势

在线检测是一种基于计算机自动控制的检测技术，其检测过程是由数控程序实现的。通过在数控机床上安装检测系统，将检测系统提供的检测程序嵌入数控程序中自动对零件进行检测，这使得数控机床既是加工设备又是检测设备，既克服了手工检测中人为因素的影响，提高了检测结果的准确性，又由于直接在数控机床上进行检测，减少了零件的搬运和装夹次数，缩短了零件检测的时间，保证了零件加工基准和检测基准的一致性，提高了检测过程的效率和检测结果的准确性。而且通过在线检测，可以在零件的加工过程中实时地检测其状态信息。根据实时检测到的状态信息便可以及早发现加工误差，尽快做出修正，从而达到降低产品废品率和节约成本的目的。

6.1.2 数控机床在线检测系统

1. 数控机床在线检测系统的组成

数控机床在线检测系统分为两种。一种是直接调用基本宏程序，而不需另用计算机辅助；另一种则要借助于计算机辅助编程系统，由技术人员自己开发宏程序库，随时生成检测程序，然后传输到数控系统中。

数控机床的在线检测系统由硬件和软件组成，如图 6-1 所示。硬件部分通常由以下几部分组成。

（1）数控机床　数控机床由 CNC 数控单元、伺服系统（包括主轴单元与进给单元）、机床本体等组成，它的传动部件的精度直接影响加工、检测的精度。

（2）测量系统　测量系统由测头、信号传输系统和数据采集系统组成，是数控机床在线检测系统的关键部分，直接影响在线检测的精度，其关键部件为测头。使用测头可在加工过程中进行尺寸测量，根

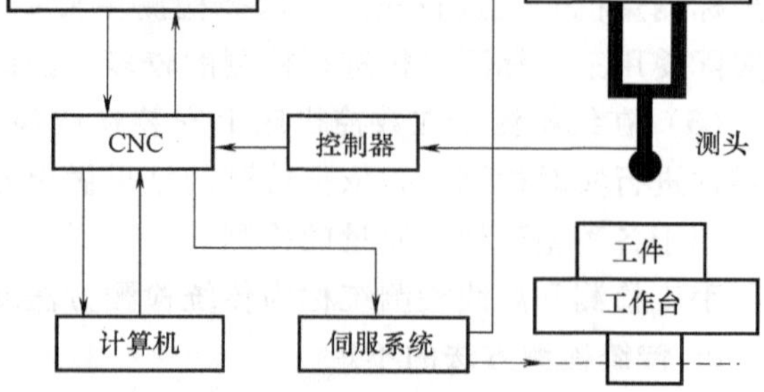

图 6-1　数控机床在线检测系统的组成

据测量结果可自动修改加工程序，改善加工精度，使得数控机床既是加工设备，又兼具测量机的某些功能。

目前在我国常用的测头有德国海德汉公司的 TS 系列测头、德国 m&h 公司的 m&h 测头、英国雷尼绍公司的雷尼绍测头、我国哈尔滨先锋机电技术开发有限公司的 OMS-50/51 在线测量系统的 TP25 测头等，如图 6-2 所示。它们可以用于数控车床、加工中心、数控磨床等大多数数控机床上。测头按功能，可分为工件检测测头和刀具测头；按信号传输方式，可分为硬线连接式、感应式、光学式和无线式测头；按接触形式，可分为接触测量和非接触测量测头。用户可根据机床的具体型号选择合适的配置。

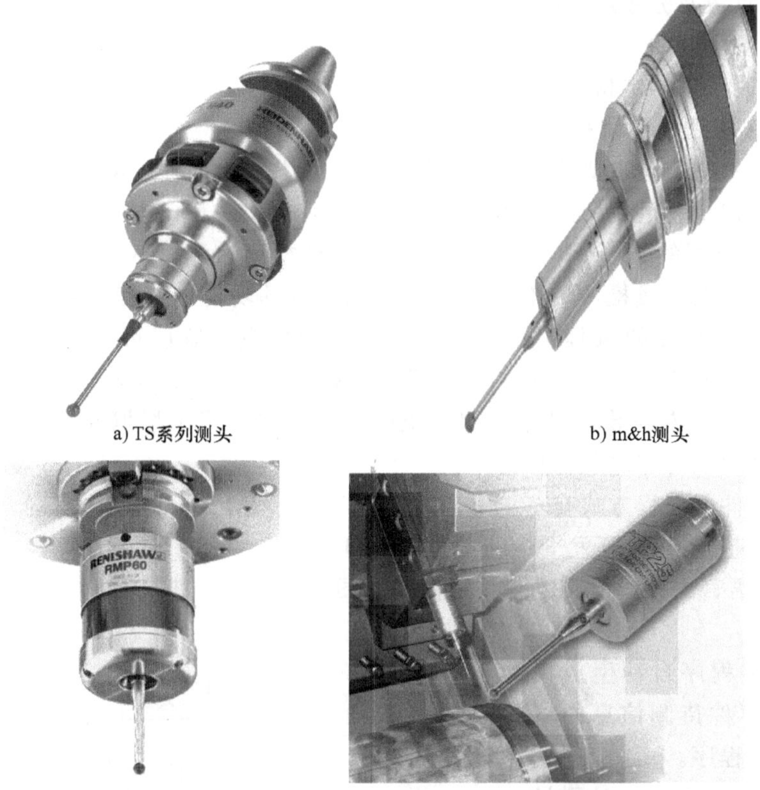

a) TS系列测头　　b) m&h测头

c) 雷尼绍测头　　d) TP25测头

图 6-2　常用的测头

（3）计算机系统　计算机系统通过各种接口设备与数控机床实现连接。在线检测系统可利用计算机进行测量数据的采集和处理、生成完成检测任务的数控程序、对检测过程进行仿真及与数控机床建立通信联系等。

目前，用于计算机系统的在线检测程序一般在 Windows、CAD/CAM、CAPP/CAM 以及 VC++等软件上运行，并能尽量减少测量结果的分析和计算时间。

2. 数控机床在线检测的工作原理

进行数控机床的在线检测时，首先要让数控系统运行测量程序，通过跳步指令（如 G31），使测头按程序规定路径运动，当测头接触工件时发出触发信号，机床停止运动，将触发信号传到转换器，转换器将触发信号转换后通过转换器与数控系统的连接接口传送给数控机床的控制系统，信号被接收后该点的坐标被记录下来，然后进行下一个测量动作。

采用计算机辅助制造模式时，可在计算机辅助编程系统上自动生成检测程序，然后由通信接口传输给数控系统，数控系统记录的测量点的坐标也通过通信接口传回计算机。上位机通过监测 CNC 系统返回的测量值，可对系统测量结果进行计算补偿及可视化等各项数据处理工作。其测量典型几何形状时检测路径的步骤如下：

1）确定零件待测形状特征的几何要素。

2）确定零件的待测精度特征。

3）根据测量的形状特征、几何要素和精度特征，确定检测点数及分布。

4）根据测点数及分布形式建立数学计算公式。

5）确定检测零件的工件坐标系。

6）根据检测条件确定检测路径。

3. 数控机床在线检测编程

在线检测技术的关键主要体现在检测程序的编制上，检测程序编制质量的优劣直接影响检测结果。目前在企业里使用的检测软件主要有商业化软件和自主开发的软件。商业化软件如英国 DELCAM 公司的 Power Inspect，是一种开放的检测软件，不受测量设备的限制，既可以在线检测，也可以离线检测，不仅能提供在线检测的功能，还能够在检测前针对读取的 CAD 模型进行检测路径的编程工作，并进行检测的仿真，然后可以把编好的程序传输给 CNC 检测设备，进行自动检测。又如雷尼绍公司基于 PC 的在线检测软件 OMV（On Machine Verification），该软件专为数控机床配用系统而编写，主要用于根据原始 CAD 数据对复杂、大型、需多工序加工的零件进行检测。

自主开发软件的编程方式有基于 C、C++、VC++、VB、Delphi 等语言的开发平台的在线检测编程方式和基于 CAD 开发平台的在线检测编程方式。

基于 VC++语言的在线检测编程结构框图如图 6-3 所示。其检测部分的主要模块及其功能如下：

（1）测量主程序自动生成模块　主要完成零件待测信息的输入，生成检测主程序。

（2）误差补偿模块　对测量过程中所产生的误差进行补偿，提高测量精度。

（3）通信模块　完成主程序与被调用宏程序的发送及测量点坐标信息的接收。

（4）宏程序模块　实现宏程序的管理和内部调用。其中，主模块还要实现对宏程序的查找、增添、修改及删除等操作。

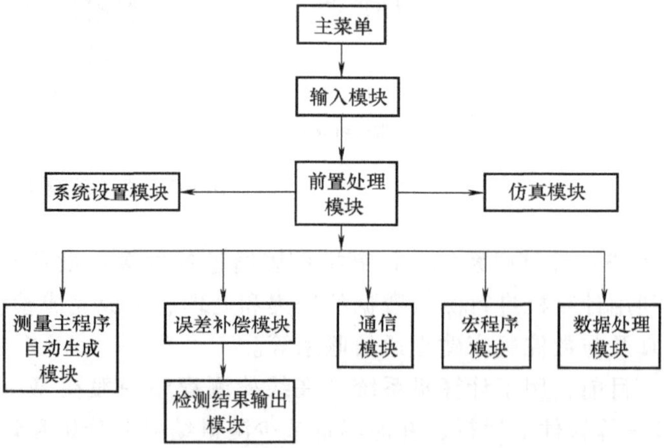

图 6-3　基于 VC++语言的在线检测编程结构框图

（5）数据处理模块　对测量点坐标进行补偿，完成各种尺寸及精度计算。通过打开测量结果数据文件，获得测量点坐标信息，经过相应的运算，最终得到测量值。

基于 CAD 开发平台的在线检测自动编程采用 AutoCAD 作为系统集成开发平台，并采用 ObjectARY 作为二次开发工具，开发该系统可弥补 CAD/CAM 系统所欠缺的功能，实现检测程序的图形化编制，即 CAD 在线检测自动编程。

4. 数控机床在线检测系统仿真

目前，数控机床在线检测系统借鉴 CAD/CAM 技术的发展思路，开发出了相应的在线检测仿真系统。仿真系统以图形化的方式再现数控机床在线检测过程，可形象直观地对检测路径规划进行检查，提前发现宏程序编制中的错误，以避免在真实检测过程中对在线检测系统造成破坏。

以 VC++语言作为系统开发工具，OpenGL 作为三维场景开发工具，按照面向对象的程序设计思想开发数控机床在线检测仿真系统的过程如下：

（1）建立虚拟检测环境　可采用 OpenGL 标准进行图形处理工作，利用它可进行几何建模、图形变换、渲染、光照等多种操作。

（2）提取检测信息　仿真系统应具备完整的检测信息提取能力，能实现对测量程序的语法检查，能实现相关的计算与判断，最为重要的是能够提取出测头的运动轨迹，以驱动测头的检测仿真。

（3）驱动虚拟测头　在线检测系统是利用测头与待测物体的碰撞来确定接触点的位置信息的，因而检测仿真必须逼真地再现这一过程，这也是整个仿真系统的核心问题。为保证测头可靠地撞击上待测物体，应使测头检测运动的最远行程大于测头到实际接触点的距离，即实际接触点位于测量起始点与测头最远行程点之间的直线段上。

6.2　数控车床的在线检测系统

在数控车床上使用在线检测系统，有利于提高数控车床的生产率，提高产品质量，降低生产成本，缩短制造周期，增强企业的竞争力。本节主要讨论我国生产的 OMS-50/51 在线检测系统。

6.2.1　数控车床在线检测系统的组成及功能

OMS-50/51 在线检测系统是专门用在数控车床、车削中心等数控设备上进行工件测量的检测系统。用户在设备上安装这种检测系统，可以在工件加工之前自动进行工件加工基准的检测、加工过程中自动进行工件尺寸的检测和控制、加工结束后对工件各种尺寸进行自动测量。

1. 在线检测系统的组成及参数

（1）OMS-50/51 数控车床在线检测系统的组成　如图 6-4 所示，OMS-50 数控车床在线检测系统由硬件和软件两个部分组成。其中，硬件部分包括 TP25 型触发式通信测头、SSM-X 信号传输模块（OMS-51 为 SSM-Z）、SRM-R/L/B 信号接收模块、PST-T 型测头转接模块、APT-2 型信号转换器、通信电缆 LA05-08 和 LB04-03。系统的软件为驻留在机床数控系统内部的测量程序包。

（2）OMS-50/51 在线检测系统型号的区别　OMS-50 在线检测系统适用于需要将 TP25 型测头安装在工件的 X 轴方向（刀架的径向）的情况，这种检测系统主要用于测量轴类工件。

OMS-51 在线检测系统适用于需要将 TP25 型测头安装在工件的 Z 轴方向（刀架的轴向）的情况，这种检测系统主要用于测量盘类工件。

（3）OMS-50/51 在线检测系统的技术参数

1）TP25 型测头的技术参数 。

测针轴向退让行程：5.0mm；测针径向摆动幅度：15°。

测针单向复位精度：0.001mm；测球直径：4.0mm。

测针径向触发力：0.343～0.686N；测针轴向触发力：2.94N。

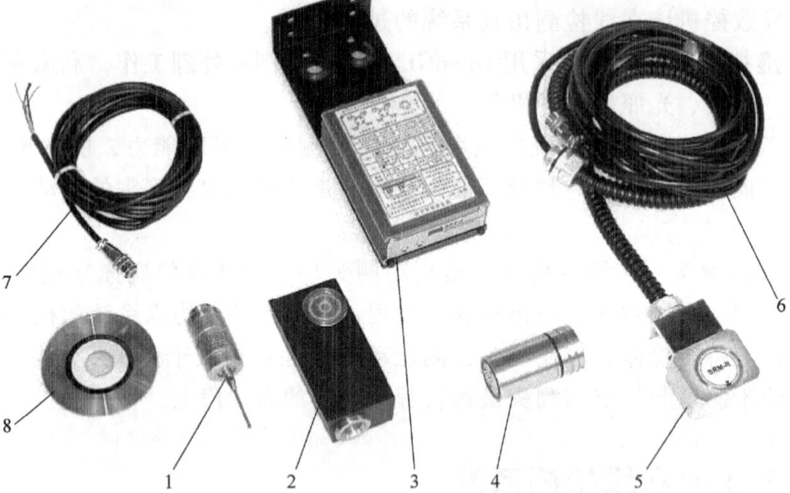

图 6-4 OMS-50 数控车床在线检测系统的组成

1—TP25 型触发式通信测头 2—PST-T 型测头转接模块 3—APT-2 型信号转换器 4—SSM-X 信号传输模块 5—SRM-R/L/B 信号接收模块 6—通信电缆 LA05-08 7—通信电缆 LB04-03 8—SPB 标准测量软件

2）其他技术参数。

SSM 模块与 SRM 模块之间的最大距离为 2.5mm；

SSM 模块与 SRM 模块之间的最大同心度误差为 1.0mm；

SSM 模块与 SRM 模块之间的最大方向差为±5°；

SRM 模块与 APT-2 之间信号电缆 LA05 的最大长度为 15m。

3）防护等级。

测头防护等级为 IP68；

SSM 模块、SRM 模块和 PST-T 模块的防护等级为 IP67；

APT-2 信号转换器的防护等级为 IP66 。

4）系统工作环境。

APT-2 信号转换器的输入电压为 DC 24±10%V；

APT-2 信号转换器的最大输入电流为 80mA；

系统工作环境温度为 5～40℃。

2. TP25 型触发式通信测头的结构与功能

（1）TP25 型触发式通信测头的结构　如图 6-5 所示，TP25 型测头是 OMS-50 在线检测系统专用的触发式通信测头。该测头由以下几个部分组成：①可更换的标准测针 RB3C4；②外层金属防护罩；③测头主体；④测头连接座；⑤测头信号接触环（外）；⑥测头信号接触环（内）。

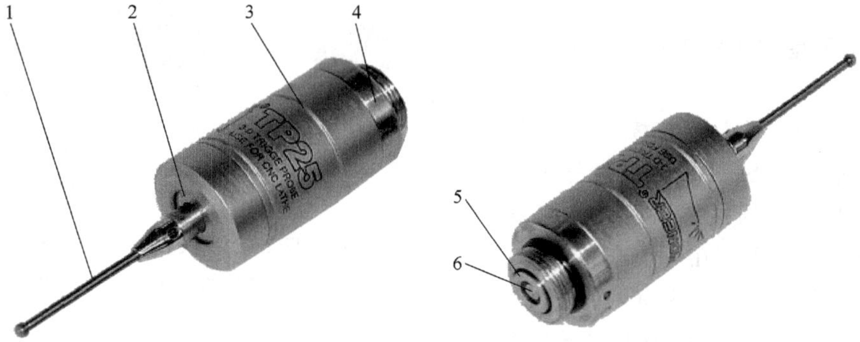

图 6-5　TP25 型触发式通信测头的结构

1—可更换的标准测针 RB3C4　2—外层金属防护罩　3—测头主体　4—测头连接座

5—测头信号接触环（外）　6—测头信号接触环（内）

（2）TP25 型触发式通信测头的功能

1）测针摆动与精确复位功能。如图 6-6 所示，为了保障测头的测针能够在任意方向与工件安全接触并保持极高的测量精度，测头内部的触发机构保证了测针可以在任意径向方向摆动 15°，并且可以向测头内部浮动 5mm；同时，触发机构还保证了测针在与工件脱离接触后能够自动、准确地回到原始位置，任意方向的复位误差不大于 0.001~0.002mm。

2）防护功能。TP25 型测头的综合防护水平达到了 IP68 的等级，可确保在充分冷却的车削加工环境中长期使用。

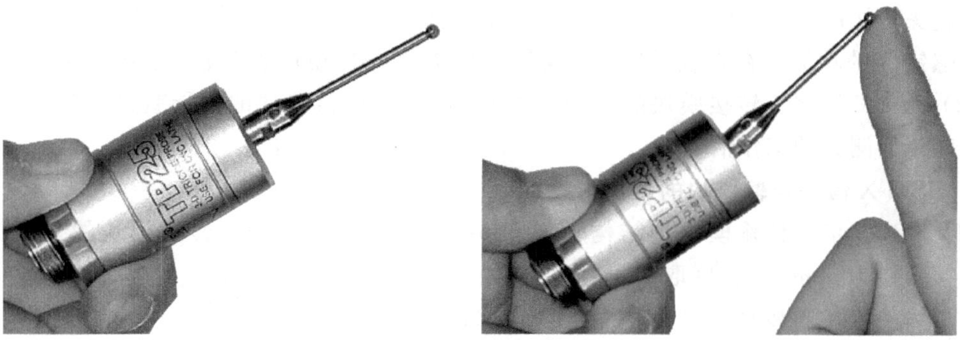

图 6-6　测针摆动与精确复位

OMS-50 在线检测系统主要用于车削中心和数控车床，由于系统的测头通常安装在数控车床的刀架上，所以车削加工的环境对测头来说是极其恶劣的。为了保证检测系统能在车削加工的环境中长期稳定地工作，在设计和制造过程中充分考虑了检测系统各个部分的防护要求。TP25 型测头测针摆动机构采用了双层防护结构，外层采用金属防护罩，内层采用优质耐油橡胶防护罩，彻底保护了触发机构的安全。

3）信号传输功能。TP25 型测头的触发信号是通过测头连接座后部的两个同心环传输的，当测头通过连接座的螺纹连接 PST-T 型测头转接模块时，两个同心环将分别与对应的触点接触，实现信号的传输，如图 6-7 所示。

图 6-7　TP25 型测头连接 PST-T 型测头转接模块时的两个同心环传输

3. PST-T 型测头转接模块的结构与功能

（1）PST-T 型测头转接模块的结构　如图 6-8 所示，PST-T 型测头转接模块是一个截面为梯形的柱体，由数控车床刀盘上标准的楔块固定在一个车刀槽内。

PST-T 型测头转接模块有两个接口：其一用于连接固定 TP25 型测头的螺纹接口，该接口内部有两个用于传输测头工作信号的触点；其二，在该模块与 SSM 模块相对的位置有一个信号传输接口。

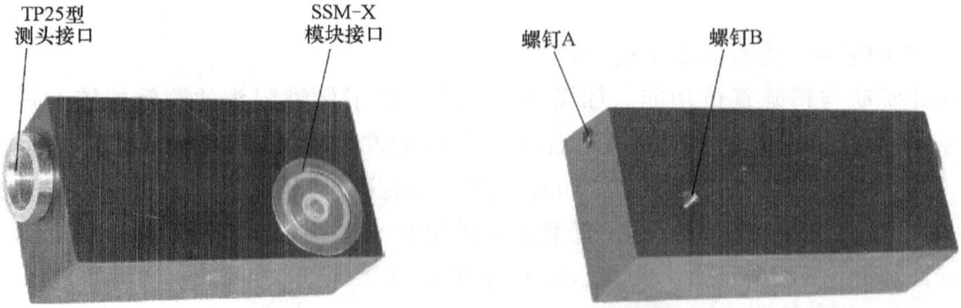

图 6-8　PST-T 型测头转接模块的结构

在测头转接模块的主体上有两个螺钉。螺钉 A 的功能是限定模块主体在刀盘刀槽内的位置；螺钉 B 的功能是在安装时保证测头转接模块与 SSM 模块紧密贴合，提高防护等级。

（2）PST-T 型测头转接模块的功能　PST-T 型测头转接模块的功能就是固定 TP25 型测头，同时传递测头的工作信号。

4. SSM-X 信号传输模块的结构与功能

（1）SSM-X 信号传输模块的结构　如图 6-9 所示，SSM-X 信号传输模块的外形为圆柱体，圆柱直径为 32mm，长度取决于机床刀盘的厚度。该模块可在刀盘的安装孔内移动或旋转，其具体位置在安装时由刀盘上的紧定螺钉固定。

a) SSM-X 模块的A端面视图　　b) SSM-X 模块的B端面视图

图 6-9　SSM-X 信号传输模块的结构

（2）SSM-X 信号传输模块的功能　如图 6-10 所示，该模块与 PST-T 型测头转接模块接触的 *A* 端有两个弹性触点，承担测头电源和工作信号的传输功能。

该模块的 *B* 端与 SRM-R/L/B 信号接收模块（以下用“SRM 模块”代替）相邻但不接触（两者相隔 1.5~2.2mm）；*B* 端内部包含具有专用功能的电路和传感器，端面上有特殊的方向标志和两个用于旋转的凹槽，利用专用扳手可以使模块旋转。当 *B* 端的方向标志与相对的 SRM 模块的方向标志对齐时，其内部的电路和传感器能实现以下两种功能。

1）向测头供电功能：通过 SRM 模块的电磁场产生感应电能并向测头供电。

2）信号无线传输功能：将测头的工作信号通过电磁波由 SSM-X 模块传输给 SRM 模块。

图 6-10　SSM-X 信号传输模块的连接与功能

5. SRM-R/L/B 信号接收模块的结构与功能

（1）SRM-R/L/B 信号接收模块的结构　SRM-R/L/B 信号接收模块是一个带有电缆及固定架的长方体部件，该模块必须固定在车床刀盘背面、与刀架固定部分连接的特殊位置上。由于不同规格的数控车床刀架的具体结构和尺寸不一致，导致了 SRM-R/L/B 信号接收模块的电缆接线方向不同。如图 6-11 所示，该模块共有三种接线方向，分别对应三种具体的型号，即右接线模块（SRM-R）、左接线模块（SRM-L）和后接线模块（SRM-B）。

SRM-R/L/B 信号接收模块的背面有四个用于安装固定的螺孔，由于固定该模块的支架涉及车床刀盘后侧刀架的具体结构和尺寸，因此固定支架通常需要订制。

FANUC 0i 信号接收模块型号为 SRM-B（后侧接线），西门子 810 D 信号接收模块型号为 SRM-R（右侧接线）。

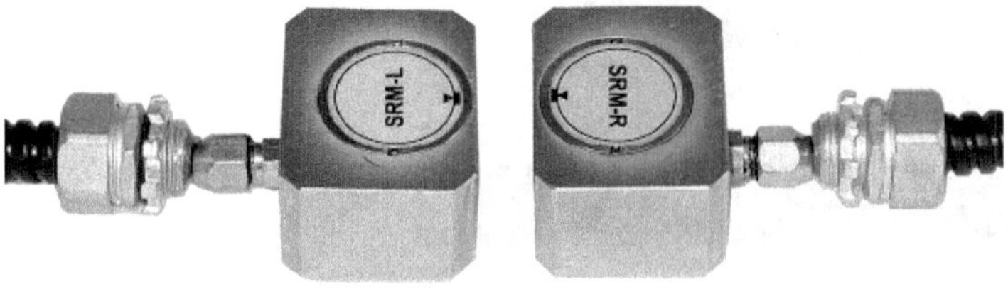

a) 左接线模块(SRM-L)和右接线模块(SRM-R)

b) 后接线模块(SRM-B)

图 6-11　SRM-R/L/B 信号接收模块的结构

（2）SRM-R/L/B 信号接收模块的功能　SRM 模块有两个基本功能：第一，通过电缆与 APT-2 型信号转换器连接，将 APT-2 提供的电源通过电磁波传输给 SSM-X 信号传输模块（以下用“SSM 模块”代替）；第二，接收 SSM 模块以电磁波形式传出的测头的工作信号，并对该信号进行必要的处理后送给 APT-2 型信号转换器。

在 SRM 模块与 SSM 模块相对的端面，贴有方向指示标签，如图 6-12 所示。这两个模块正常的工作状态只有在两个模块的方向对齐、两者之间的距离为 1.5~2.2mm 时才能实现。

当测头不在测量位置（即 SRM 模块和 SSM 模块没有对准）时，SRM 模块通过电缆向 APT-2 型信号转换器发送测头不在工作位置的信号，该信号的状态与测头在工作位置时的触发状态相同。因此，这种逻辑对于机床和工件来说具有保护功能。

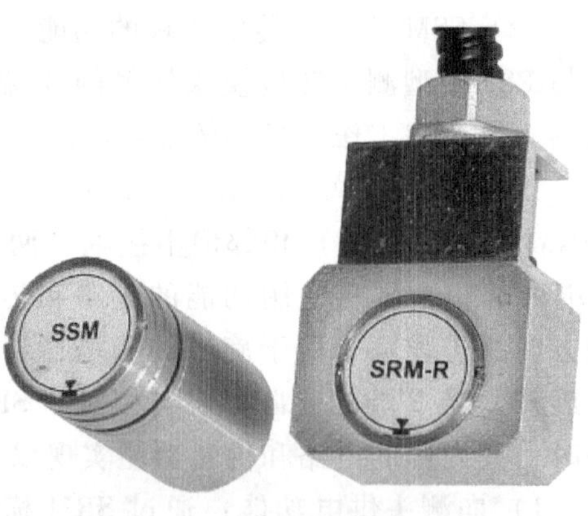

图 6-12　SRM 模块与 SSM 模块相对端面的方向指示标签

6. APT-2 型信号转换器的结构与功能

（1）APT-2 型信号转换器的结构　如图 6-13 所示，在 APT-2 型信号转换器的前面板上有两个指示灯，用于表示检测系统的工作状态；在转换器的后面板上有三个插座，一个插座 A 用于接插与 SRM 模块连接的电缆 LA05-08，另外两个插座 B 和 C 用于接插与机床数控系统连接的电缆 LB04-03。

当电缆 LB04-03 与插座 B 连接时，检测系统的输出信号是以电平方式输出的；当电缆 LB04-03 与插座 C 连接时，检测系统的输出信号是以开关量方式输出的。这两种信号的逻辑还可以通过信号转换器内部的跳线组进行转换（详情参见贴在产品上的说明卡片）。

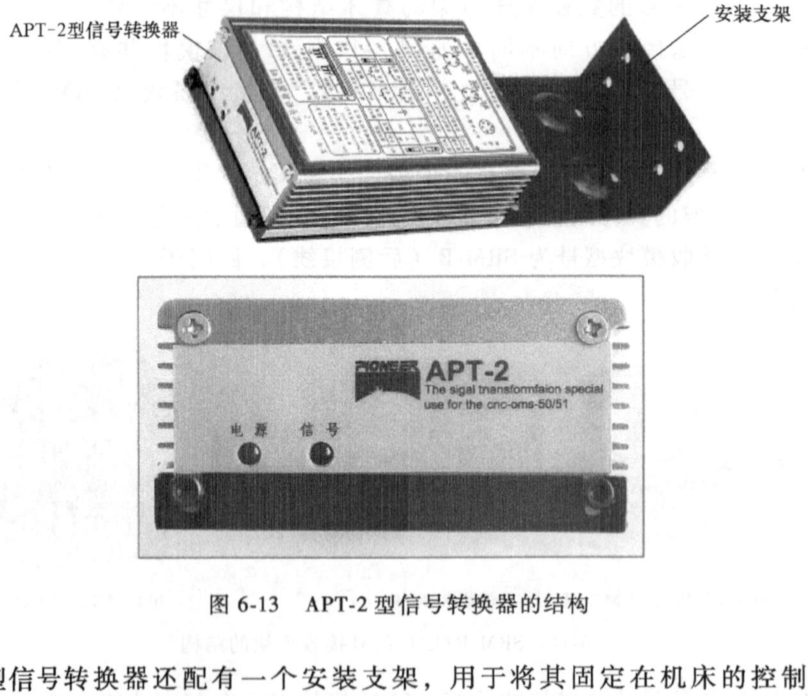

图 6-13　APT-2 型信号转换器的结构

APT-2 型信号转换器还配有一个安装支架，用于将其固定在机床的控制柜内或其他位置。

（2）APT-2 型信号转换器的功能　当 APT-2 型信号转换器前面板上的绿色指示灯亮时，表示检测系统电源接通，系统处于工作状态。

前面板上的红色指示灯亮时，表示两种含义：第一，测头不在测量位置（即 SSM 模块与 SRM 模块位置没有对准）；第二，测头处于触发状态（SSM 模块与 SRM 模块位置对准），红灯不亮时，表示测头处于未触发状态。

在转换器内部电路板上有两个跳线组，这两个跳线组分别确定转换器输出信号的逻辑状态。转换器跳线组出厂时的设置和位置与逻辑的对应关系在产品外壳上的说明卡中有详细说明，安装时应参照实际说明操作。

7. SPB 标准测量软件的功能

1）TP25 型测头的测球与车床主轴轴线的安装误差可以通过对标准样件的测量进行标定补偿。

2）TP25 型触发式测头的系统误差可以在标定过程中确定并在实际测量过程中加以补偿。

3）在执行检测程序的过程中，系统对测头具有移动保护功能，可确保测头和机床的安全。

4）可以自动进行工件长度（轴向）尺寸的测量。

5）可以自动进行工件直径或半径尺寸的测量。

6）可通过加工精度超差报警实现加工精度控制。

7）自动修正刀具偏差。

6.2.2　数控车床在线检测的硬件连接

1. SSM 模块和 SRM 模块的安装

（1）SSM 模块轴向位置的固定　首先将车床刀盘安装测头的位置转到测量的位置，然后将 SSM 模块装入刀盘的安装孔内。注意：必须将模块的 *B* 端面（带有方向和模块名称标志的一端）朝向 SRM 模块；推动 SSM 模块在安装孔内移动，当该模块的 *B* 端面与刀盘的后端面达到齐平位置时，用模块紧定螺钉将模块轻轻锁紧；检查模块 *A* 端面上的两个触点的位置，正确状态是这两个触点应高于对应的刀具安装槽底面 1~2mm。

（2）SSM 模块径向粗调　检测系统设备供应商应该为检测系统配备一只专用扳手，如图 6-14 所示，安装时先将扳手上的两个销插入 SSM 模块 *B* 端面的凹槽，然后适当用力转动该模块，使模块 *B* 端面的三角形方向标志指向刀盘的回转轴线。

注意：如果转动模块时很费力，就应适当放松模块的紧定螺钉，旋转时应当保持模块轴向位置不变。

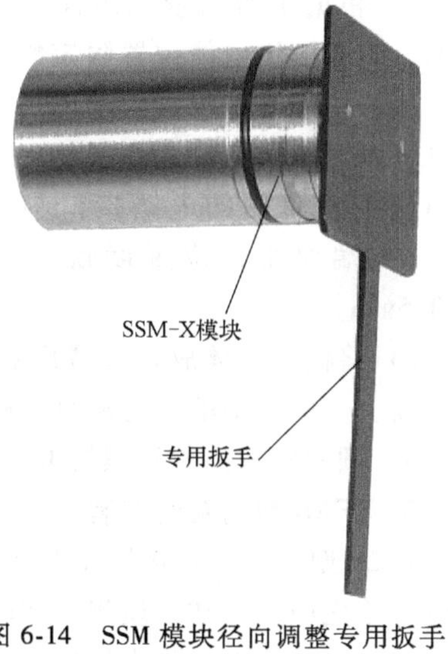

图 6-14　SSM 模块径向调整专用扳手

（3）SRM 模块与其固定支架的初安装　先将用户自制的支架初步固定在预先设计的位置上，支架的固定螺钉不必拧紧，支架与刀盘后面的距离应大于 SRM 模块的厚度。

再将 SRM 模块用螺钉初步固定在支架的设计位置上，保证 SRM 模块正面的三角形方向标志指向刀盘的回转轴。

（4）SRM 模块与 SSM 模块之间间隙的调整　首先将 SSM 模块的方向调整扳手完全贴合在模块的 *A* 端面上，然后在保持扳手位置不变的情况下，通过调整 SRM 模块与固定支架、支架与其固定面之间螺钉固定位置的变动量，使模块 SRM 的正面靠在扳手的另一面上，允许中间保留适当的间隙（0.1~0.3mm），最后轻微拧紧 SRM 模块与固定支架、支架与其固定位置之间的螺钉。

（5）SRM 模块与 SSM 模块方向一致性的调整　旋转扳手使 SSM 模块在安装孔内转动，当扳手前端的外廓边缘与相对的 SRM 模块外廓边缘平行时，通过目测判定平行度误差不大于 3°，然后拧紧刀盘上固定 SSM 模块的螺钉。

（6）SRM 模块与 SSM 模块位置对准度的调整　通过调整 SRM 模块与固定支架、支架与其固定面之间螺钉固定位置的变动量，使 SRM 模块的外廓与扳手前端的外廓完全对齐；通过目测判断位置度误差不大于 0.5mm，最后拧紧 SRM 模块与固定支架、支架与其固定面之间的螺钉。

（7）电缆的安装　安装电缆时应尽可能将电缆并入机床移动拖链内的线束之中，线束以外的部分应该保留金属护套，并用捆扎带将电缆固定部分固定在机床上的适当位置，要避免电缆在机床工作区域内被金属切屑或其他部件损坏。

2. PST-T 型测头转接模块的安装

在 PST-T 型测头转接模块的主体上有螺钉 A 和螺钉 B（见图 6-8）。螺钉 A 的功用是限定模块主体在刀盘刀槽内的位置；螺钉 B 的功用是在安装时保证测头转接模块与 SSM 模块紧密贴合，提高防护等级。

如图 6-15 所示，安装 PST-T 型测头转接模块的具体步骤如下：

1）根据实物测量或图样标注的数据，确定模块主体位置限定螺钉 A 的长度，使得模块放入刀槽内后，当螺钉 A 的外端与刀槽端面接触时，保证模块主体里侧的电路接口与 SSM 模块 A 端对准，位置度误差不超过 0.5mm。

图 6-15　PST-T 型测头转接模块的安装

2）将模块主体放入刀槽并使主体带有电路接口的里面贴合刀槽底面，螺钉 A 顶在刀槽的端面上，然后用配备的楔块将模块主体压紧固定。

3）顺时针方向旋转螺钉 B，当感到螺钉受到一定的阻力时停止。

3. TP25 型测头的安装

TP25 型测头应直接拧在 PST-T 型测头转接模块的对应接口上，如图 6-16 所示。安装测头时，首先应观察和清理测头和转接模块的接口，然后将测头小心旋入接口，再用扳手将测头紧固。注意：因为测头是精密产品，安装时要避免用力过大损坏测头。

4. APT-2 型信号转换器的安装

（1）安装位置的选择　如图 6-17 所示，APT-2 型信号转换器应按图示的水平状态放置。由于该装置在工作中会有一定的热量产生，因此建议安装在通风良好的位置，通常可安装在机床系统控制柜内侧或机床防护罩的外表面。另外，信号转换器的面板设有指示灯，应将其安装在操作者能够看到的位置，便于操作者了解系统的工作状态。

（2）电缆的连接　信号转换器与 SRM 模块的连接电缆 LA05-08 带有标准的插头，只要将该插头插在转换器的 A 插座即可。

图 6-16 TP25 测头的安装

信号转换器与机床连接电缆 LB04-03 的一端带有插头，安装时应根据机床系统输入信号类型的要求选择与转换器的插座 B 或插座 C 连接。该电缆的另一端为四条电线，颜色分别为红、绿、黑和蓝，其中，红、绿色电线分别与机床数控系统 DC 24V 电源的正、负极连接，黑、蓝色电线为系统输出信号线，具体连接应根据数控系统的接线要求操作。

图 6-17 APT-2 型信号转换器的安装

5. OMS-50 在线检测系统的功能检验

在初次使用检测系统前，应对检测系统的功能状态进行检验。只有在检测系统的功能完全正确的情况下，才能开始使用检测系统。

(1) 安全性检验　在检测系统安装完毕后，首先用万用表检查检测系统与机床数控系统连接电缆的红、绿线是否存在短路。

(2) 检测系统功能的检验　接通机床数控系统的电源给检测系统供电后，首先观察 APT-2 型信号转换器显示的系统当前状态是否正常。

其次，转动刀盘使测头到达测量位置，观察 APT-2 型信号转换器显示的系统状态是否正常。

第三，当测头处于测量位置时，用手扳动测针，模拟测头的触发状态，观察 APT-2 型信号转换器显示的系统状态是否正常。

最后，重复上述过程，同时观察数控系统中与检测系统输入信号对应的参数的变化。如果参数的变化符合正常的逻辑，则说明检测系统的安装完全正确。

(3) 检测系统的试运行　在检测系统安装完全正确的情况下，开始使用检测系统时，仍然应该采用单步运行的方式试验测量程序的执行过程，同时应将机床的进给速度调至较低的水平，以便发生意外时操作者有充足的时间停止机床的运动。

6. 影响 OMS-50/51 在线检测系统测量精度的因素

影响 OMS-50/51 在线检测系统测量精度的因素主要有以下几个方面。

(1) 机床的定位精度　使用检测系统在机床上进行测量时，造成测量误差的主要因素是机床的定位精度。由于检测系统在数控机床上工作，并利用机床数控系统获得测量数据，所以机床的定位误差不能被检测系统检测和补偿。

（2）测头的复位精度　测头的复位精度是指测针位置变动后自动回到原始位置的精确度。它直接影响检测系统的测量精度。TP6C 型测头的复位精度不大于 0.001mm。通常情况下，对于数控机床的一般加工精度而言，TP6C 型测头的复位精度对测量精度的影响可以忽略。

（3）检测系统的其他可补偿因素　影响检测系统精度的其他因素还有测头测针的位置度偏差、测球计算直径与几何尺寸的偏差、系统信号传输时间延迟产生的误差等。由于这些因素都可以在检测系统的标定过程中通过测量软件的补偿功能来减少和消除，因此这些误差综合起来一般对测量结果的影响范围为 0.003~0.005mm。

（4）检测系统的不可补偿因素　检测系统的标定功能带有一定的误差，这种误差源于操作者操作的精细程度、所用工具的精度状态以及其他不确定因素。这些因素所带来的误差不能通过补偿消除，理论上会对测量精度产生影响。

综上所述，在通常的情况下，检测系统本身的因素对测量精度的影响一般为 0.005~0.006mm。当测量精度要求较高时，机床的定位精度必须具有相应的优良指标。

6.2.3　数控车床在线检测系统的使用及编程

1. 测量软件及使用概述

（1）标准型测量软件的组成模块　标准型测量软件由若干个子模块组成，主要包括移动保护子模块、测头标定子模块、测量使用子模块以及各下级子程序模块。各子模块的程序号见表 6-1。

需要特别说明的是，下级子程序是不能由用户直接调用的。

表 6-1　标准型测量软件的组成模块

程序号	功能
O9010	保护移动子程序
O9011	径向（*X* 向）单边测量
O9012	轴向（*Z* 向）测量
O9018	径向（*X* 向）单边标定
O9019	轴向（*Z* 向）标定
O9621、O9622、O9623、O9624 为下级子程序，用户不能直接调用	

（2）在线检测系统的使用步骤

1）设定用户参数。用户可设定的参数如下：

① 后退系数#505。测量软件采用二次触发原理进行测量，第一次触发以高速进行，然后从触发位置后退一个微小距离，再以较低速度进行第二次触发。这样既兼顾了效率与精度的矛盾，也可降低对数控系统的要求。在软件首次运行时，将自动给变量#505 赋值 0.5，安装调试人员根据第二次触发的等待时间相应调节#505 的值，使其既不出现报警（#505 太小），又不会等待太长时间（#505 太大）。软件内规定#505 的赋值范围为 0.1~1。

② 半径或直径编程#106。在软件安装完成后，调试人员要根据数控系统的具体情况对 O9624 子程序进行适当的编辑修改，使其适应该机床对测头的使用要求。以下为可能需要修

改的语句：

O9624（PIONEER SETTING）；

G40 G80；

#106 = 1（EDIT RAD/DIAM）；半径编程时#106 = 1，直径编程时#106 = 2

………

2）标定测头。

① 对测头进行标定的原因如下：

a. 在使用测头测量时，测头的理想位置是测针上测球的中心位于与机床 *X*—*Z* 坐标面平行的主轴剖面上。但在实践中，二者的位置关系很难做到完全一致，因此导致测量数据出现偏差。要获得理想的测量精度，必须对测量数据加以修正。

b. 检测系统所采用的是高精度的触发式三维测头，在参数表中有一项是测头的触发行程，就是测球接触工件后要移动一段微小距离才会发出信号，这段位移若不加以补偿，将会带来测量误差。

c. 测头发出的触发信号，要经过接口处理，然后再送到数控系统中由数控系统进行处理，这些处理过程需要一定时间，信号处理的延时也可能带来一定的测量误差。

鉴于上述原因，在首次使用测头前，要对测头进行标定。通过标定，将获得测头的有关误差修正参数。再进行测量时，对有关误差进行补偿，就可获得满意的测量精度。

在机床上测量时，最终的测量精度取决于机床的定位精度，通过标定还可以对机床的定位精度进行部分补偿。

② 需要进行标定的情况。除首次安装测头外，在正常使用时，也要定期进行测头标定。在下列情况下，必须进行测头的重新标定。

a. 更换测针时。

b. 测头有轻微碰撞时。

c. 怀疑测针弯曲时。

d. 测量精度下降时。

e. 很长时间不使用测头，重新使用时。

③ 测头的标定包括以下两项标定内容。

a. 测头的 *X* 向标定。

b. 测头的 *Z* 向标定。

3）激活测头的偏置补偿。在每次调用测量程序前，必须要先激活测头的偏置补偿。每个测头要使用一个固定的刀偏号码，并采用与刀架上其他刀具相同的基准，计算出测头的近似偏置量，预先输入到该号码中。该偏置值不能随便改动，否则将带来较大的误差。

4）使用测量。三维测头经过正确的标定后，即可开始进行正常的测量。

2. 测头的标定方法

前面已经说明了标定测头的重要性。为了获得满意的测量精度，在使用测头前一定要对测头进行标定，内容包括 *X* 向标定（O9018）和 *Z* 向标定（O9019）。

（1）测头的 *X* 向标定

程序号：O9018。

1）功能简介。该循环在 *X* 轴方向上通过对两个同心圆进行单点测量标定测头，所获得的修正值被程序自动存储下来，供将来进行内径或外径测量时使用。若测头安装方位允许，内侧及外侧都需进行标定。

2）标定方法。首先用刀具精车出一个尺寸精确的同心内圆或同心外圆，然后把刀具的粗略偏置量输入到测头所专用的刀偏号中，再把刀架转位到测量位置上并激活测头的偏置补偿。移动机床把测头定位到起始位置，然后调用标定程序。

3）起始位置。距第一个被测量的内圆或外圆侧边适当的距离（图 6-18 中位置 1）。要求从该位置只移动 *Z* 轴就可以到达第二个圆的测量起点（图 6-18 中位置 2）。

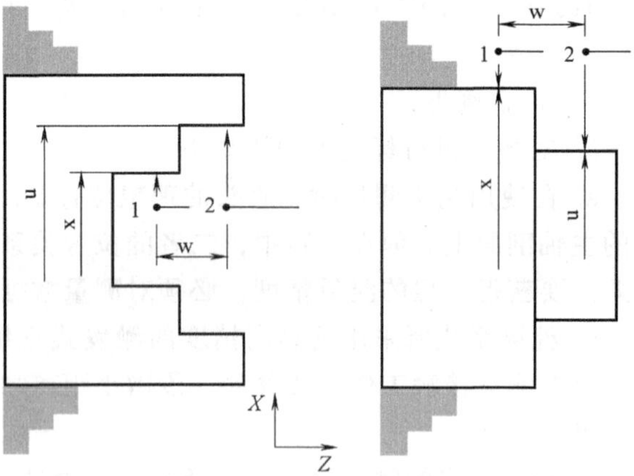

图 6-18　测头的 *X* 向标定

4）调用格式。

G65　P9018　Xx　Uu　Ww　Dd；

5）参数说明。

X：x=标定用第一个圆精确的 *X* 坐标值，需小数点。

U：u=标定用第二个圆精确的 *X* 坐标值，需小数点。

W：w=从第一个圆的测量起点（图 6-18 中位置 1）到第二个圆测量起点（图 6-18 中位置 2）*Z* 轴方向的增量移动量，需小数点。

D：d=测头测球的理论直径，需小数点。

6）程序输出。标定循环结束后，将自动把测头的修正值存储到指定的变量中。

#500 测头 *X* 向由负向正移动时的修正值；

#502 测头 *X* 向由正向负移动时的修正值；

#510 测头 *X* 向由负向正移动偏心的修正值；

#512 测头 *X* 向由正向负移动偏心的修正值；

#515 测头测球的理论半径。

7）程序举例。测头的 *X* 向标定程序如下：

```
O0600;
T0101;                                        选择测头并激活测头长度补偿
G65   P9010   Z200.0   F1000;                 测头保护移动
G65   P9010   X220.0   F1000;                 测头保护移动到起始位置
G65   P9018   X200.0   U150.0   W25.0   D1.5; 标定测头
M30;
```

（2）测头的 *Z* 向标定

程序号：O9019。

1）功能简介。本程序用于进行 *Z* 轴方向的测头标定。若不进行标定，将无法得到 *Z* 向准确的测量结果。程序所得到的标定结果将自动存储到指定的变量地址中，为后续测量程序所使用。

2）标定方法。在调用标定循环前，先用刀具精车出一个准确已知的端面，然后利用该端面对测头进行标定。若测头安装方位允许，两侧都应进行标定。把刀架转位到测量位置，激活测头的偏置补偿后定位到起始位置（图 6-19），调用标定循环后，测头自动返回起始位置。

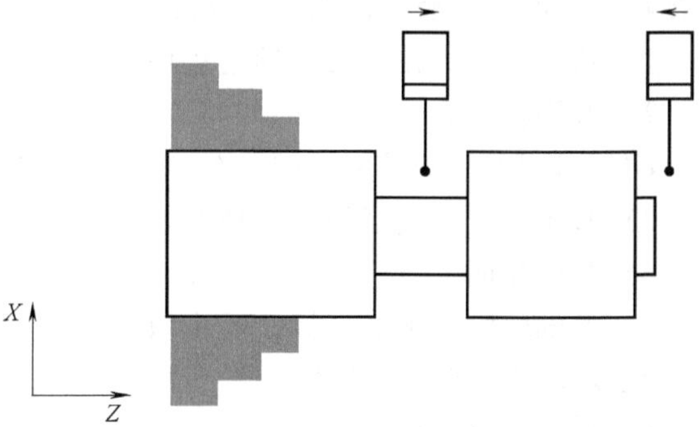

图 6-19　测头的 Z 向标定

3）起始位置。循环开始前，测头要定位于标定所用 Z 面前方适当的位置。

4）调用格式。

G65　P9019　Zz;

5）参数说明。

Z：z=标定用端面精确的 Z 坐标值，需小数点。

6）程序输出。标定循环结束后，将自动把测头的修正值存储到指定的变量中。

#506 测头 Z 向由负向正移动的标定值；

#508 测头 Z 向由正向负移动的标定值。

7）程序举例。测头的 Z 向标定程序如下：

```
O0601;
T0101;
G65   P9010   Z220.0   F1000;          移动保护
G65   P9019   Z200.0;                  标定测头
M30;
```

(3) 说明　测头系统标定后的结果保存在宏变量#500～#530 中，用于测量程序使用，用户不能随意更改，否则会造成较大的测量误差，甚至造成测头或机床的损坏。

3. 测量程序的使用

根据需要，测量的结果既可用于自动设定工件坐标系（Z 向），也可用于检查工件的尺寸超差情况，还可根据测量结果自动修正刀具的偏置量，以补偿由于刀具磨损所带来的加工误差。

测量程序包括：保护移动（O9010）；X 向单边测量（O9011）；Z 向单边测量（O9012）。

(1) 测头的移动保护

程序号：O9010。

在使用三维测头的过程中，很重要的事就是要保护测头在围绕工件移动时，尽量避免因发生碰撞而引起测头的损坏，本程序的设计目的就是保护测头。如图 6-20 所示，若在测头移动过程中测针部

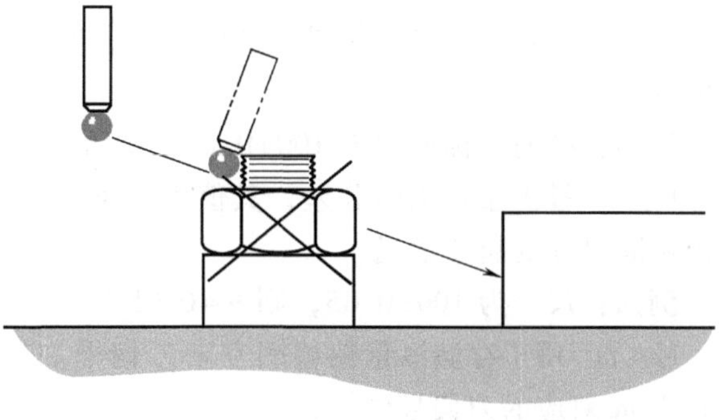
图 6-20　测头的保护定位

分接触到工件发生触发，机床会立即停止移动并报警。

1）功能简介。在测头移动过程中，保护测针，防止测针发生意外碰撞而损坏。

2）调用格式。

G65　P9010　Ff [Xx Zz]；（方括号内为选择输入）

3）起始位置。适当的安全位置。

4）参数说明。

X：*X* 轴的终点绝对坐标，需小数点；

Z：*Z* 轴的终点绝对坐标，需小数点；

F：机床的移动速度。

注：*X*、*Z* 既可同时输入，也可只输入一个。

5）程序输出。若测头在移动过程中发生触发，程序将控制测头停止移动以防撞坏，并给出报警信息（PATH OBSTRUCTED）。

6）程序举例。保护移动程序如下：

O0603；

T0101；

G65　P9010　X300.0　Z187.0　F1000；　　　测头保护移动到 X300.0　Z187.0

M30；

（2）*X* 向单边测量

程序号：O9011。

1）功能简介。本程序用于测量内孔/外圆的径向坐标，测出的直径值可用于判断尺寸是否超差。若内/外圆加工过程中使用了刀具补偿，也可根据测量的直径值自动修正刀具的补偿量。

2）使用方法。在调用测量程序前，要先把测头定位到起始位置，然后调用测量程序开始进行测量。循环结束后，测头自动返回起始位置。

3）调用格式。G65　P9011　Xx [Tt Mm Hh]；（方括号内变量为任选输入）

4）程序输出。

输入 Hh，则根据测量结果判断尺寸是否超差。若超差给出报警。

输入 Mm，将把测量得到的偏差值的差存入 m 对应的刀偏号中。

输入 Tt，将自动根据测量结果修正对应刀偏号中的刀具偏置量。

5）参数说明。

X：x=被测量内圆或外圆的坐标值。该值等于考虑尺寸的上、下极限偏差后的中间值，需要输入小数点。

例如：径向坐标要求为 100±0.05，则可输入 x=100.00。

H：h=被测量对象的公差，其值等于整个公差带宽的一半。输入 Hh 则表明要根据测量结果判断尺寸的超差情况。

例如：尺寸为 100±0.05，则 h=0.05。

M：m=用于存储测量偏差的空余刀偏号。若输入此参数，将把实际测量值与输入值的差存入 m 对应的刀偏号中。

T：t=要修正的刀具偏置号。当输入 Tt 后，将自动根据测量结果修正对应刀偏号中的刀具偏置量。

注意：只有当工件采用刀具偏置补偿方式进行加工时才有修正意义。此外，Tt 与 Mm 的号码不能一样。

6）程序举例。

```
O0604;
T0101;
G65 P9010   X120.0   F2000;
G65 P9010   Z-66.0   F2000;
G65 P9011   X180.0   T6.;              内孔测量，X 坐标为 180，修正 6 号刀偏
M30;
```

7）起始位置。被测量点侧面适当距离（图 6-21）。

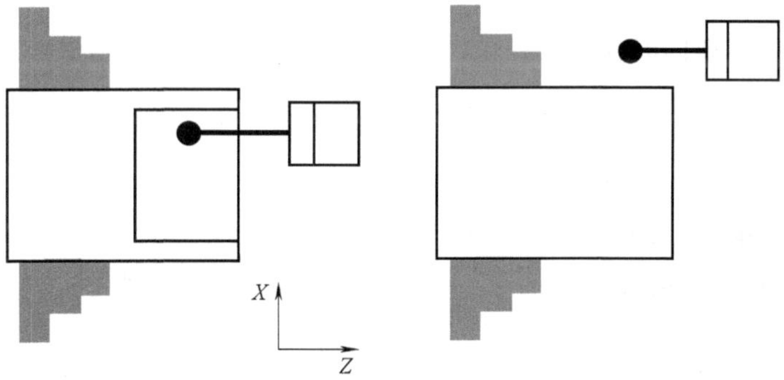

图 6-21　X 向单边测量

（3）Z 向测量

程序号：O9012。

1）功能简介。本程序用于测量工件的 Z 向坐标。测量值可用来设定坐标系，也可用于判断尺寸是否超差。若在工件的加工过程中使用了刀具补偿，还可根据测量的坐标值自动修正刀具的补偿量。

2）使用方法。在调用测量程序前，要先把测头定位到起始位置，然后调用测量程序开始进行测量。循环结束后，测头自动返回起始位置。

3）调用格式。

G65　P9012　Zz［Tt Mm Hh Ss］；（方括号内变量为任选输入）

4）程序输出。

输入 Hh，则根据测量结果判断尺寸是否超差，若超差给出报警。

输入 Mm，将把测得的偏差值的差存入 m 对应的刀偏号中。

输入 Tt，将自动根据测量结果修正对应刀偏号中的刀具偏置量。

输入 Ss，将自动根据测量结果设定坐标系。

5）参数说明。

Z：z=被测量面的坐标值。该值等于考虑尺寸的上、下极限偏差后的中间值，需要输入小数点。

例如：轴向坐标要求为 100±0.05，则 z=100.00。

H：h=被测量对象的公差，其值等于整个公差带宽的一半。输入 Hh 则表明要根据测量结果判断尺寸的超差情况。

例如：尺寸为 100±0.05，则 h=0.05。

M：m=用于存储测量偏差的空余刀偏号。若输入此参数，将把实际测量值与输入值的差存入 m 对应的刀偏号中。

T：t=要修正的刀具偏置号。当输入 Tt 后，将自动根据测量结果修正对应刀偏号中的刀具偏置量。

注意：只有当工件采用刀具偏置补偿方式进行加工时才有修正意义。此外，Tt 与 Mm 的号码不能一样。

S：s=要设定的坐标系号。当输入 Ss 后，将自动根据测量结果设定对应坐标系。其输入值对应于要设定的坐标系号。输入 S0 时设定外部工件偏置，输入 S1～S6 设定工件坐标系 G54～G59。

注意：Tt 与 Ss 不要同时输入。

6）程序举例。

```
O0605;
T0101;
G65 P9010  Z100.0  F2000;
G65 P9012  Z80.0  S2.0;        Z向测量，坐标为80，设定G55
M30;
```

7）起始位置。被测量面前方适当距离（图 6-22）。

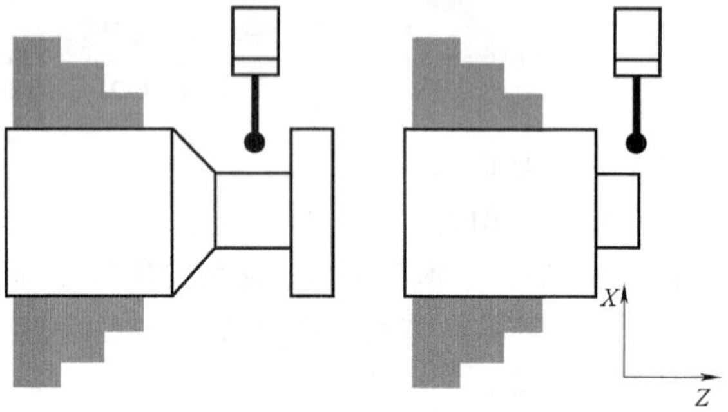

图 6-22　Z 向单边测量

4. 报警信息及处理方法

在使用测头的过程中，测量程序不可避免地会出现各种报警。出现报警并不一定意味着系统出故障，只说明本次运行时遇到问题。表 6-2 列出了测量程序的主要报警信息及处理方法。

表 6-2　测量程序的主要报警信息及处理方法

报警信息	原　因	处理办法
INPUT ERROR	程序输入错误	修改程序，重新运行
PROBE OPEN	测头开启，在测头移动前若已处于触发状态，给出此报警	检查测头是否工作正常，是否处于触发状态
PROBE FAIL	触发失败，若测头移动到终点仍未触发，给出此报警	检查目标位置、被测量尺寸输入是否正确，修改后重新运行程序
NO FEED RATE	运行 O9010 时无 Ff 输入	修改程序，输入 Ff 值
PATH OBSTRUCTED	测头移动路线被阻挡，导致测头到达终点又被触发	检查测头移动路线是否有阻挡，把测头移动到安全位置，重新启动程序
OUT OF TOLERANCE	测量结果超差	

6.3 三维测头

三D机床用测头系统主要有工件测量用测头、刀具测量用测头；接触式测头、非接触式测头等。本节以德国海德汉公司的产品为例主要介绍三维测头。

6.3.1 工件测量用测头

工件测量用测头主要采用三维触发式测头（简称三维测头），它可以方便地在机床上执行设置、测量和检验任务。当三维测头的测针接触工件表面时，将偏离其自由位置，同时产生触发信号并通过电缆或红外线传给数控系统。数控系统在保存机床位置值的同时对测量信号进行处理。

1. 传感器的工作原理

（1）光电传感器　三维测头常采用光电传感器，如海德汉公司生产的TS 2xx、TS 44x、TS 640系列测头。如图6-23所示，透镜系统汇聚LED发出的光束并聚焦在差动光电池上，测针偏离自由位置时，差动光电池发出触发信号。

非接触光电传感器的突出特点是没有磨损，因此能保证长期稳定工作。

测针刚性固定在测头内三点轴承的轴承板上，三点轴承确保其理想的自由状态位置。

（2）高精密压力传感器　三维测头还可以使用高精密压力传感器，如海德汉公司生产的TS 740测头。

如图6-24所示，TS 740测头的测针偏离自由位置的程度被多个压力传感器所检测，压

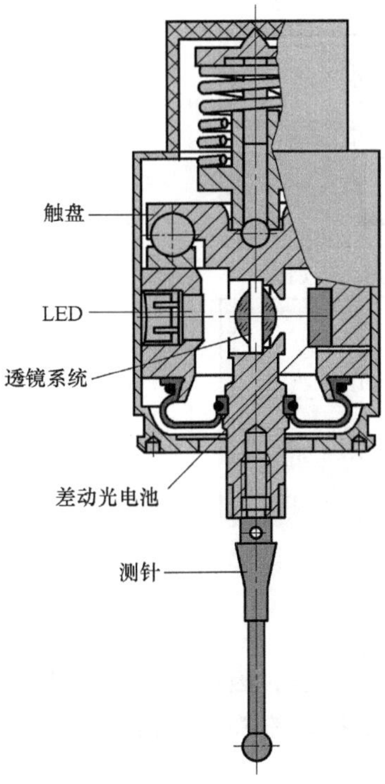

图6-23　采用光电传感器的测头

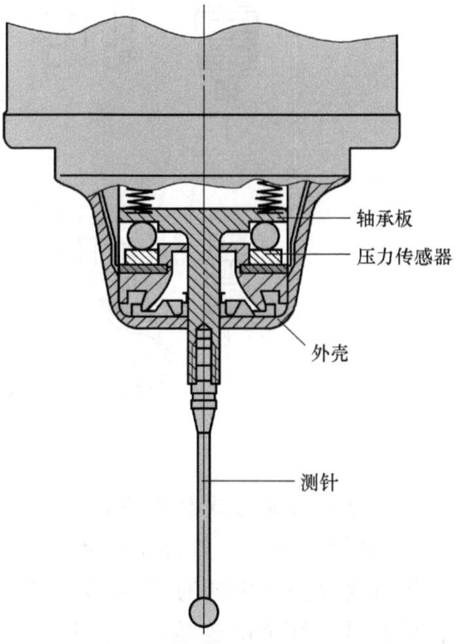

图6-24　采用压力传感器的测头

力传感器装在触盘与测头壳之间。探测工件时，测针偏离自由位置，使力作用在压力传感器上，生成的信号被处理而产生触发信号。此测头由于探测力较小，因此探测精度高、重复精度高，同时所有探测方向的触发精度特性相同。

2. 信号的传输方式

（1）有线传输方式　信号的传输方式之一是用电缆传输信号，如海德汉公司生产的 TS 220、TS 230 测头。这些测头的供电和触发信号都通过测头电缆传输，如图 6-25 所示。由机床操作人员手动将测头插入机床主轴中，但插入测头前，必须锁定主轴（主轴停止运动）。

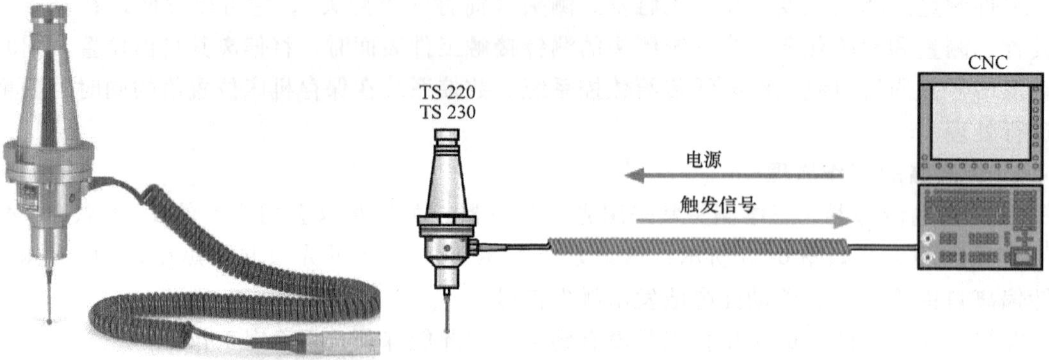

图 6-25　用电缆传输信号

（2）红外光束传输方式　测头通过红外光束传输信号，如海德汉公司生产的 TS 44x、TS 640 和 TS 740 测头，如图 6-26 所示。这是自动换刀机床的理想选择。

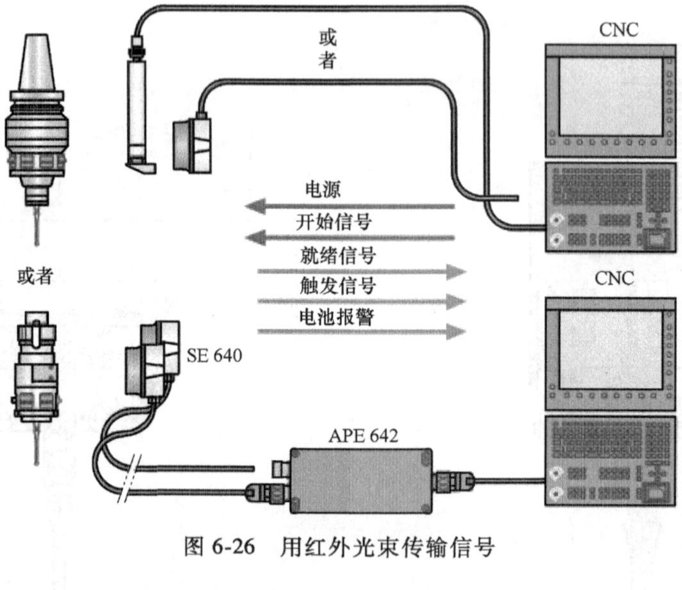

图 6-26　用红外光束传输信号

红外光束传输方式有以下特点。

1）适用范围广。红外光束传输对噪声不敏感，甚至允许被反射，因此适用范围广。例如，将海德汉公司生产的 TS 640 测头用于立式或卧式主轴以及摆动铣头，如需更大传输范围，可通过 APE 642 连接单元连接两个 SE 640，如图 6-26 所示。

2）红外光束可传输多个信号。

① 开始信号。开始信号启动测头，开始信号的下降沿将测头再次关闭。

② 就绪信号。就绪信号使测头通知数控系统工作就绪。

③ 触发信号。测针偏离自由位置产生触发信号。

④ 电池报警信号。如当海德汉公司生产的 TS 640/ TS 740 测头的电池电能低于 10%时，传输电池报警信号。

3）红外光束可 360°范围传输。LED 和红外光束传输的接收模块均匀分布在测头的圆周上，如图 6-27 所示，因此能保证 360°的信号传输，确保主轴未定向前信号被可靠接收。为使红外光束传输信号的测头适应不同结构的机床，传输仰角可为 0°或 30°。

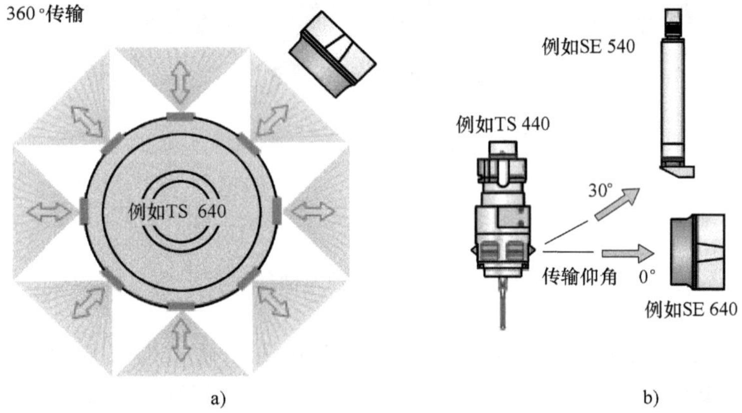

图 6-27　360°范围传输及传输仰角

4）测头状态可显示。红外光束传输信号测头的 LED 除提供输出信号外，还用光学信号显示测头状态（工作就绪和偏离自由位置）。当测头工作就绪时，LED 慢速闪亮；当测头偏离自由位置时，LED 快速闪亮。因此，可以一眼看到测头状态，如图 6-28 所示。

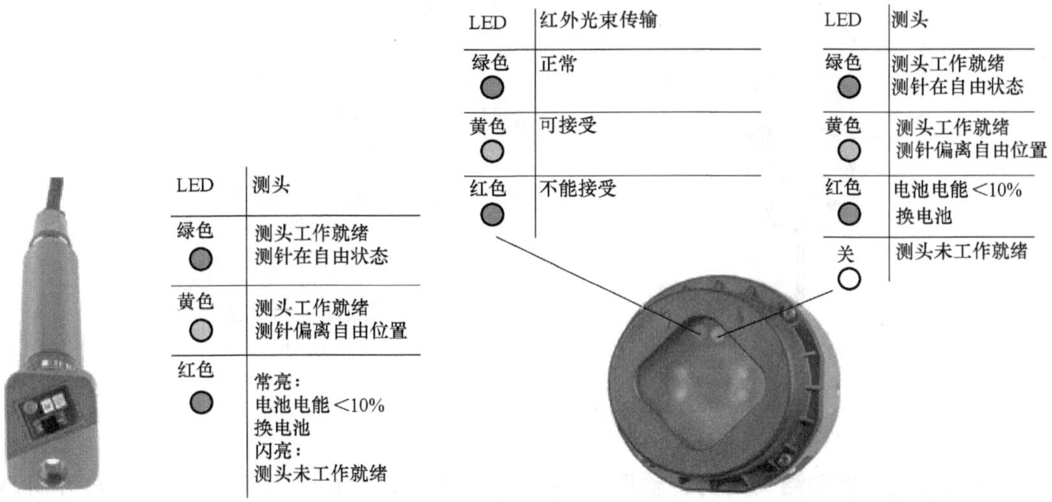

图 6-28　测头状态指示

3. 工件测头及其组件的安装使用

(1) 工件测头的安装　工件测头直接安装在机床主轴中使用。一般情况下测头可配不同类型的锥柄用于不同夹刀系统，如图 6-29 所示。

图 6-29　各种刀柄

采用有线传输方式的测头由机床操作人员手动将测头插入机床主轴中（手工换刀的操作）；采用红外光束传输方式的测头除安装测头外，还需进行红外传输设备的安装。

(2) 红外光束收发器的安装　红外光束收发器有安装在主轴头上的，如海德汉公司生产的 SE 540，也有安装在机床加工区内的，如海德汉公司生产的 SE 640，如图 6-30 所示。它们可与 TS 44x、TS 640 和 TS 740 测头任意组合使用。

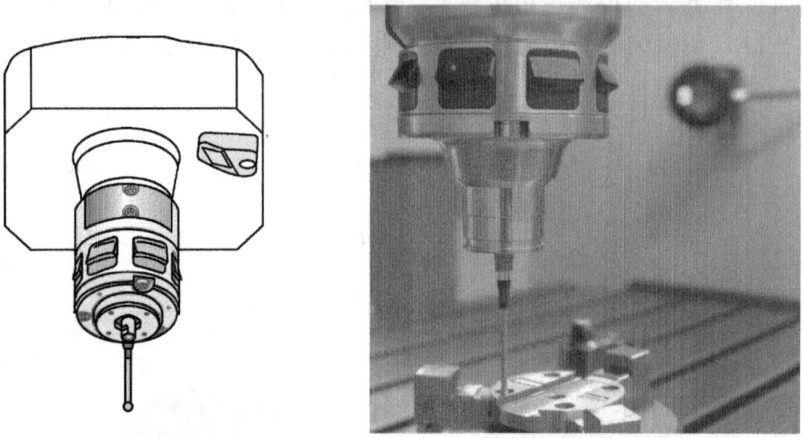

a) SE 540　　b) SE 640

图 6-30　红外光束收发器

红外光束收发器和测头间的传输距离成凸轮形状，如图 6-31 所示。为确保双方向高质量传输信号，红外光束收发器的安装位置必须使测头在所有工作位置都在传输范围内。如果红外光束传输信号被干扰或信号强度不足，红外光束收发器将以工作就绪信号通知 CNC 系统。其传输范围的大小取决于测头及其所用的收发器。

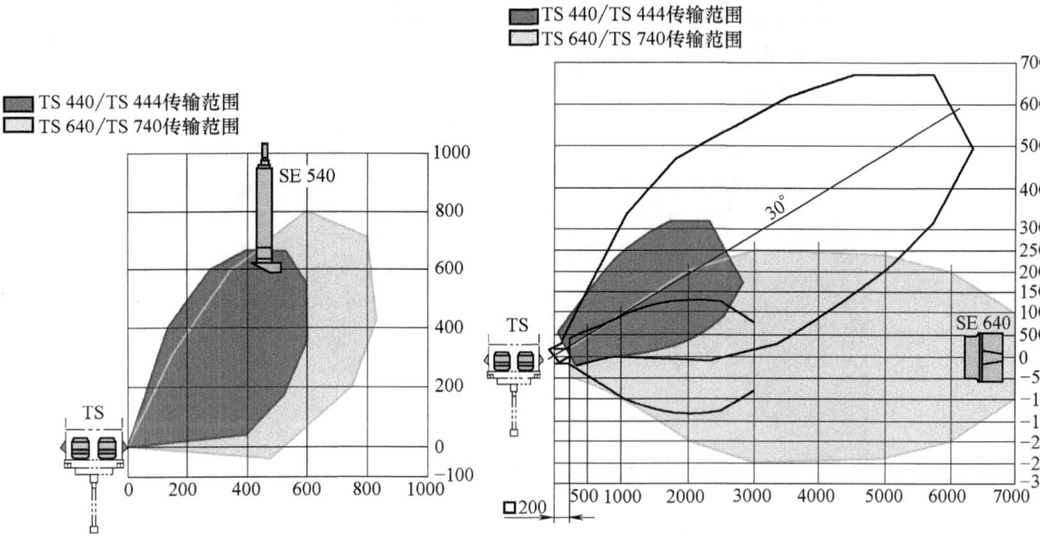

图 6-31　红外光束收发器的传输范围

(3) 工件测头的使用　工件测头通过机械探测确定工件的几何特征或位置，如图 6-32所示。为确保测量值正确，必须确保工件上无切屑和其他异物。

图 6-32　工件测头通过机械探测确定工件几何特征

当测针偏离自由位置时，将产生触发信号并传送给数控系统，LED 指示灯同时显示测头已偏离自由位置，如图 6-32 所示。例如，德国海德汉公司生产的用电缆传输信号的 TS 220/TS 230 型测头为常亮，通过红外光束传输信号的 TS 44x、TS 640 和 TS 740 等测头为快速闪亮时，表示测头已偏离自由位置。

红外光束传输信号的测头自带清洁喷嘴/冲洗器：通过测头底部的三个喷嘴将压缩空气或切削液喷在探测点，清除松散的切屑，如图 6-33 所示。即使切屑聚集在型腔中，也可以清洁干净，因此它支持无人值守生产的自动测量。清洁喷嘴只能用于通过主轴提供压缩空气或切削液的机床。无电池的测头在使用压缩空气的同时还给电容充电。

CNC 系统内的信号传输时间影响测头的重复探测精度。除信号传输时间外，也必须考虑测针允许的偏离自由位置程度、机械允许速度。这些必须以设备供应方提供的技术参数表给定的数据为准。

图 6-33　测头自带清洁喷嘴/冲洗器

必须遵守测针在任何方向最大允许的偏离量。达到该距离时，机床必须停止运动，以防损坏测头。海德汉公司生产的测针，最大允许的偏离量为5mm，如图6-34所示。

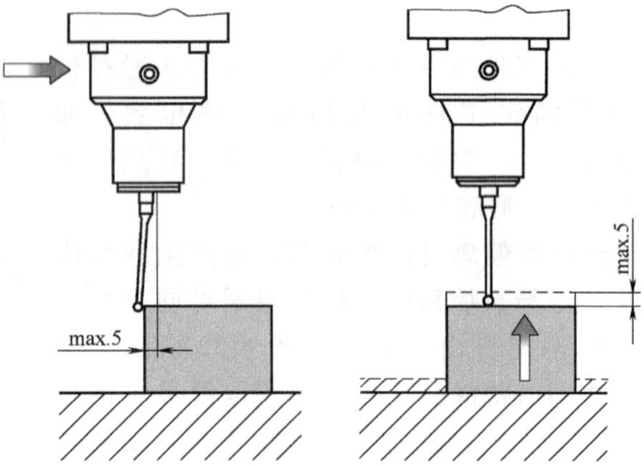

图 6-34　测针的最大允许偏离量

4. 工件测头的应用

（1）工件找正　为确保加工工件时加工坐标系准确位于定义的位置，工件或夹具上用于找正的基准面必须与进给轴准确平行，这对于需要进行多次装夹加工的工件非常重要。使用工件测头可以省去消耗时间的设置过程，而且不像其他方法那样必须使用夹具。

如图6-35所示，工件可被夹持在任何位置，测头探测工件表面、两孔或两凸台，确定工件的不对正量。可以通过CNC数控系统旋转坐标系补偿不对正量，也可以转动工作台补偿不对正量。

（2）工件原点设置　工件加工程序都是基于原点的。用工件测头快速和可靠地确定原点可以缩短非生产时间、提高加工精度。如果CNC系统提供探测功能，工件测头还可以自动设置原点。图6-36所示为设置工件原点。

（3）工件测量　三维测头适用于在两个加工步骤间通过程序控制测量工件，位置测量值可被用于刀具磨损补偿。完成工件加工时，系统记录测量值、精度或加工趋势。CNC系统通过数据接口输出测量结果。几种常规测量如图6-37所示。

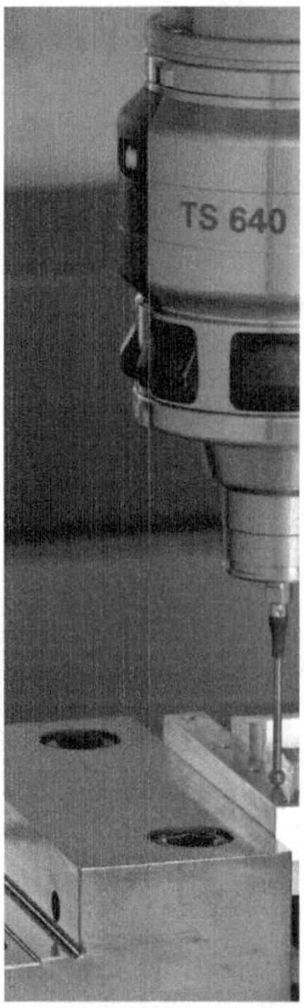

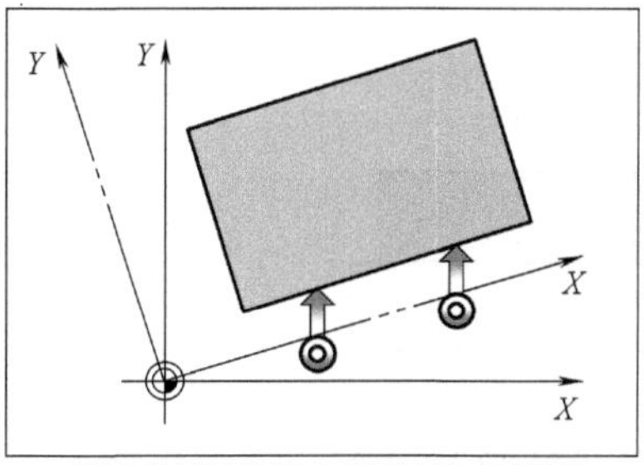

通过坐标系的基本旋转补偿不对正量

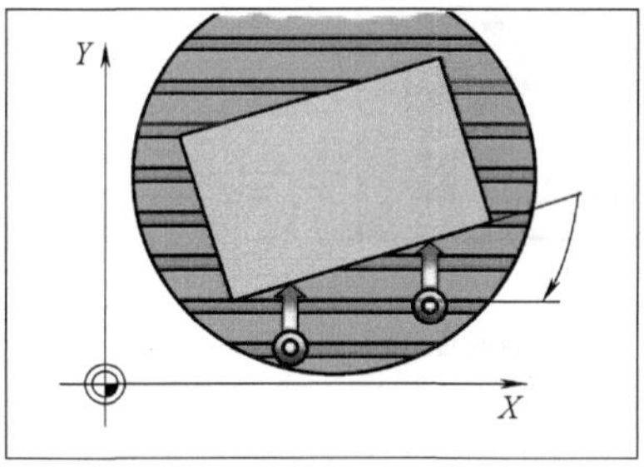

通过转动工作台补偿不对正量

图 6-35 使用工件测头找正

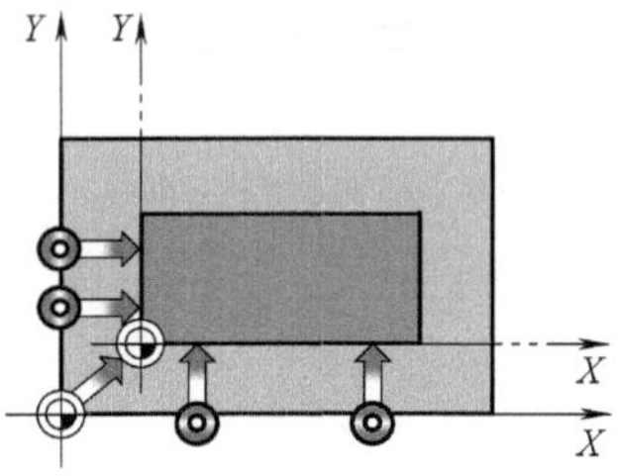

a) 外角

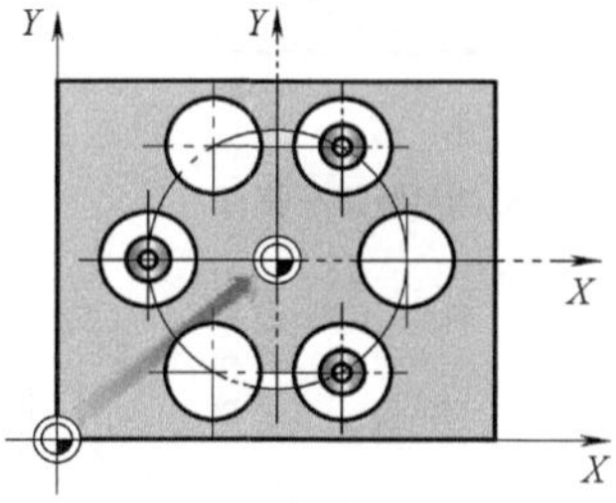

b) 螺栓孔圆心

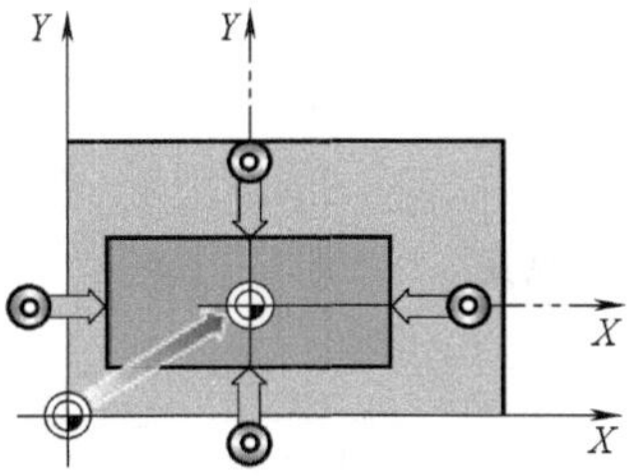

c) 矩形凸台中心

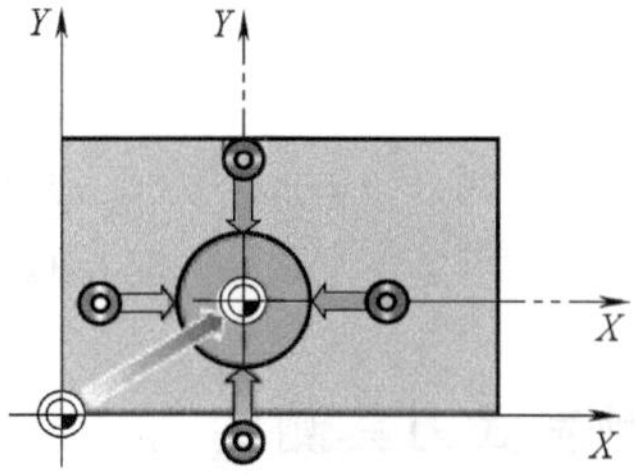

d) 圆凸台圆心

图 6-36 设置工件原点

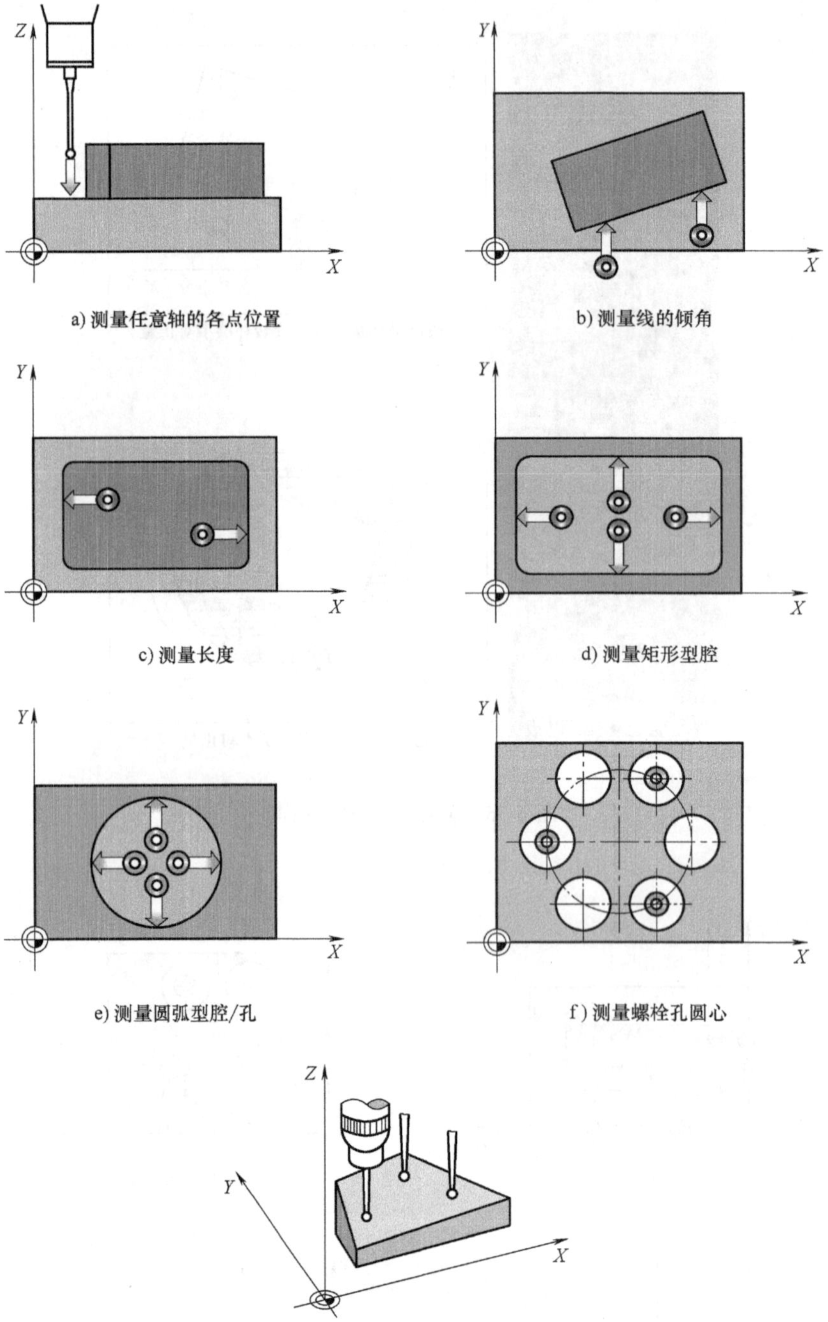

a) 测量任意轴的各点位置 b) 测量线的倾角

c) 测量长度 d) 测量矩形型腔

e) 测量圆弧型腔/孔 f) 测量螺栓孔圆心

g) 测量平面的倾角

图 6-37 工件的常规测量

6.3.2 三维触发式刀具测头

三维触发式刀具测头（如海德汉公司生产的 TT 140，如图 6-38 所示）允许在刀具静止或旋转中探测，当触盘偏离自由位置时向数控系统发送触发信号。

刀具测头与 CNC 系统的测量循环一起使用时使 CNC 系统可以自动测量主轴上的刀具。数控系统将刀具长度和半径测量值保存在中央刀具文件中。在加工中检查刀具可以快速和直接测量刀具磨损或破损情况，避免形成废品或返工。如果被测误差超过公差范围或发现刀具已超过使用寿命，数控系统可以锁定刀具并自动插入备用刀。

图 6-38　海德汉公司生产的 TT 140 刀具测头

其优点是刀具测头使数控机床可以无人值守进行加工，而且不牺牲精度，也不增加废品率。

1. 三维触发式刀具测头的工作原理

三维触发式刀具测头（图 6-39）使用光学开关作为传感器。透镜系统汇聚 LED 发出的光束并聚焦在差动光电池上。当触盘偏离自由位置时，差动光电池发出触发信号。测头的触盘刚性固定在测头内三点轴承的轴承板上。三点轴承确保理想的自由状态位置。

非接触的光学开关传感器工作时没有磨损，因此能保证长期稳定，这是这类测头的突出特点。

2. 三维触发式刀具测头的安装

刀具测头防护等级一般为 IP67，因此可以固定在机床加工区内的任何位置。测头用两个固定夹（图 6-40）或一个小型安装座辅件固定（图 6-41）。

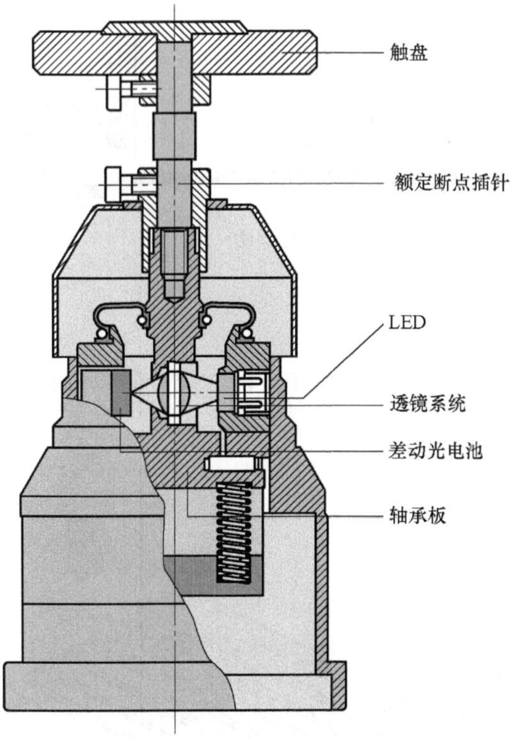

图 6-39　三维触发式刀具测头的结构

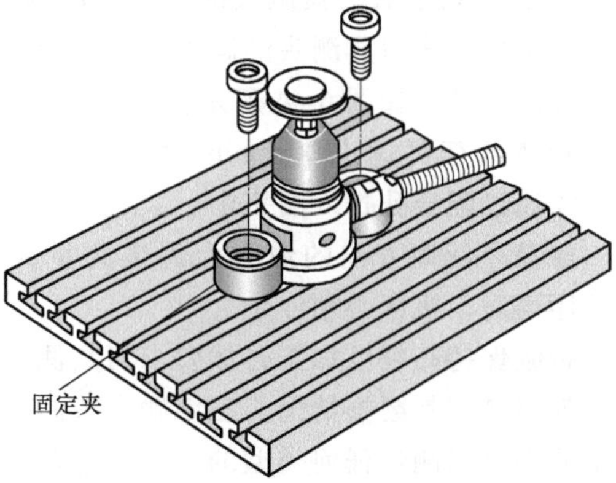

图 6-40　测头用两个固定夹安装

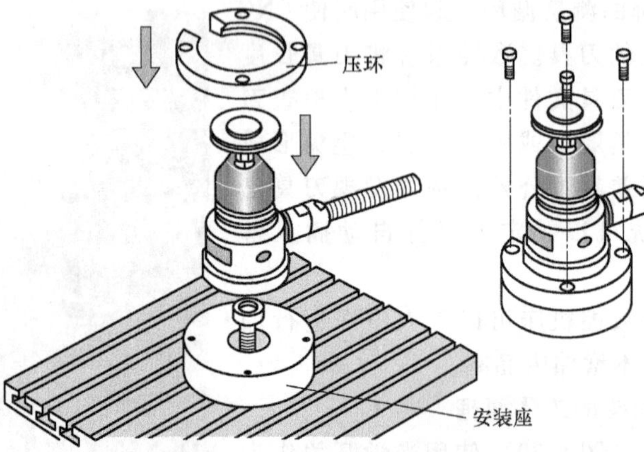

图 6-41 测头用安装座辅件固定

不支持水平位置安装的测头必须垂直使用，以确保可靠探测和有效防止污染。支持水平位置安装的测头才能水平使用，如图 6-42 所示。

加工工件期间，必须关闭测头以确保加工引起的振动不触发信号和不造成干扰。必须限制机床加工区，以防止加工时碰撞刀具测头。

三维测头通过测头电缆供电和传输触发信号，如图 6-43 所示。

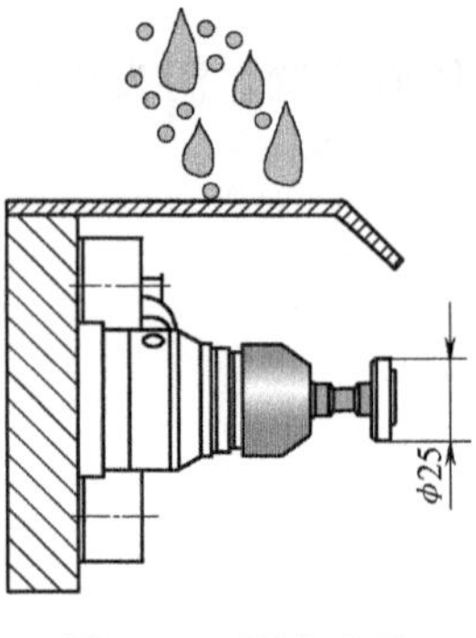

图 6-42 测头水平位置安装

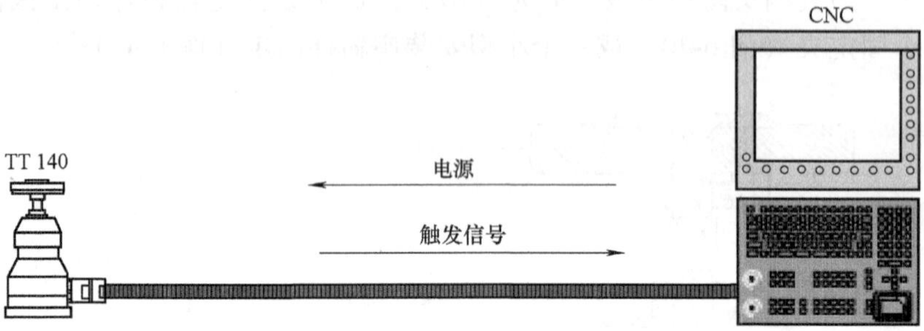

图 6-43 电源和信号的传输

3. 三维触发式刀具测头的使用及应用

三维触发式刀具测头的高硬度触盘允许刀具在沿与切削方向相反的方向上转动的过程中直接探测刀具，如图 6-44 所示。根据刀具直径大小，刀具转速甚至可达 1000r/min。触盘可以快速更换，且只需通过配合孔拧入测头中。

触盘在任何方向的最大允许偏离量为 5mm。达到该距离时，机床必须停止。

持续保持高精度加工必然要求刀具测量数据准确并定期检测刀具磨损情况。三维触发式刀具测头在机床上几乎可以测量任何类型的刀具。它可测量刀具长度和直径，包括各切削刃尺寸。CNC 系统将测量结

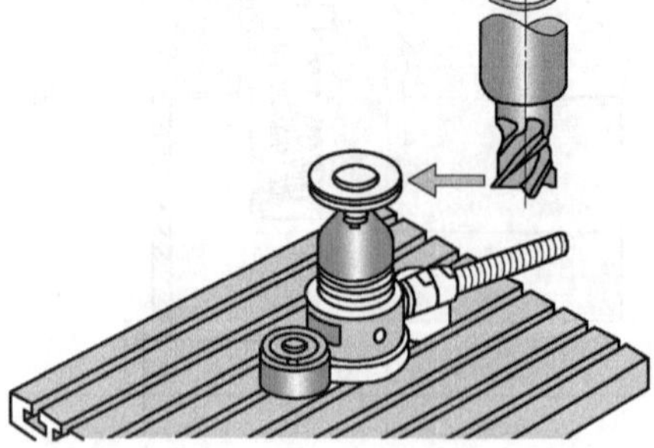

图 6-44 反方向转动探测刀具

果自动保存在刀具存储器中，使其用于零件加工程序。图 6-45 所示为三维触发式刀具测头的应用。

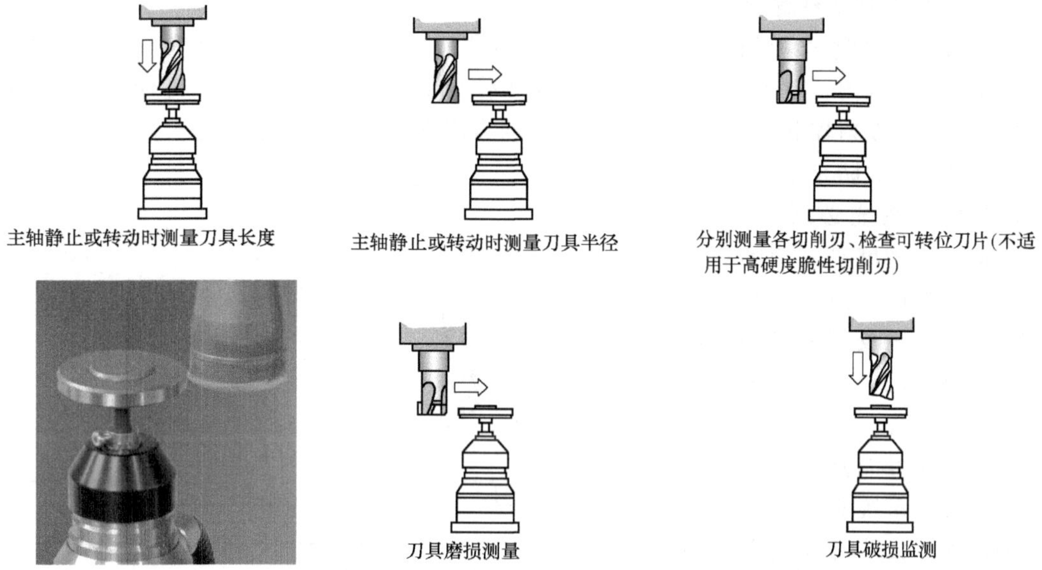

图 6-45　三维触发式刀具测头的应用

6.3.3　刀具激光测量系统

1. 刀具激光测量系统的功能与特点

刀具激光测量系统如图 6-46 所示，可以非常灵活地实现刀具监测。它的非接触光学测量方式可以快速、可靠和无碰撞危险地检测非常细小的刀具，即使最敏感的刀具也完全没有损坏的危险。

在刀具以额定转速旋转时，精密确定刀具长度和半径，可以确保高质量生产。同时，内置的能自动更新刀具数据的刀具设置功能，免除了需人工单独设置刀具参数的工作，所以能降低成本，缩短非生产时间。

图 6-46　刀具激光测量系统

刀具监测功能可应用于实际工作条件。刀具误差、主轴和刀架误差可被即时发现和修正。每个切削刃可用最高速度测量，甚至还能在机床上自动检测特种刀具的几何尺寸是否有误差。

对刀具进行连续监测可以在刀具损坏前发现刀具的磨损、破损和断裂，从而确保生产质量稳定，避免后继损失，降低废品率和修复加工成本。测量循环程序是自动运行的，因此能确保有效监测，包括在无人值守加工时进行监测。

CNC 系统用测量循环处理激光系统的输出信号和执行必要的计算任务。如海德汉公司生产的 TNC 426/430 和 iTNC 530 数控系统测量循环支持 TL 系列激光系统，这些测量循环具有自动将刀具设置数据传给刀具表、检查刀具磨损和撕裂、修正或不修正刀具数据等功能。

2. 刀具激光测量系统的安装与使用

（1）刀具激光测量系统的安装　刀具激光测量系统满足 IP68 防护要求，因此可以直接安装在机床加工区内，可平卧安装或靠在机床工作台上。为使工作平稳，即使在有切削液和切屑的环境中，发射器和接收器也能通过气动动力启动密封系统。密封空气的使用大幅提高了防护能力，有效防止了污染。

激光测量系统必须牢固安装，确保重复定位精度高。切削刃必须以适当旋转方向接近，避免激光测量期间产生严重反射和衍射。必须限制机床加工区，以防止加工时碰撞激光测量系统。

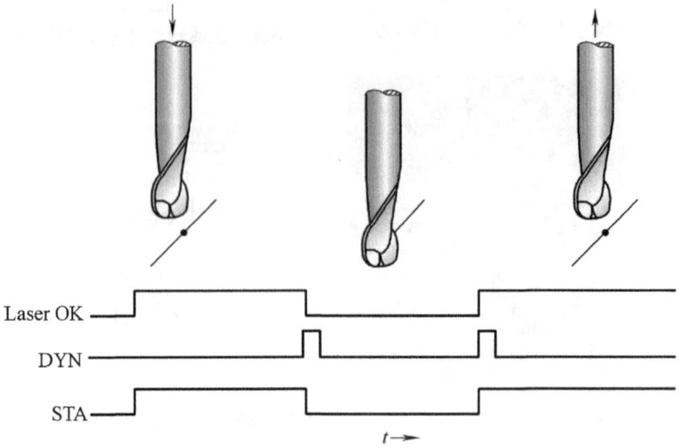

图 6-47　触发脉冲

为实现尽可能高的重复定位精度，激光测量系统必须严格平行于两个 NC 轴。如果将其直立安装在机床工作台上，必须确保安装面在水平方向的垂直度。

（2）DYN 信号的产生　刀具激光测量系统采用非接触的高精度光束工作。激光光源发射激光束，对面的接收器检测激光束并捕获每一无光时刻。当刀具遮挡激光束或再次离开激光束时，激光测量系统内部电子电路发出确定持续时间的触发脉冲。这个动态 DYN 信号传给 NC 系统，使它获取该位置值。此外，激光测量系统在断光期间输出静态信号 STA，如图 6-47 所示。

（3）激光测量系统的校准　刀具激光测量系统开始测量前，必须校准整个系统，也就是说必须准确确定触发点相对机床坐标系的位置。一般是使用标准刀校准。校准用的标准刀为特殊形状，如图 6-48 所示。它有两个圆柱定位销和阶梯状的圆柱检验直径，用于从正和负 Z 轴方向进行测量（准确确定 Z 轴激光束中心位置）。标准刀安装在刀架上，可以非常准确地测量长度、直径和高度。为进行校准测量，必须确保其跳动量尽可能小。

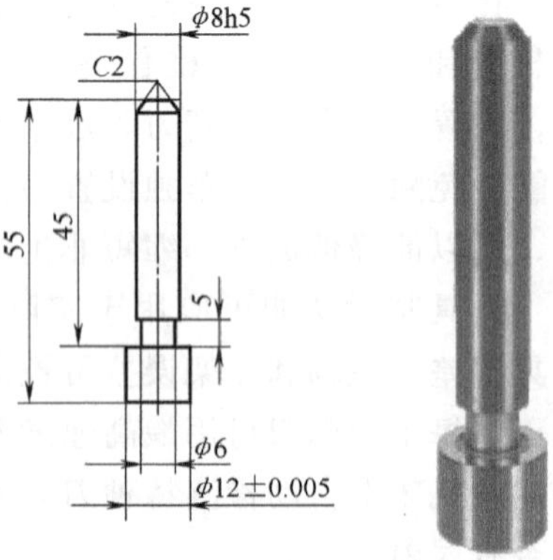

图 6-48　校准用的标准刀

（4）使用方法　机械运动的传动件对测量精度有影响。可以在刀具进入激光束（推式测量）或离开（拉式测量）时读取测量值，如图 6-49 所示。拉式测量可以比较好地避免切削液和切屑的影响，而推式测量非常适用于小刻刀和小轴径刀具的测量。

（5）典型应用　由于刀具激光测量系统是在刀具额定转速时进行测量，因此刀具、主轴和刀架误差全部被检测并能直接修正误差。图 6-50 所示为刀具激光测量系统的典型应用举例。

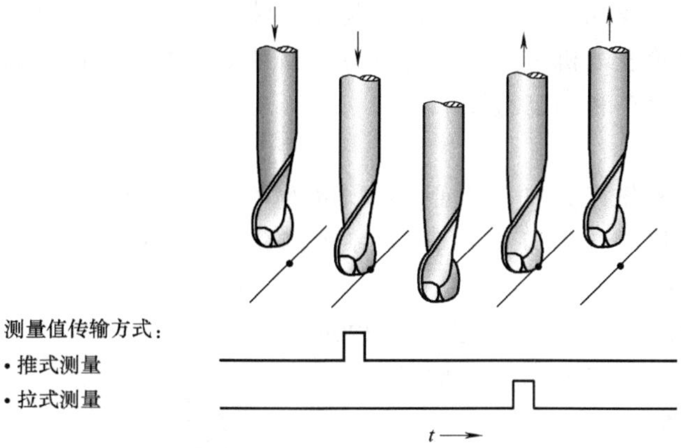

图 6-49　推式测量与拉式测量

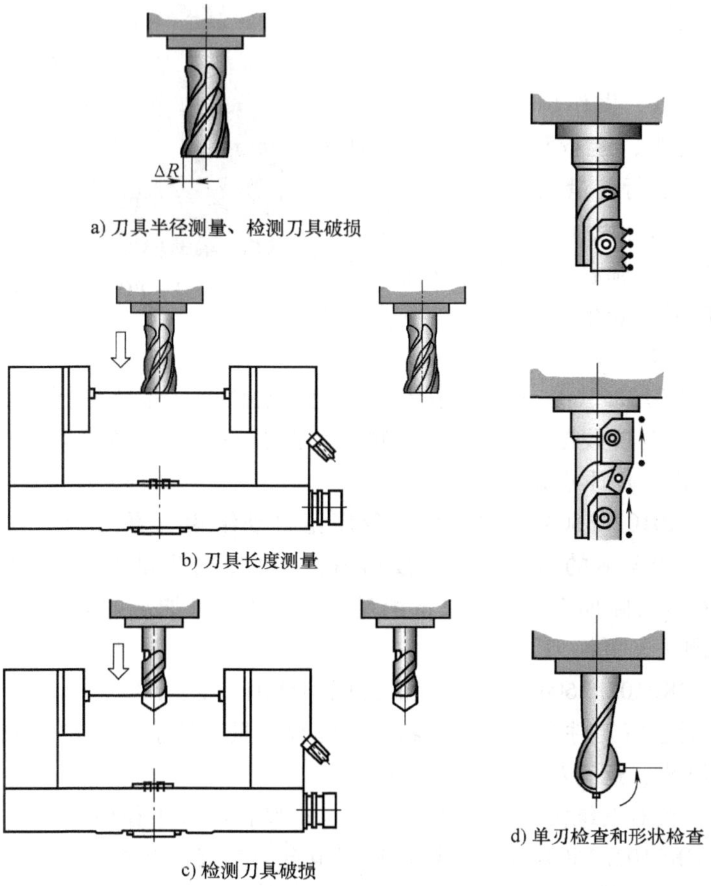

图 6-50　刀具激光测量系统的典型应用

6.3.4　三维测头在企业生产中的应用实例

1. 企业信息

中国长江动力集团有限公司是全国唯一一家既生产火力发电机组又生产水力发电机组的

大型企业，集团核心企业武汉汽轮发电机厂是原机械工业部定点生产热电联供汽轮发电机组的专业厂家。由于汽轮发电机组上的零件具有大型且复杂的特点，所以生产中主要采用在线检测的方式进行安装找正和加工检测。

2. 设备信息

大型数控龙门（镗铣床）加工中心 POWER AG65-M2，数控系统为 SIEMENS840Dsl，配备测量循环模块和雷尼绍（Renishaw- M4）系列测针，如图 6-51 所示。

3. 零件加工信息

某汽轮机低压内缸第 18 工序，零件 ϕ3120mm 外圆铣削加工，其加工工序卡如图 6-52 所示，程序单如图 6-53～图 6-57 所示。

图 6-51　POWER AG65-M2 加工中心

4. 实际操作过程

企业在完成该零件该工序的加工时的实际操作过程如下：

1）安装工件。

2）设置工件原点，操作步骤如下：

① 装好三维测头，运行程序激活三维测头（此时三维测头才能进行测量）。

② 粗略定位 X、Y 轴零点，目测 ϕ2880mm 内圆中心位置，将机床主轴移动到粗略位置，手动清零（Z 轴零点根据刀长值自动补偿，不需要清零），零点偏置记为 G55。

③ 调用程序 CK0102. 3604. 18. 1，执行程序至自动结束（系统将自动得出测量结果，并修正 G55 中的 X、Y 两项数据值）。第一次测量数据误差较大，通常为 0. 05mm 左右，所以一般都会再进行一次工件原点设置操作。

④ 再次调用 CK0102. 3604. 18. 1，执行程序至自动结束（系统再一次自动得出测量结果，并再一次修正 G55 中的 X、Y 两项数据值）。第二次测量数据误差一般都能控制在 0. 001mm 以内，所以实际加工时以第二次测量的结果为工件原点的数据。

⑤ 关闭三维测头，更换刀具。

3）调用程序 CK0102. 3604. 18. 2，完成外圆半精加工。

4）半精加工后进行工件测量，计算精加工编程刀具补偿值，其操作步骤如下：

① 装好三维测头，运行程序激活三维测头。

② 手动操作，校对三维测头半径值（系统自动修正测头半径值）。

③ 调用程序 CK0102. 3604. 18. 3，执行程序至自动结束，查看测量结果（测量后外圆实测直径寄存在参数菜单下 R 参数中的 R31 栏）为 3122. 161。

④ 再次调用 CK0102. 3604. 18. 3，执行程序至自动结束，测量结果为 3122. 163（通常以第二次数值为最终测量尺寸）。

⑤ 根据测量结果和理论尺寸计算刀具修正值 R_x 为 0. 082mm，所以 D02 中刀具半径补偿值为 31. 408（31. 49-R_x）mm。

⑥ 关闭测头，更换刀具，下一工步调用 T01　D02 补偿值进行加工。

5）调用程序 CK0102.3604.18.4，进行精加工。操作过程为：执行程序前，设置好 D02 半径补偿值后，编程尺寸按工序尺寸中的 ϕ3119.65mm 编程即可。

6）调用程序 CK0102.3604.18.5，测量精加工后的实际尺寸，操作步骤与 4）类似。

数控加工工序卡					
产品代号	Q7015C/1	零件名称	低压内缸	零件图号	J0102.3604
设备名称及型号	数控龙门加工中心POWER AG65-M2				
材料	Q235A	工序名称	铣外圆	工序号	18

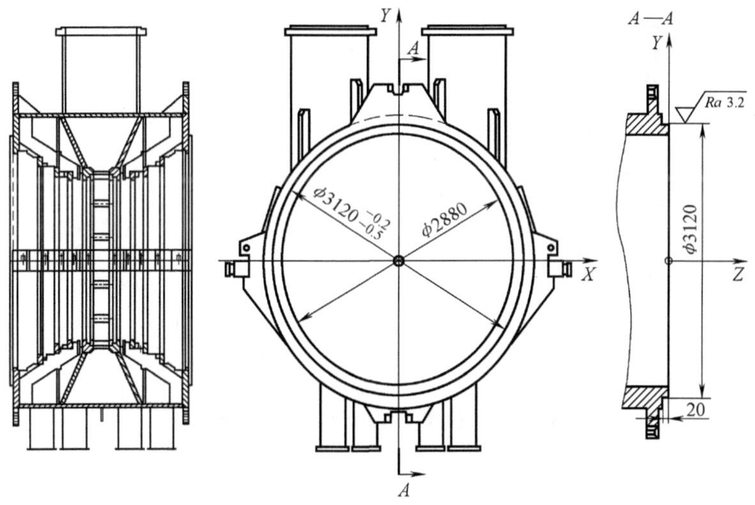

工步号	工步内容	加工程序编号	刀具		量具
			编号	型号	名称
1	左端法兰面朝下，置于工作台等高垫铁上，压紧(平面度误差小于0.03mm)	自编			0～10mm百分表 磁力表座
2	装Renishaw-M4测头，测量ϕ2880mm内圆中心坐标，定为工件原点	CK0102.3604.18.1	T100	JT50刀柄	Renishaw-M4系列测头
3	换ϕ63mm可转位铣刀粗铣、半精铣$\phi3120^{-0.2}_{-0.5}$mm外圆止口，深度20mm，单边留1mm余量(进给方式：层切)	CK0102.3604.18.2	T01	JT50-D63-150	3.5m卷尺
4	换Renishaw-M4测头，测量$\phi3120^{-0.2}_{-0.5}$mm外圆实际半精加工尺寸，理论半精加工尺寸为ϕ3122mm 。计算精加工编程刀具补偿值，并存至T01D02	CK0102.3604.18.3	T100	JT50刀柄	Renishaw-M4系列测头
5	换ϕ63mm可转位铣刀精铣$\phi3120^{-0.2}_{-0.5}$mm外圆止口(进给方式：层切)，刀具补偿号T01D02	CK0102.3604.18.4	T01	JT50-D63-150	0～200mm深度游标卡尺
6	换Renishaw-M4测头，测量$\phi3120^{-0.2}_{-0.5}$mm外圆精加工后实际尺寸，并填写检验记录	CK0102.3604.18.5	T100	JT50刀柄	Renishaw-M4系列测头
		共1页		第1页	

图 6-52　低压内缸第 18 工序加工工序卡

加工程序编号	CK0102.3604.18.1		刀具编号	T100
刀具参数/mm	刀具长度	146.05	刀具半径	2.96

```
N10 MSG("MEASUREMENT HOLE AND HOLE CENTRE");
                              提示“测量孔和孔中心”
N20 L9958;                    框架建立
N30 T100 D1;                  更换三维测头
N40 G55 G90 G17 G0 Z50;       Z轴定位到安全平面
N50 G0 X0 Y0;                 快速定位到工件原点
N60 G1 Z-10 F1000;            Z轴定位到测量深度
N70 _CBIT[14]=0;              测头的长度在其球中心上
N80 _MVAR=1;                  测量变量、测孔
N90 _PRNUM=101;               测头号
N100 _NMSP=1;                 测量次数
N110 _FA=10;                  测量轨迹
N120 _VMS=0;                  FA>1300mm/min 测量速度
N130 _TSA=15;                 安全区域
N140 _TZL=0;                  零偏置
N150 _SETVAL=2880;            被测孔的直径
N160 _KNUM=2;                 自动修正G55零点值
N170_KNUM=2;                  自动修正G55零点值
N180 CYCLE977;                启动测量循环
N190 G0 Z10;                  将Z轴调离钻孔
N200 R35=_OVR[5];             实测孔的X中心坐标
N210 R36=_OVR[6];             实测孔的Y中心坐标
N220 G0 Z50;                  Z轴定位到安全平面
N230 L9000;                   关闭框架
N240 M30
```

图 6-53　程序单 CK0102.3604.18.1

加工程序编号	CK0102.3604.18.2		刀具编号	T01
刀具参数/mm	刀具长度	204.75	刀具半径	31.49

```
N10 MSG("BAN JING XI D3122 ");                提示半精铣直径φ3122mm外圆
N20 L9958;                                    框架建立
N30 T01 D01;                                  更换φ63mm刀具
N40 G55 G90 G17 G0 W0 Z50;                    Z轴定位到安全平面
N50 M3 S600 F400
N60 G0 X=3122/2+200 Y0;                       快速定位到工件进刀点
N70 G41 G0 X=3122/2+200 Y0
N80 G1 Z-10 F500;                             背吃刀量
N90 G3 X=3122/2 Y0 CR=50 F300;                圆弧切入
N100 G2 X=3122/2 Y0 I=AC(0) J=AC(0) F500;     圆弧插补铣外圆
N110 G3 X=3122/2+100 Y0 CR=50 F300;           圆弧切出
N120 G40 G0 X=3120/2+200 Y0
N130 G0Z50
N140 L9000;                                   关闭框架
N150 M30
```

图 6-54　程序单 CK0102.3604.18.2

加工程序编号	CK0102. 3604. 18. 3		刀具编号	T100
刀具参数/mm	刀具长度	146. 05	刀具半径	2. 96

```
N10 MSG("MEASUREMENT SHAFT AND SHAFT CENTRE");
                                      提示"测量轴和轴中心"
N20 L9958;                            框架建立
N30 T100 D1;                          更换三维测头并激活
N40 G55 G90 G17 G0 Z50 W0
N50 G0 X0 Y0
N60 _ID=-60;                          轴向切入
N70 _CBIT[14]=0;                      测头的长度在其球中心上
N80 _MVAR=2;                          测量轴
N90 _PRNUM=101;                       测头号
N100 _NMSP=1;                         测量次数
N110 _FA=15;                          测量轨迹
N120 _VMS=0;                          FA>1300mm/min 测量速度
N130 _TSA=25;                         安全区域
N140 _TZL=0;                          零偏置
N150 _SETVAL=3122;                    被测轴的直径
N160 _KNUM=0;                         不进行刀具修正
N170 CYCLE977;                        启动测量循环
N180 G0 Z50
N190 R30=_OVR[0];                     轴的理论直径
N200 R31=_OVR[4];                     轴的实测直径

N360 L9000;
N370 M30;
```

图 6-55 程序单 CK0102. 3604. 18. 3

加工程序编号	CK0102. 3604. 18. 4		刀具编号	T01
刀具参数/mm	刀具长度	204. 75	刀具半径	根据测量计算刀具补偿值Δ

```
N10 MSG("BAN JING XI D3120 ");                    提示精铣直径 φ3120mm
                                                  外圆
N20 L9958;                                        框架建立
N30 T01 D02;                                      更换 φ63mm 刀具
N40 G55 G90 G17 G0 W0 Z50;                        Z 轴定位到安全平面
N50 M3 S600 F400
N60 G0 X=3119.65/2+200 Y0;                        快速定位到工件进刀点
N70 G41 G0 X=3119.65/2+200 Y0
N80 G1 Z-10 F500;                                 背吃刀量
N90 G3 X=3119.65/2 Y0 CR=50 F300;                 圆弧切入
N100 G2 X=3119.65/2 Y0 I=AC(0) J=AC(0) F500;      圆弧插补铣外圆
N110 G3 X=3119.65/2+100 Y0 CR=50 F300;            圆弧切出
N120 G40 G0 X=3119.65/2+200 Y0
N130 G0Z50
N140 L9000;                                       关闭框架
N150 M30
```

图 6-56 程序单 CK0102. 3604. 18. 4

加工程序编号	CK0102.3604.18.5		刀具编号	T100
刀具参数/mm	刀具长度	146.05	刀具半径	2.96

N10 MSG("MEASUREMENT SHAFT AND SHAFT CENTRE");		N210 _ID=-60;	轴向切入
	提示“测量轴和轴中心”	N220 _MVAR=102;	测量轴中心坐标
N20 L9958;	框架建立	N230 _PRNUM=101;	测头号
N30 T100 D1;	更换三维测头并激活	N240 _NMSP=1;	测量次数
N40 G55 G90 G17 G0 Z50 W0		N250 _FA=5;	测量轨迹
N50 G0 X0 Y0		N260 _VMS=0;	FA>1300mm/min 测量速度
N60 _ID=-60;	轴向切入	N270 _TSA=15;	安全区域
N70 _CBIT[14]=0;	测头的长度在其球中心上	N280 _SETVAL=3120;	被测轴的直径
N80 _MVAR=2;	测量轴	N290 _KNUM=0;	不修正 G55 零点值
N90 _PRNUM=101;	测头号	N300 CYCLE977;	启动测量循环
N100 _NMSP=1;	测量次数	N310 G0 Z50	
N110 _FA=15;	测量轨迹	N320 R33=_OVR[1];	轴的 X 理论中心坐标
N120 _VMS=0;	FA>1300mm/min 测量速度	N330 R34=_OVR[2];	轴的 Y 理论中心坐标
N130 _TSA=25;	安全区域	N340 R35=_OVR[5];	轴的 X 实测中心坐标
N140 _TZL=0;	零偏置	N350 R36=_OVR[6];	轴的 Y 实测中心坐标
N150 _SETVAL=3120;	被测轴的直径	N360 L9000	
N160 _KNUM=0;	不进行刀具修正	N370 M30	
N170 CYCLE977;	启动测量循环		
N180 G0 Z50			
N190 R30=_OVR[0];	轴的理论直径		
N200 R31=_OVR[4];	轴的实测直径		

图 6-57 程序单 CK0102.3604.18.5

复习思考题

1. 产品质量检测有哪些方法？各有什么优缺点？
2. 叙述数控机床在线检测的工作原理。
3. 试举例说明数控车床在线检测系统的组成及功能。
4. 试举例说明数控车床在线检测的硬件连接。
5. 谈谈影响数控车床在线检测系统测量精度的因素。
6. 谈谈如何使用数控车床在线检测系统的测量程序。
7. 试述工件测头及其组件的安装使用。
8. 简述三维触发式刀具测头的使用及应用。
9. 谈谈刀具激光测量系统的功能与特点。

参 考 文 献

[1] 王贵成，王振龙. 精密与特种加工 [M]. 北京：机械工业出版社，2013.

[2] 张建华. 精密与特种加工技术 [M]. 北京：机械工业出版社，2011.

[3] 袁哲俊. 精密和超精密加工技术的新进展 [J]. 工具技术，2006，40 (3)：3-9.

[4] 袁哲俊，王先逵. 精密和超精密加工技术 [M]. 2 版. 北京：机械工业出版社，2007.

[5] 哈尔滨先锋机电技术开发有限公司. OMS-50 编程使用手册 [EB/OL]. (2010-10-15) [2017-01-05]. https：//wenku. baidu. com/view/a527e3ea551810a6f524862f. html? mark_ pay_ doc = 2&mark_ rec_ page = 1&mark_ rec_ position = 2&clear_ uda_ param = 1.

[6] 哈尔滨先锋机电技术开发有限公司. OMS-50 测量系统硬件用户手册 G0425 [EB/OL]. (2010-10-15) [2017-01-05]. https：//wenku. baidu. com/view/4d27cdd184254b35eefd342c. html.

[7] 约翰内斯·海德汉博士（中国）有限公司. 3D 测头. [EB/OL] (2013-07-23) [2017-01-05]. http：//www. exw360. com/softView/41901. htm.

